纺织服装类“十四五”部委级规划教材

女装成衣制版

主　编：郭雪松
副主编：程锦珊　潘超宇

東華大學出版社·上海

图书在版编目（CIP）数据

女装成衣制版 / 郭雪松主编. — 上海：东华大学出版社，2022.6
ISBN 978-7-5669-2067-6

Ⅰ. ①女…　Ⅱ. ①郭…　Ⅲ. ①女服—服装量裁
Ⅳ. ①TS941.717

中国版本图书馆CIP数据核字（2022）第086234号

责任编辑：洪正琳
装帧设计：上海三联读者服务合作公司

女装成衣制版
NÜZHUANG CHENGYI ZHIBAN

主　　编：郭雪松
副 主 编：程锦珊　潘超宇
出　　版：东华大学出版社（上海市延安西路1882号，邮政编码：200051）
出版社网址：http://dhupress.dhu.edu.cn
出版社邮箱：dhupress@dhu.edu.cn
发行电话：021-62193056 62379558
印　　刷：上海均翔包装科技有限公司
开　　本：889mm × 1194mm　1/16
印　　张：10.75
字　　数：240千字
版　　次：2022年6月第1版
印　　次：2022年6月第1次印刷
书　　号：ISBN 978-7-5669-2067-6
定　　价：49.80元

目　录

模块一　女外套制版

单元一　女外套衣身制版

一、四开身基本型制版

（一）四开身基本型款式分析

1. 四开身基本型款式图（图1-1-1）

视频1-1
四开身基本型制版

2. 款式特点

四开身基本型衣身有侧缝线，属于四开身结构。前身设有直线分割，后身设有弧线分割及后中背缝线。因为款式展示衣身结构设计，所以不设穿脱方式。

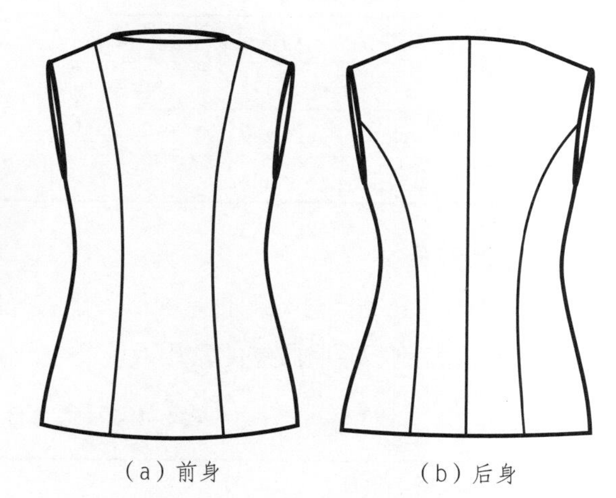

（a）前身　　（b）后身

图1-1-1　四开身基本型款式图

（二）四开身基本型线条名称（图1-1-2）

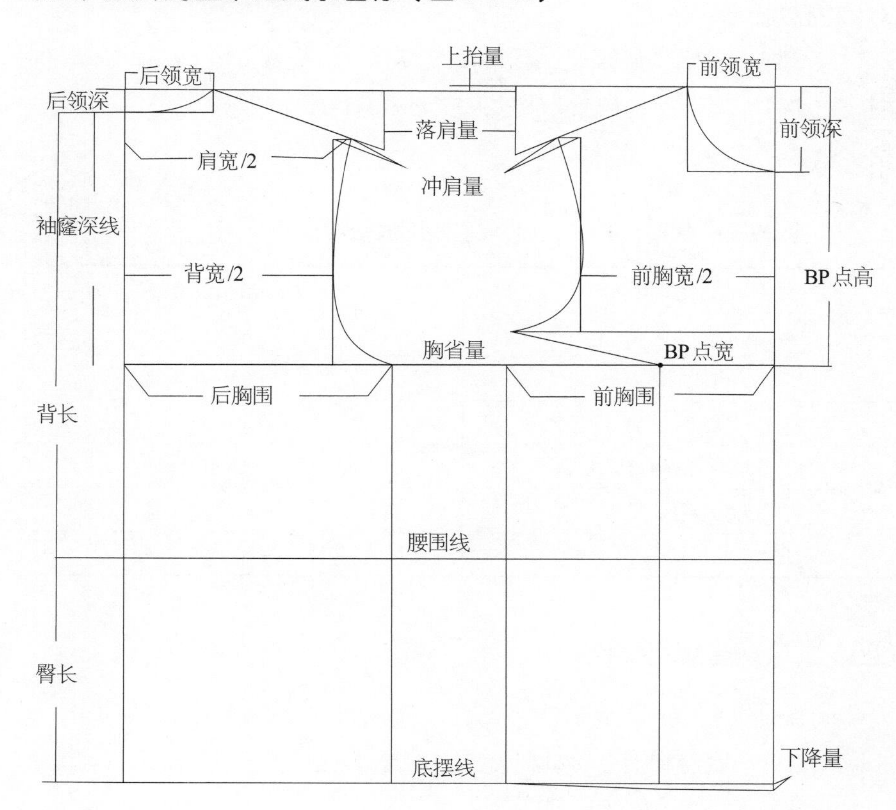

图1-1-2　四开身基本型线条名称

（三）四开身基本型规格尺寸设计

1. 人体规格

160/80A ~ 170/88A是女装常用的人体号型。女装成衣制版在人体规格尺寸（表1-1-1）基础上，根据服装款式、面料、人体活动功能的需求设计成衣的规格尺寸。

表1-1-1　女体净尺寸规格参考表

单位：cm

部位	身高	颈椎点高	胸围	颈围	腰围	臀围	肩宽	臂长	背长
尺寸规格	160	136	80	33	64	88	39	50.5	38
	165	140	84	34	68	92	40	52	39
	170	144	88	35	72	96	41	53.5	40

2. 人体体型分类

人体体型分类代号与胸腰差取值，是衣身制版中设计腰省大小分配的参考值。表1-1-2中设置的中间值是女装制版中胸腰差的常用取值。

表1-1-2　人体体型分类代号与胸腰差取值

单位：cm

体型分类代号	Y	A	B	C
胸围与腰围之差数	19 ~ 24	14 ~ 18	9 ~ 13	4 ~ 8
中间值	22	16	11	6

X=3
X=2.5
X=2
X=1.5
X=1
3
2.5
2
1.5
1

图1-1-3　胸省取值与分割线的关系

3. 胸围放松量

女装成衣制版中胸围是最重要的规格尺寸，它决定了衣身的基本造型。服装中胸围放松量在设计时，参考表1-1-3，同时也要考虑人体体型、服装款式、面料等因素。

表1-1-3　女装成衣胸围放松量参考表

单位：cm

女装类型	胸围放松量
紧身型夏装	6
合体型夏装	8
紧身型春装	10
合体型春装、紧身型秋装	12 ~ 14
合体型秋、冬装	16 ~ 20
宽松型秋、冬装	22以上

（四）女装胸省规格设计

胸省是女装结构设计的重点部分，款式结构设计松量与胸省量的大小密不可分。服装胸围放松量越大，胸省量越小，分割线离BP点（胸点）

越远；反之，胸围放松量越小，胸省量越大，分割线离BP点越近。胸省取值与分割线的关系见图1-1-3（本书结构图和款式图中的数据单位均为cm，为了描述简洁，图中不作标注），胸省参考取值见表1-1-4。

表1-1-4　胸省取值参考表

单位：cm

服装款式特点	胸省取值
前身无中缝、前身无胸省	0
前身腰省设计位置靠近腋下	1 ~ 1.5
前身腰省设计位置在胸点与腋点之间	1.5 ~ 2
前身腰省设计位置接近胸高点	2.5 ~ 3
前身设有双胸省	3.5 ~ 4

胸省量的大小决定了前衣片胸围处的包容量。在结构设计时，需注意前衣身平衡，围度与前、后衣身松量有关系，长度与前衣身的上抬量和下降量有关系，参考值见表1-1-5。

表1-1-5　胸省量大小与前身上抬量和下降量之间的参考值

单位：cm

胸省（X）	4	3.5	3	2.5	2	1.5	1	0
上抬量（X/2–1）	1	0.75	0.5	0.25	0	–0.25	–0.5	–1
下降量（2–X/2）	0	0.25	0.5	0.75	1	1.75	1.5	2

根据不同胸省的取值，前衣身与后衣身纵向结构设计也随之发生变化，见图1-1-4 ~图1-1-7。

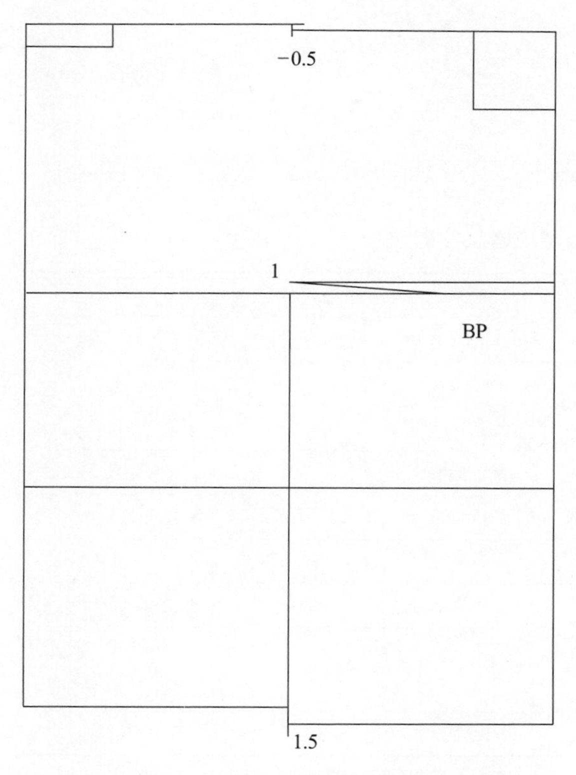

图1-1-4　X=1 cm时前衣身的变化

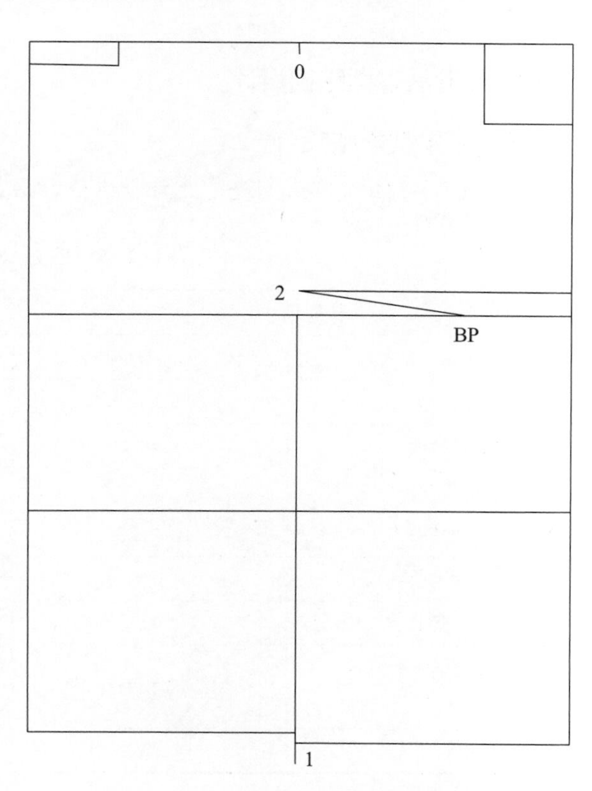

图1-1-5　X=2 cm时前衣身的变化

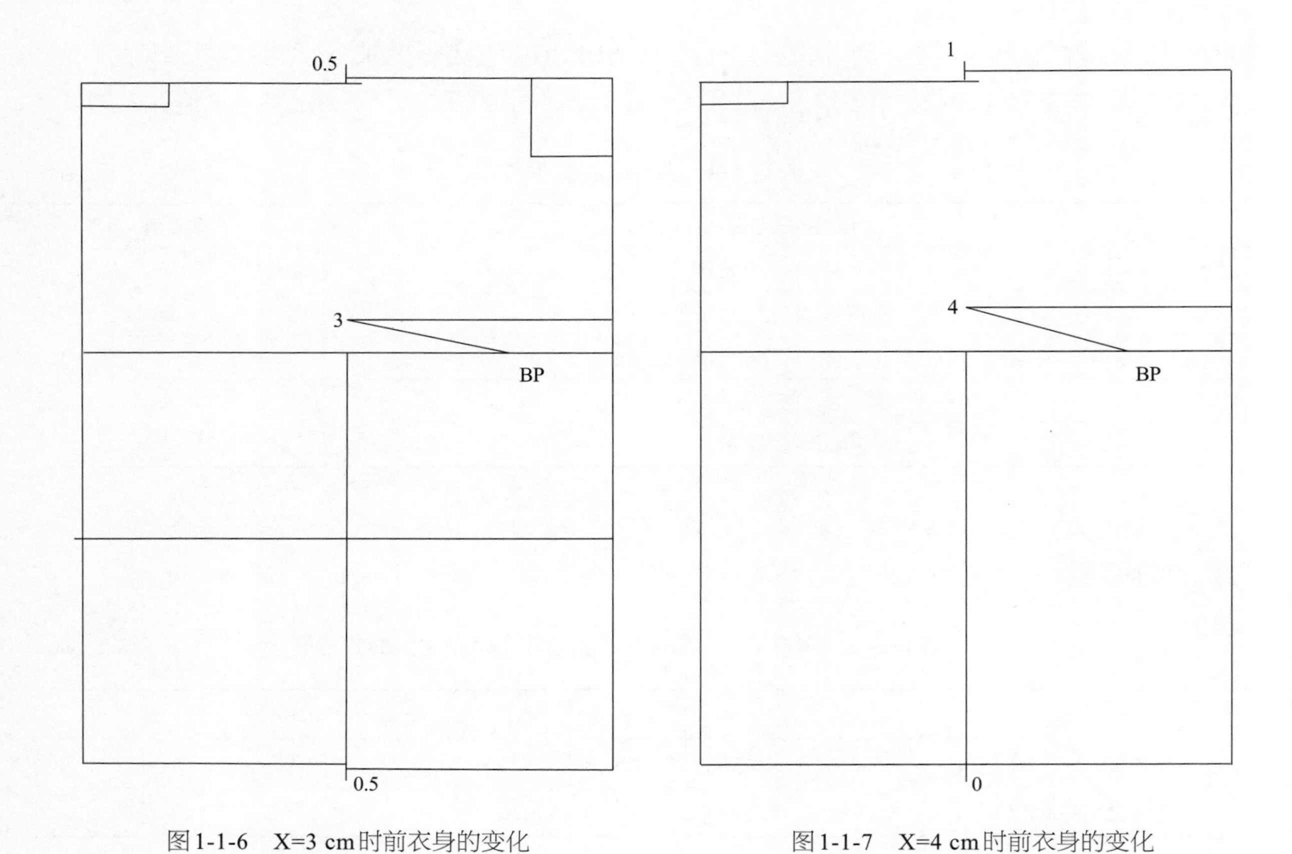

图1-1-6　X=3 cm时前衣身的变化　　　图1-1-7　X=4 cm时前衣身的变化

（五）四开身基本型结构设计

1. 四开身基本型规格设计

参考图1-1-1所示款式图进行四开身规格设计，按照长度尺寸和围度尺寸设置尺寸（表1-1-6）。

表1-1-6　四开身基本型规格尺寸表

单位：cm

长度尺寸		围度尺寸	
胸省量（X）	3	胸围（B）	94
后领深	2.1	后领宽	B/20+3
后腰节长	40	前领宽和前领深	后领宽-0.5
腰至臀长	20	前、后胸围	B/4
袖窿深	B/4-1.5	后背宽	1.5B/10+3.5
前片上抬量	0.5	冲肩量	1.5
前片降低量	0.5	后胸宽-前胸宽	1.2 ~ 1.4
落肩量辅助直角边长 （用“长边 : 短边”表示）	15:5.5 和 15:6.3	后小肩-前小肩	0.5
BP 点高	（号＋型）/10	BP 点宽	B/10-0.5

注：本书中落肩量辅助直角边长均用“长边 : 短边”表示，后文不再赘述。

2. 四开身基本型框架图

（1）先绘制后衣身的长度线（注意袖窿深线不包含后领深），再绘制围度线。绘制基本领口时，后领口宽大于前领口宽，这是由人体颈部造型决定的。前衣身上抬量和下降量根据胸省大小决定，绘制时，参考后身上平线及底摆线，保证衣身的平衡。见图1-1-8。

（2）绘制后片落肩量（本书结构图中均用“长边:短边”表示落肩量辅助直角边长）及背宽线，根据冲肩量来决定后肩线长度。根据BP点绘制胸省，注意省边等长。见图1-1-9。

（3）根据肩端点设置肩角度，前肩角度85°，后肩角度95°，前、后肩斜线合并后，袖窿弧线处呈180° 水平状态。参考图示绘制领口、袖窿等分辅助线。见图1-1-10。

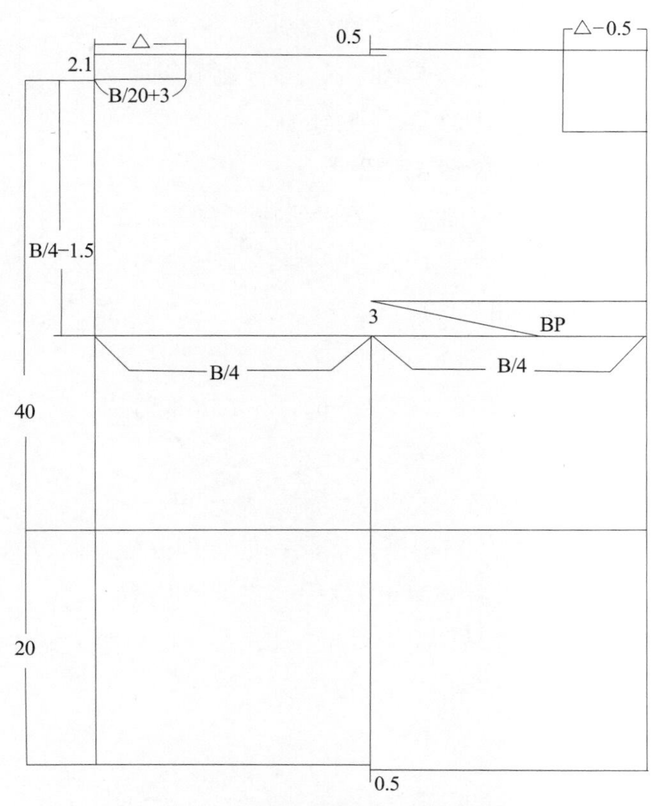

图1-1-8　四开身基本型框架图步骤一

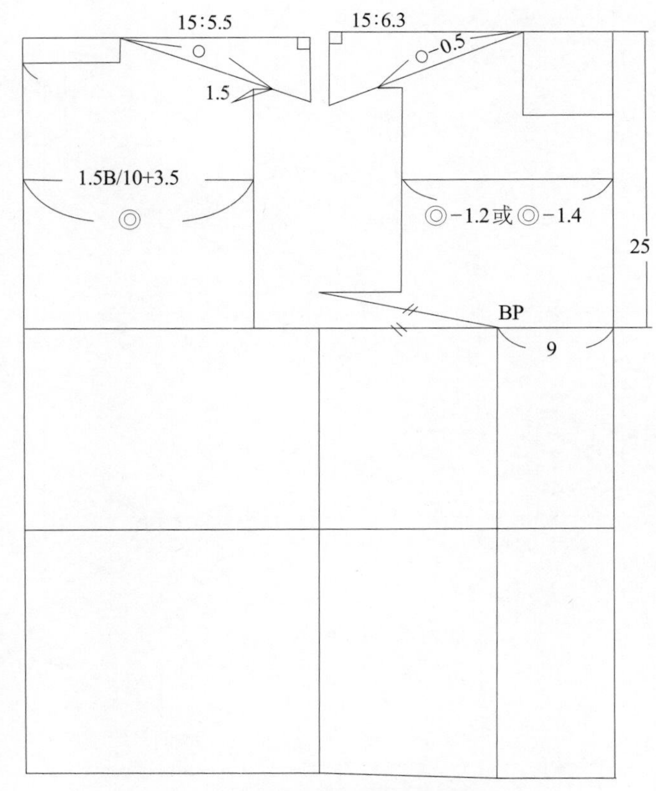

图1-1-9　四开身基本型框架图步骤二

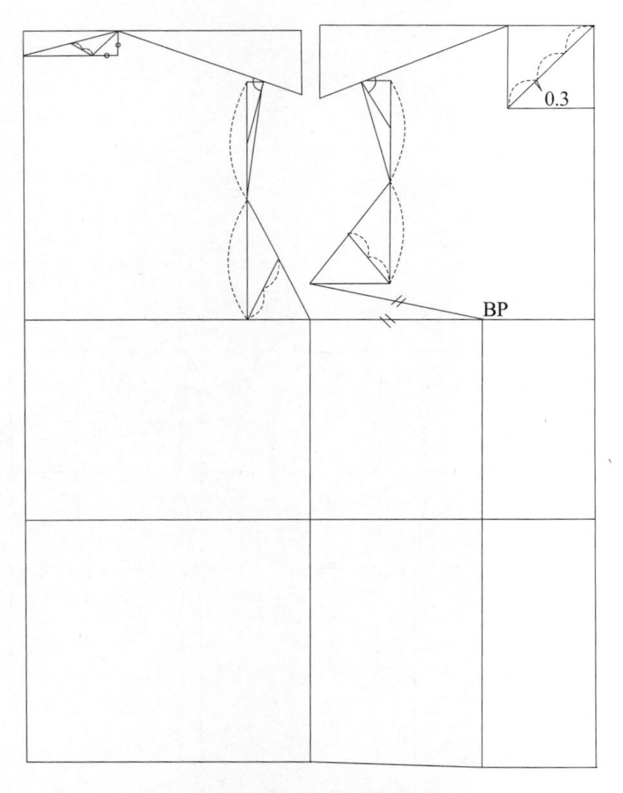

图1-1-10　四开身基本型框架图步骤三

（4）参考领口与袖窿的辅助线，在此基础上，绘制领口弧线与袖窿弧线，绘制弧线时要经过等分点作切线。见图1-1-11。

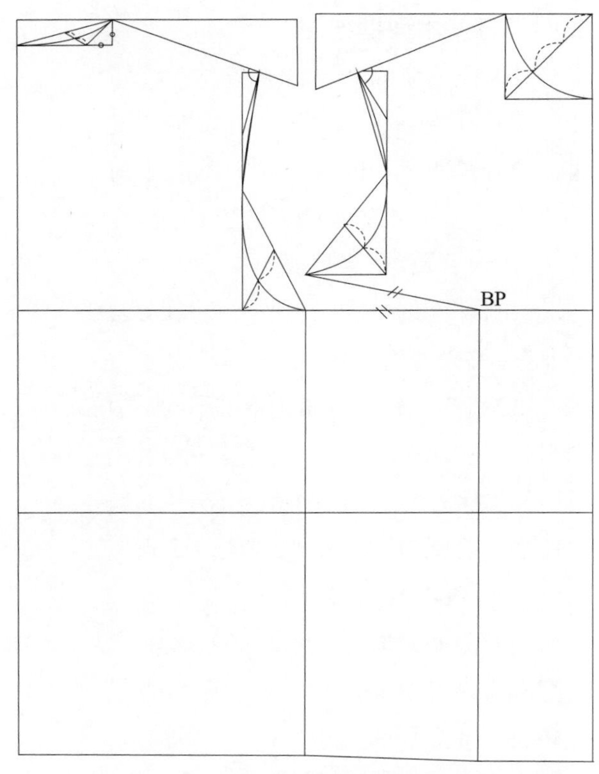

图1-1-11　四开身基本型框架图步骤四

3. 四开身基本型结构设计

（1）人体侧面着装解剖示意图（图1-1-12）展示了腰省在服装中的分配关系，后腰省量最大，前腰省量与侧缝省量比较接近，在此基础上，进行胸腰差的合理分配。以侧缝为基准，后片腰部收省量占胸腰差60% ~ 65%，前片腰部收省量占胸腰差35% ~ 40%。

（2）165/84A标准体的胸腰差为14 ~ 18 cm，根据人体体型进行胸腰差的合理分配。下摆的大小与腰省呈正比关系，在设计下摆取值时，应注意侧面是人体的胯部，对应的下摆应略大一些。根据款式图设计后片与前片的省位及大小。见图1-1-13。

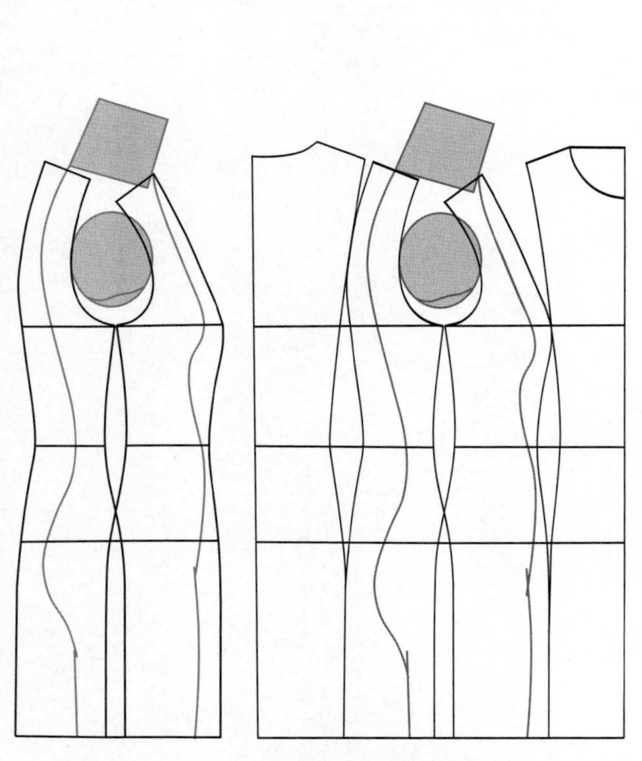

图1-1-12　人体侧面着装解剖示意图

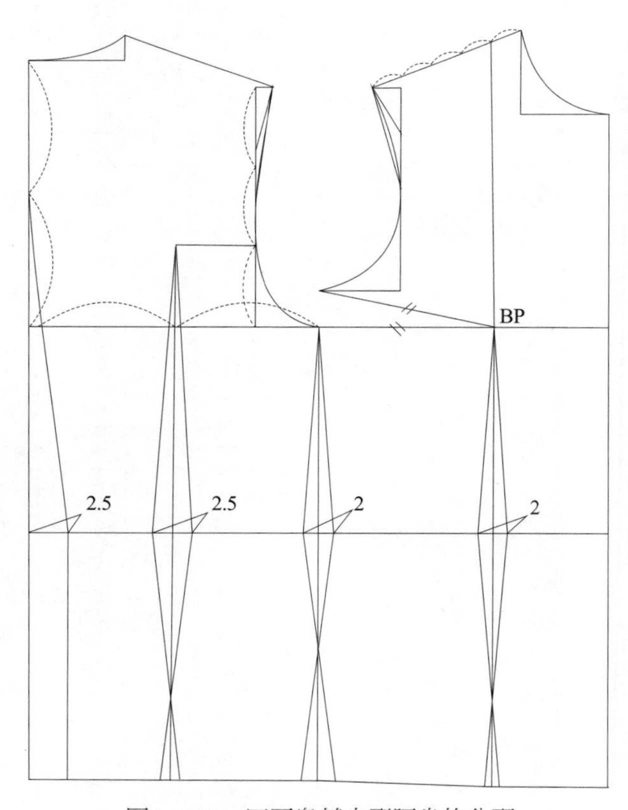

图1-1-13　四开身基本型腰省的分配

（3）绘制后片弧线分割线，将直线省尖处的量融入弧线分割线处。绘制前片直线分割线，将胸省转移到肩省，与腰省连接，形成直线分割。见图1-1-14。

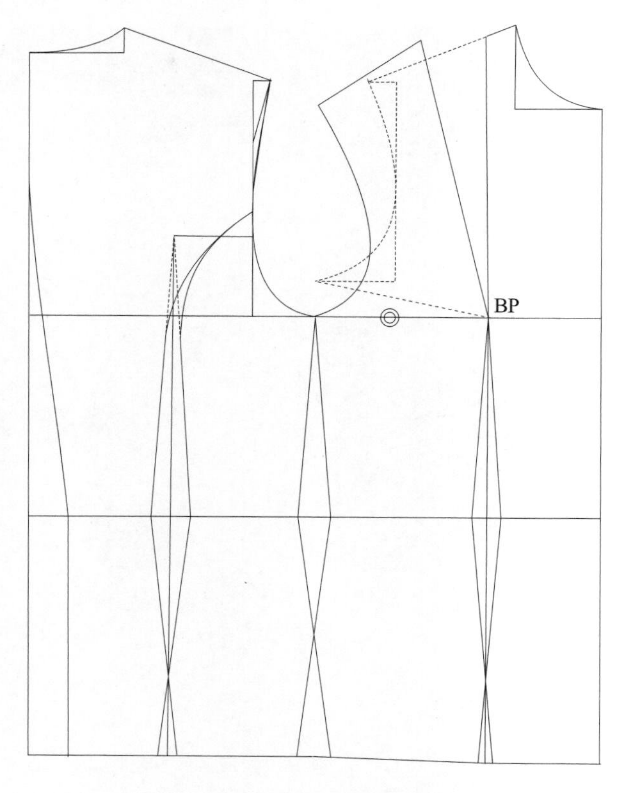

图1-1-14　四开身基本型分割线设计

（六）四开身基本型试衣效果

1. 四开身基本型样版放缝

在四开身基本型样版放缝（图1-1-15）中，前中心线保持连折，后中心线因收省而断开，底边放缝3 ~ 3.5 cm，领口放缝0.6 cm，袖窿放缝0.8 cm，其余部位均放缝1 cm。

2. 四开身基本型3D试衣

根据四开身基本型样版进行工艺缝制试样，从不同角度看成衣效果。四开身基本型前身呈现直线分割效果，侧身呈现前、后衣身平衡效果，后身呈现弧线分割及后中分割效果（图1-1-16）。

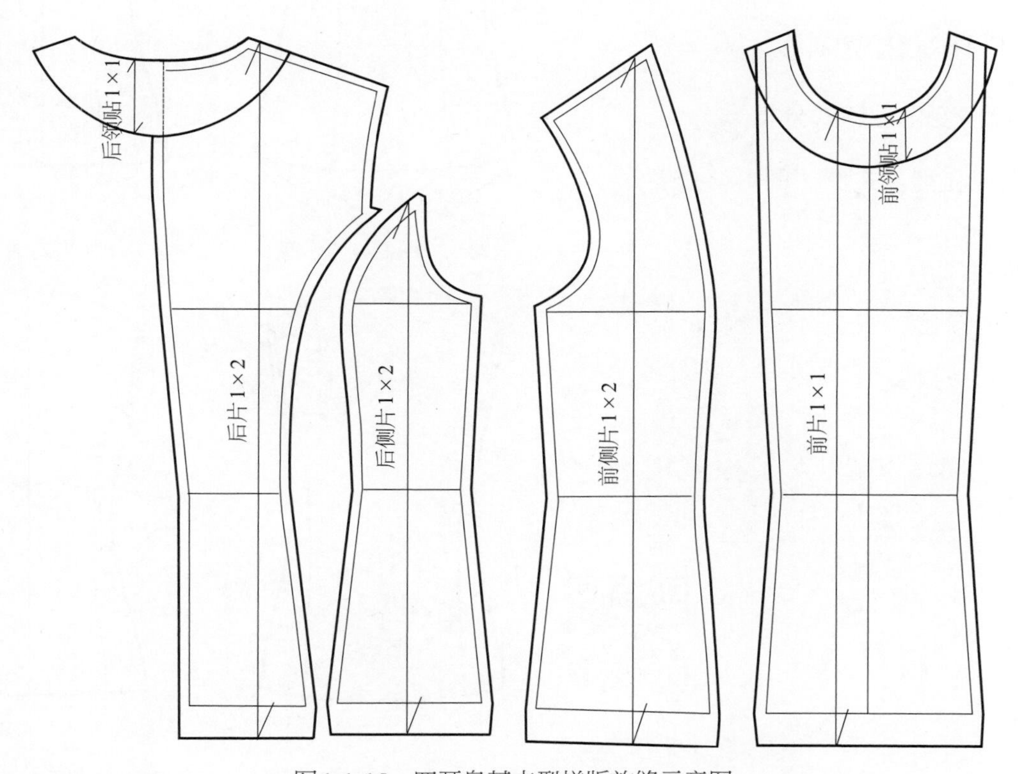

图1-1-15　四开身基本型样版放缝示意图

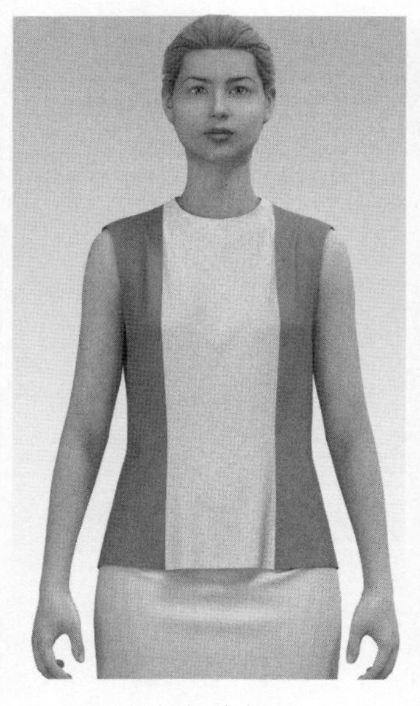

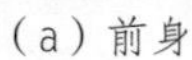

(a) 前身

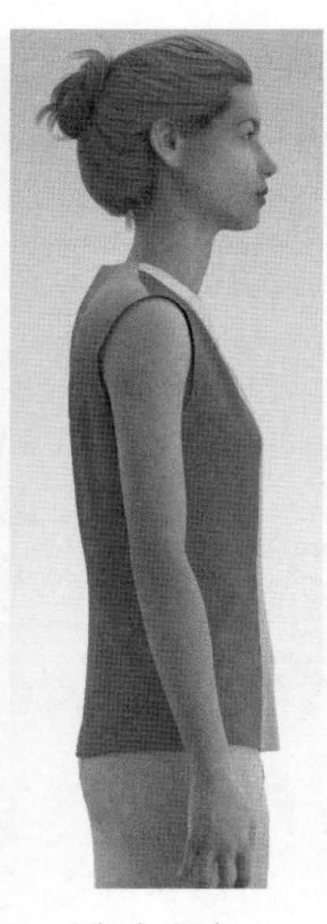

(b) 侧身

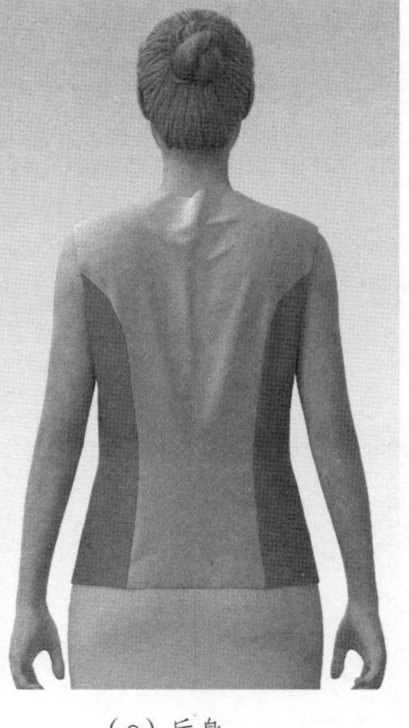

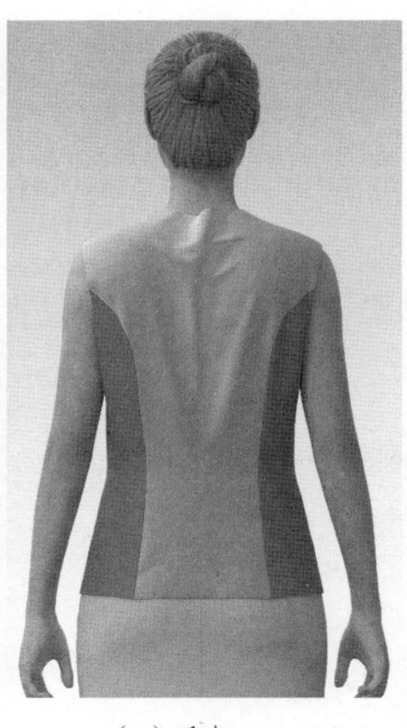

(c) 后身

图1-1-16　四开身基本型试衣效果

(七) 实践题

根据165/84A号型规格尺寸，绘制图1-1-17所示款式图的四开身基本型结构。

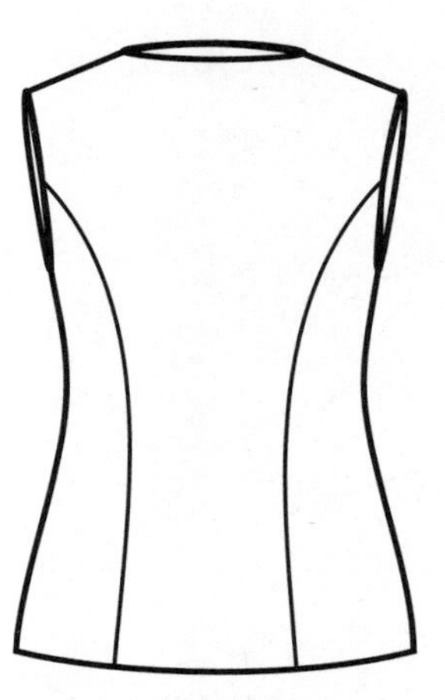

(a) 前身

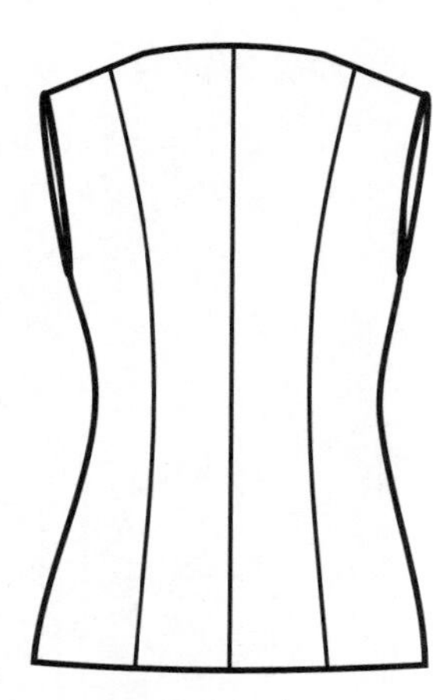

(b) 后身

图1-1-17　四开身基本型实践题款式图

二、四开身变化型制版

(一) 四开身变化型款式分析

1. 四开身变化型款式图（图1-2-1）

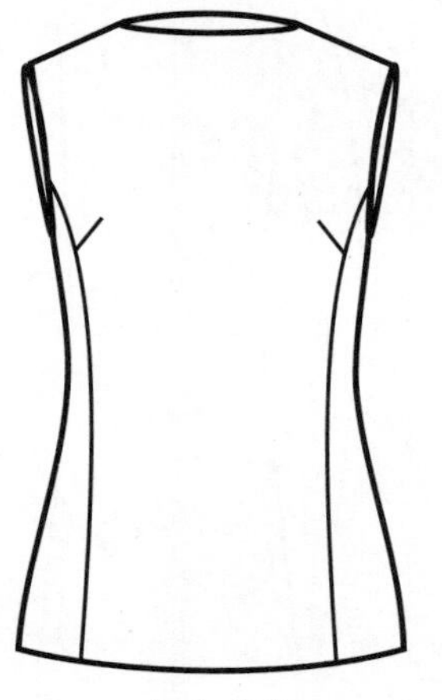

(a) 前身

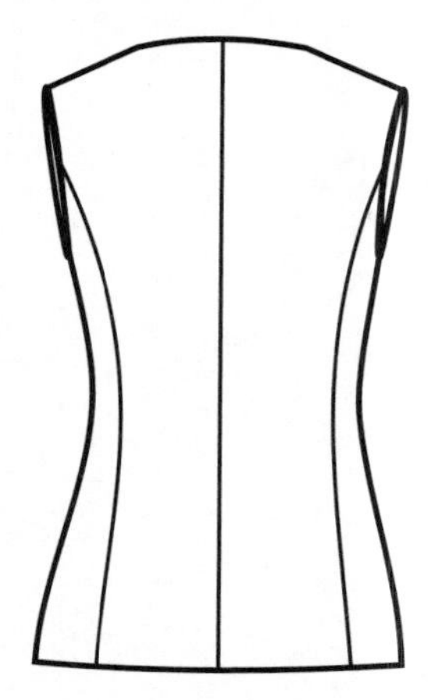

(b) 后身

图1-2-1　四开身变化型款式图

2. 款式特点

四开身变化型衣身有侧缝线，属于四开身结构。前身设有弧线分割及胸省，后身设有弧线分割及后中缝线。因为款式展示衣身结构设计，所以不设穿脱方式。

视频1-2
四开身变化型制版

（二）四开身变化型结构设计

在四开身基本型结构的基础上，进行四开身变化型结构设计。

（1）参考规格尺寸表1-1-6，绘制四开身基本型结构，将胸省转移至肩线，形成肩省。见图1-2-2。

（2）在基本型结构基础上，将前、后胸围线进行三等分，将前、后的腰省移至靠近侧缝处的三等分点。见图1-2-3。

（3）根据款式图设计前、后片弧线分割线。在此基础上，确定胸省的位置。见图1-2-4。

（4）在前片弧线分割线设计的基础上，将肩省量转移至弧线分割处、胸省处，形成四开身变化结构设计。见图1-2-5。

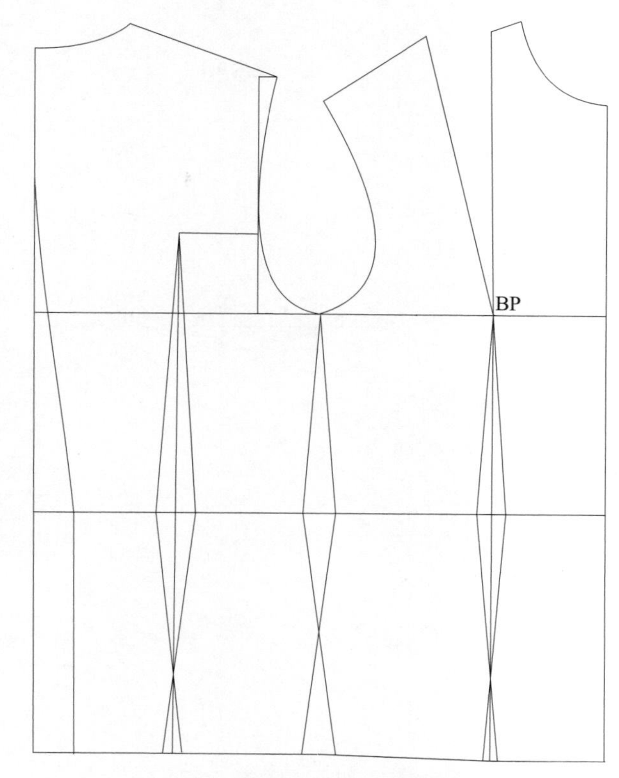

图1-2-2　四开身基本型结构

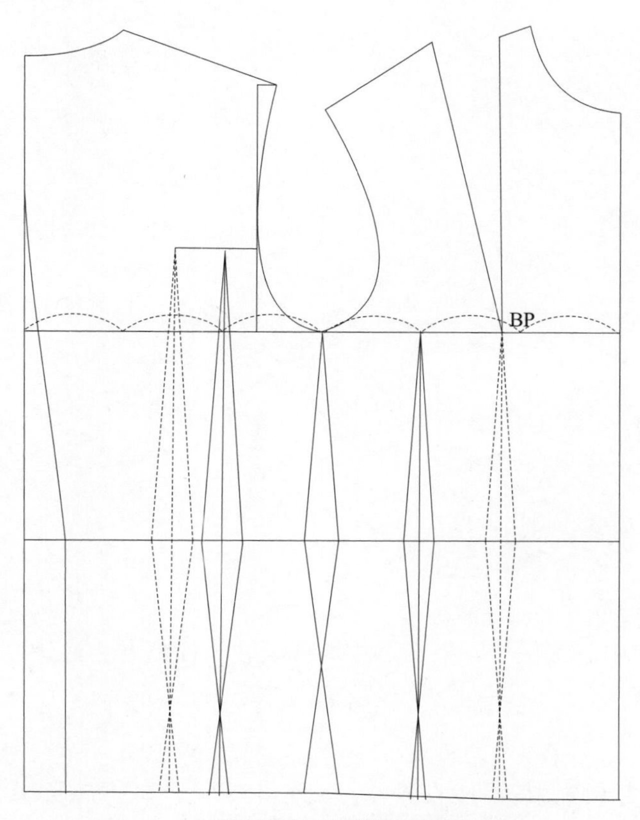

图1-2-3　四开身变化型结构设计步骤一

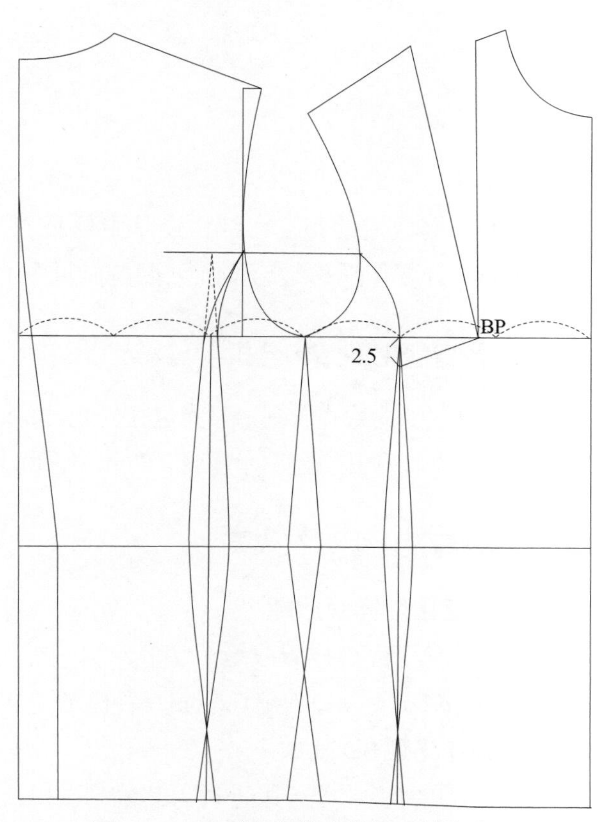

图1-2-4　四开身变化型结构设计步骤二

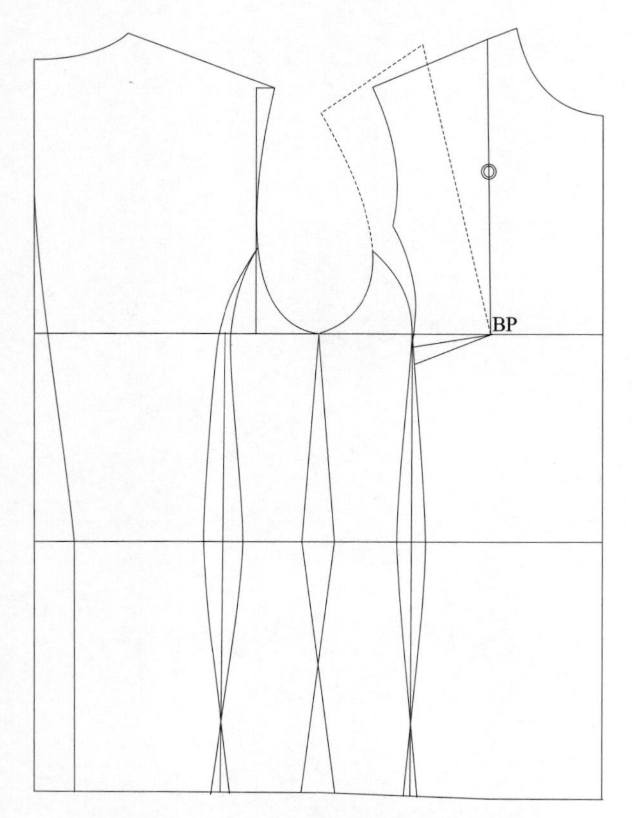

图1-2-5　四开身变化型结构设计步骤三

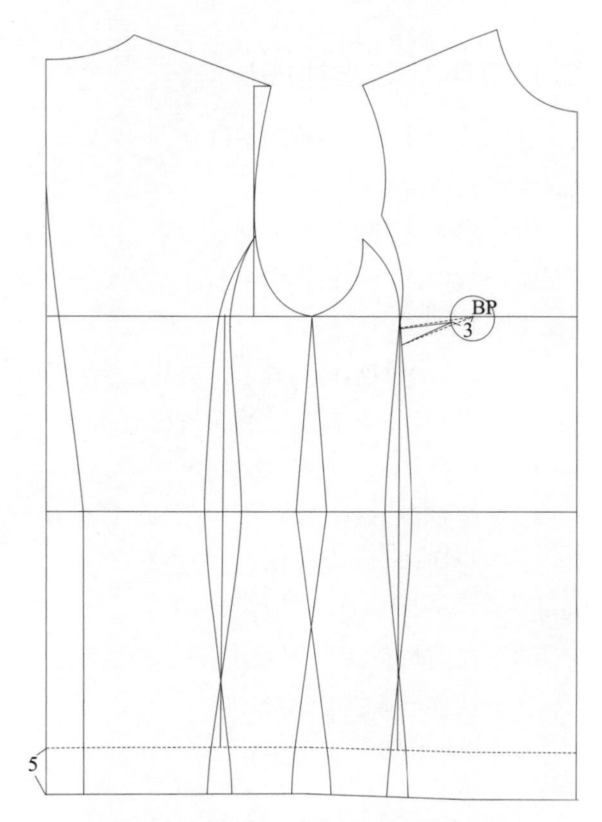

图1-2-6　四开身变化型结构设计步骤四

（5）根据款式设计，在结构设计中延长衣长线，前下降量保持平行下移。注意衣长加长时，摆缝处的设计要作延长线，增加下摆量。见图1-2-6。

（三）四开身变化型结构分析

四开身衣身的款式不同，腰省量在分配时，前后差略有不同。在进行腰省设置时，前身腰省量变化不大，后身腰省量的大小才是服装贴体与否的关键。见表1-2-1。

（四）四开身变化型试衣效果

1. 四开身变化型样版放缝

在四开身变化型样版放缝（图1-2-7）中，前中心线保持连折，后中心线因收省而断开，底边放缝3 ～ 3.5 cm，领口放缝0.6 cm，袖窿放缝0.8 cm，其余部位均放缝1 cm。

2. 四开身变化型3D试衣

根据四开身变化型样版进行工艺缝制试样，从不同角度看成衣效果。从前身与后身看，分割线比较接近腋下，侧身呈现前、后衣身平衡效果，后身呈现弧线分割效果（图1-2-8）。

表1–2–1　四开身变化衣身款式的腰省量分配

变化衣身款式	腰省量的分配示意图
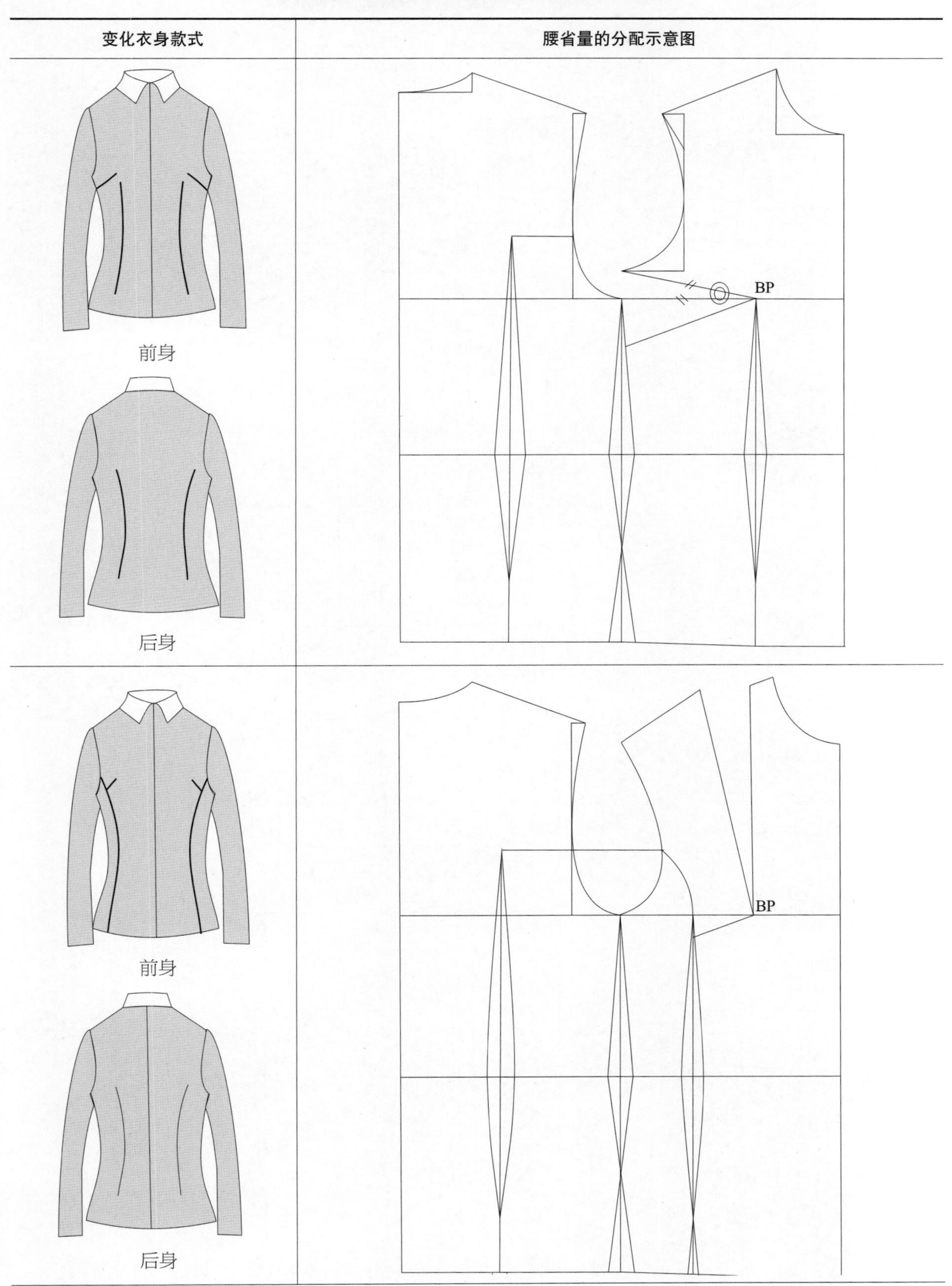	

（续表）

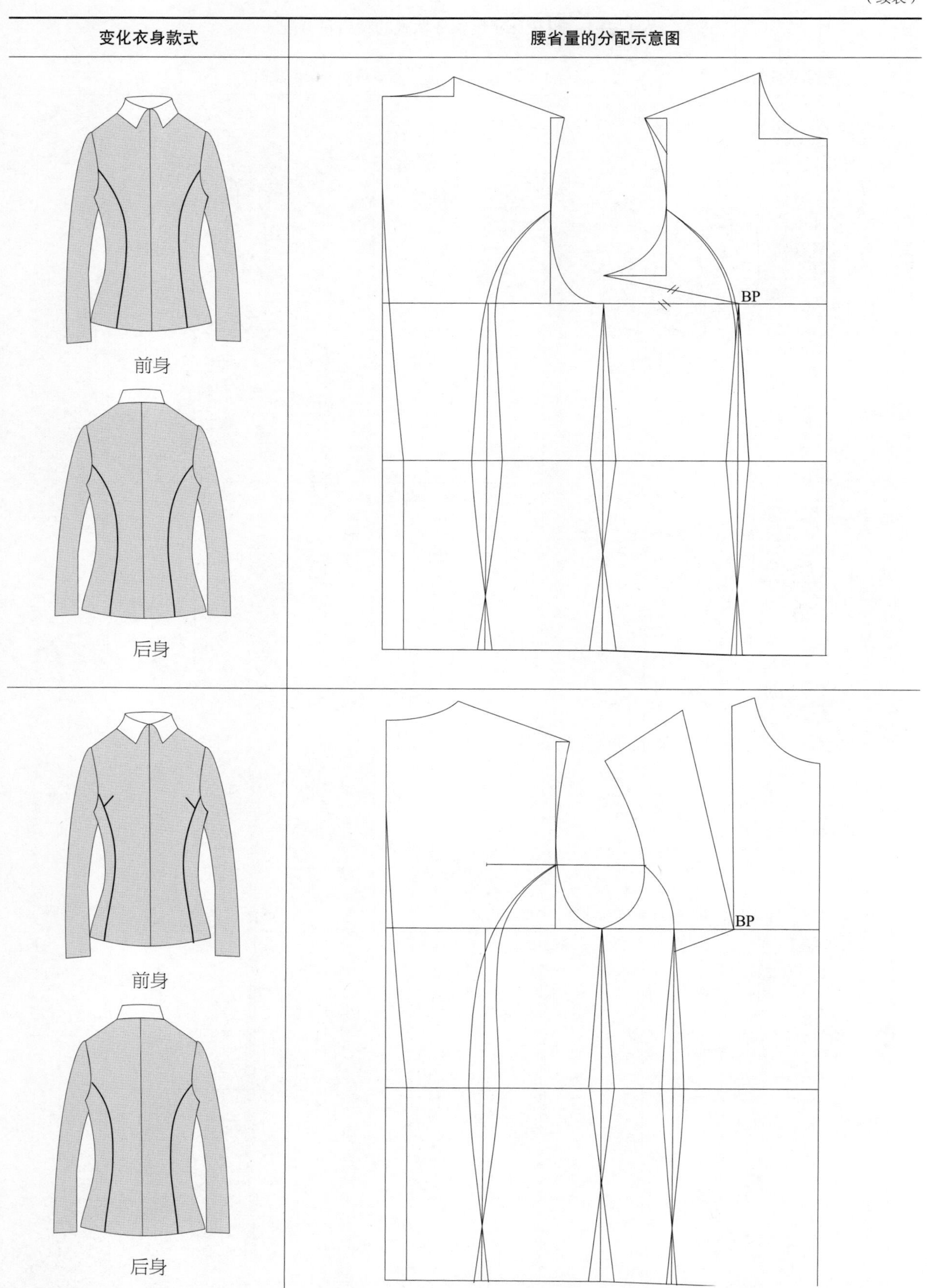

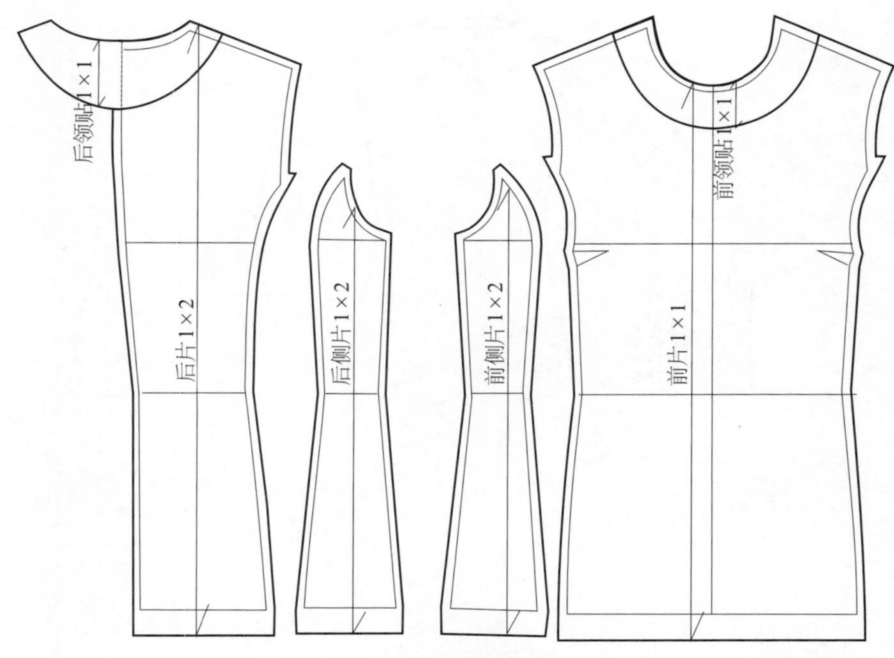

图1-2-7　四开身变化型样版放缝示意图

（五）实践题

根据穿着者的人体尺寸，设计四开身变化型的规格尺寸。在此基础上，按照图1-2-9所示款式图进行结构设计。

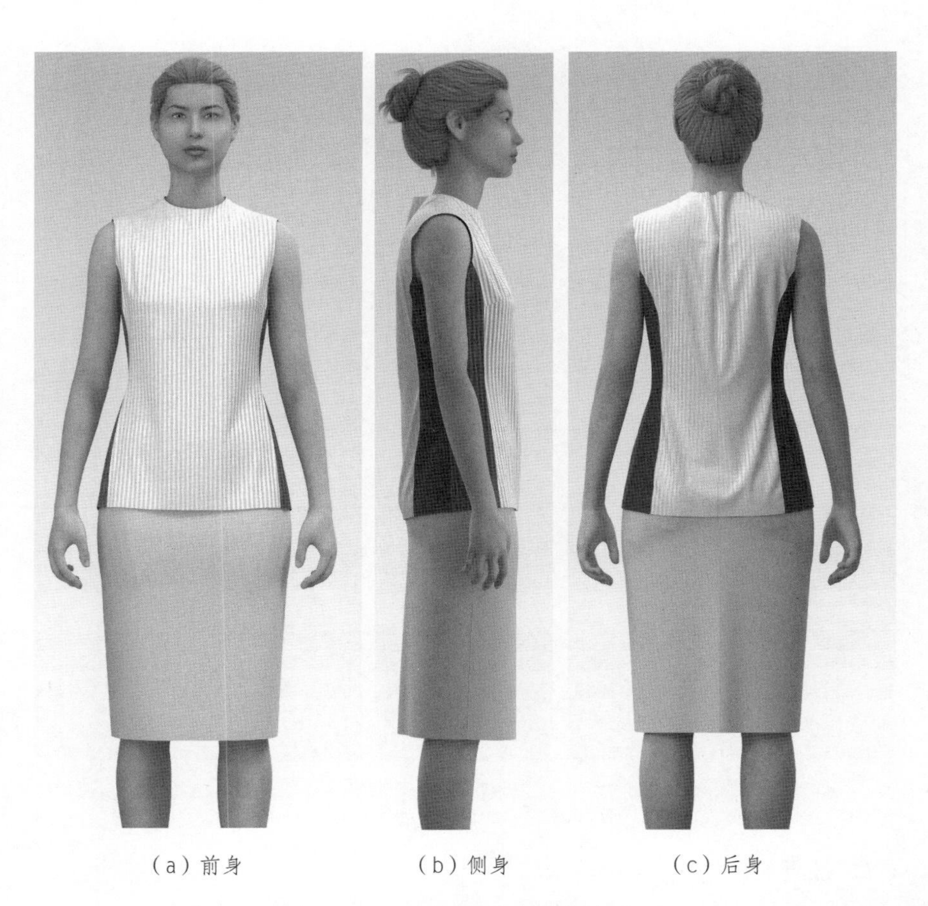
（a）前身　（b）侧身　（c）后身

图1-2-8　四开身变化型试衣效果

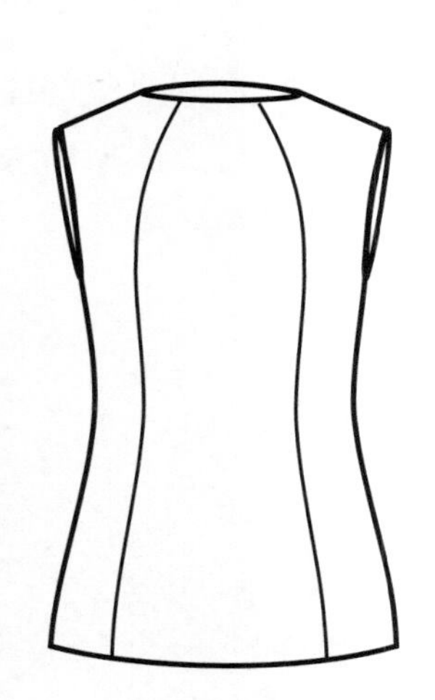
（a）前身

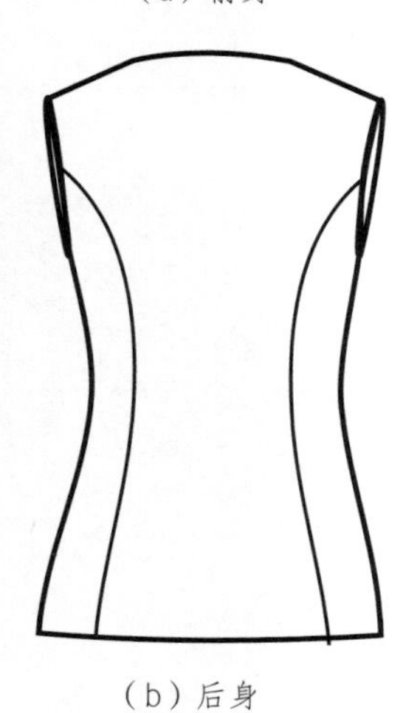
（b）后身

图1-2-9　四开身变化型实践题款式图

三、三开身基本型制版

（一）三开身基本型款式分析

1. 三开身基本型款式图（图1–3–1）

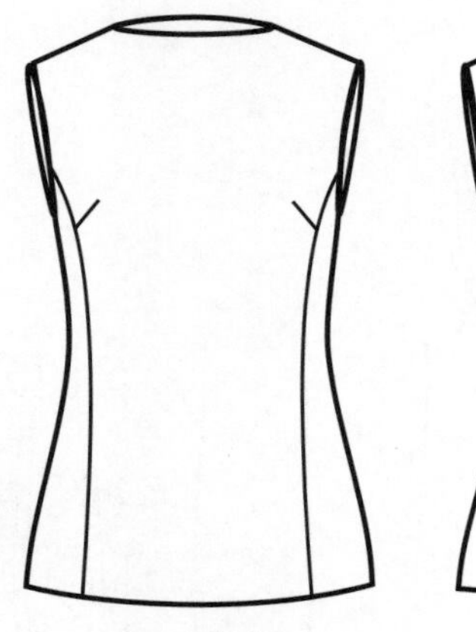

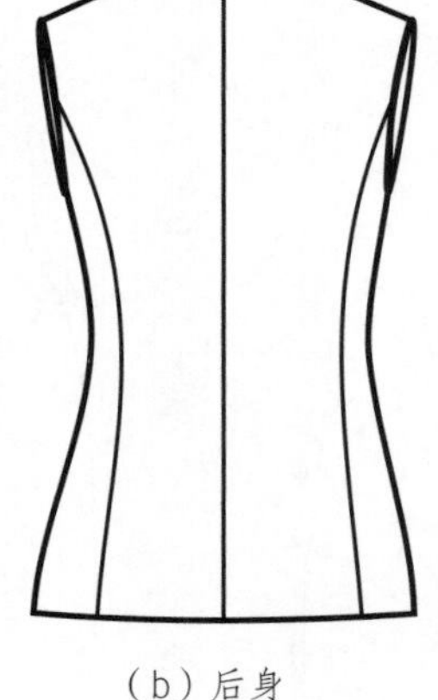

（a）前身　（b）后身

图1-3-1　三开身基本型款式图

2. 款式特点

三开身基本型侧缝处没有分割线，属于三开身结构。前身设有弧线分割及胸省，后身设有弧线分割及后中缝线。因为款式展示衣身结构设计，所以不设穿脱方式。

视频1–3
三开身基本型制版

（二）三开身基本型结构设计

在四开身基本型结构的基础上，进行三开身基本型结构设计。

（1）参考规格尺寸表1-1-6，绘制四开身基本型结构，确定三开身前、后分割线的位置。见图1-3-2。

（2）在四开身基本型结构基础上，将后片的腰省移至靠近背宽线1 cm处，再将侧缝省移至前胸宽线处。见图1-3-3。

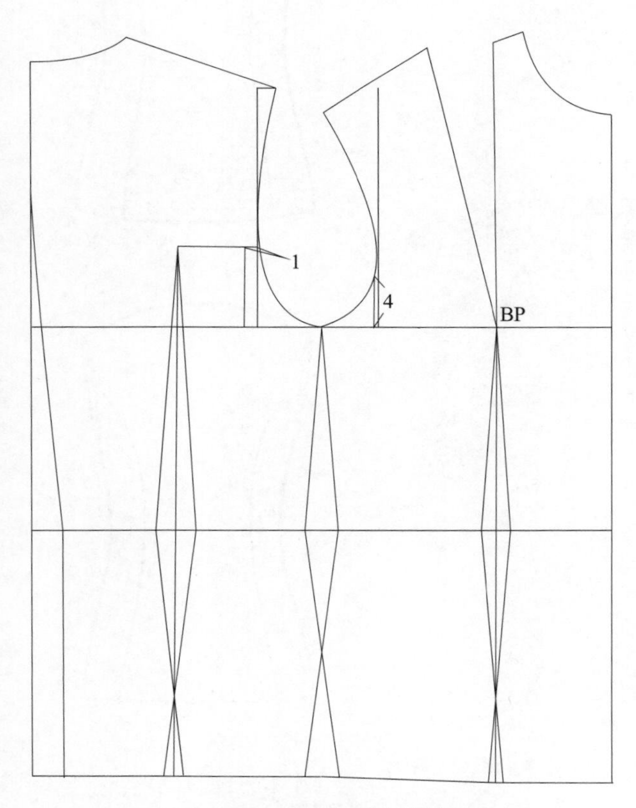

图1-3-2　四开身基本型结构

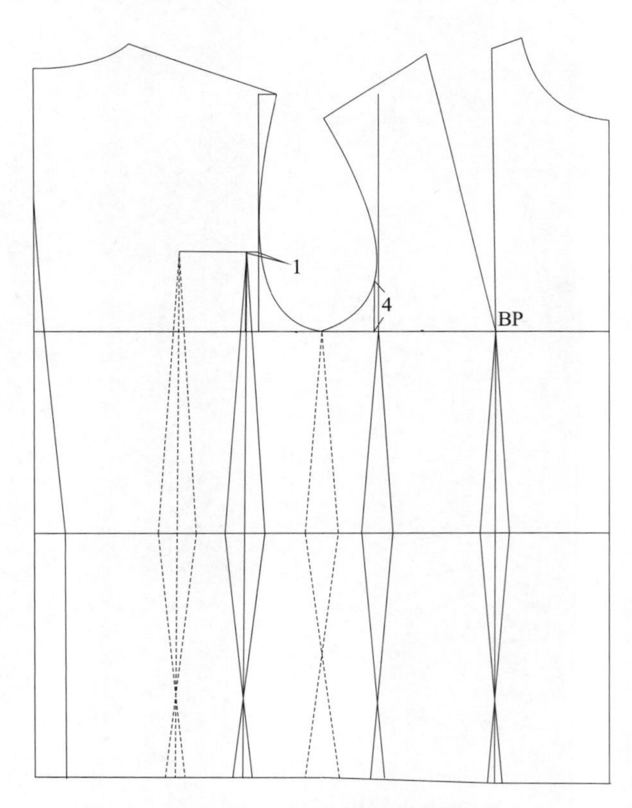

图1-3-3　三开身基本型结构设计步骤一

（3）将前面转移的省缝线与袖窿相交形成弧线分割。见图1-3-4。

（4）将弧线分割与侧腰线连接画顺，呈现出三开身两侧的分割线结构。三开身结构设计，前片胸围一般采用B/3+○（定数），后片胸围一般采用B/6+◇（定数）。见图1-3-5。

（三）三开身基本型试衣效果

1. 三开身基本型样版放缝

在三开身基本型样版放缝（图1-3-6）中，前中心线保持连折，后中心线因收省而断开，底边放缝3 ~ 3.5 cm，领口放缝0.6 cm，袖窿放缝0.8 cm，其余部位均放缝1 cm。

2. 三开身基本型3D试衣

根据三开身基本型样版进行工艺缝制试样，从不同角度看成衣效果。三开身基本型前身呈现直线分割效果，侧身没有侧缝线，后身腰部的合体度较高（图1-3-7）。

（四）实践题

根据165/84A号型规格尺寸，绘制图1-3-8所示款式图的三开身基本型结构。

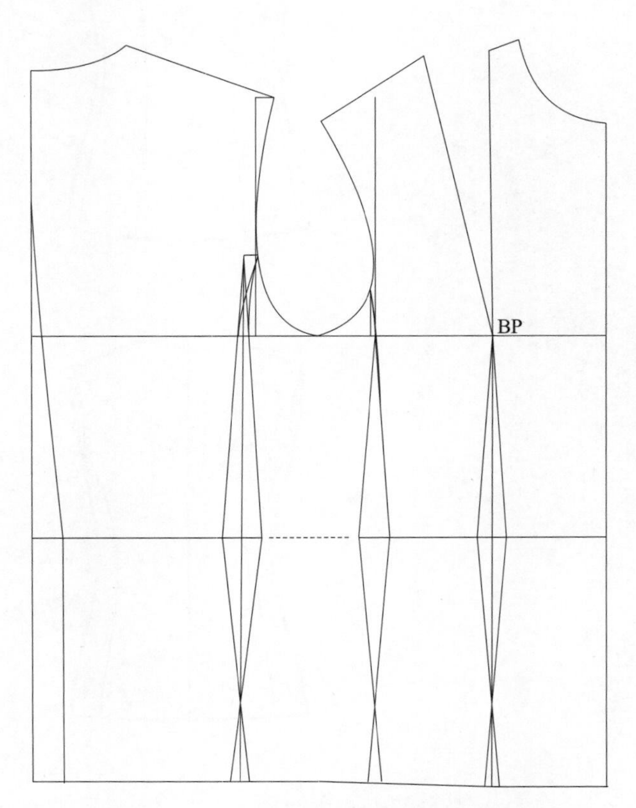

图1-3-4　三开身基本型结构设计步骤二

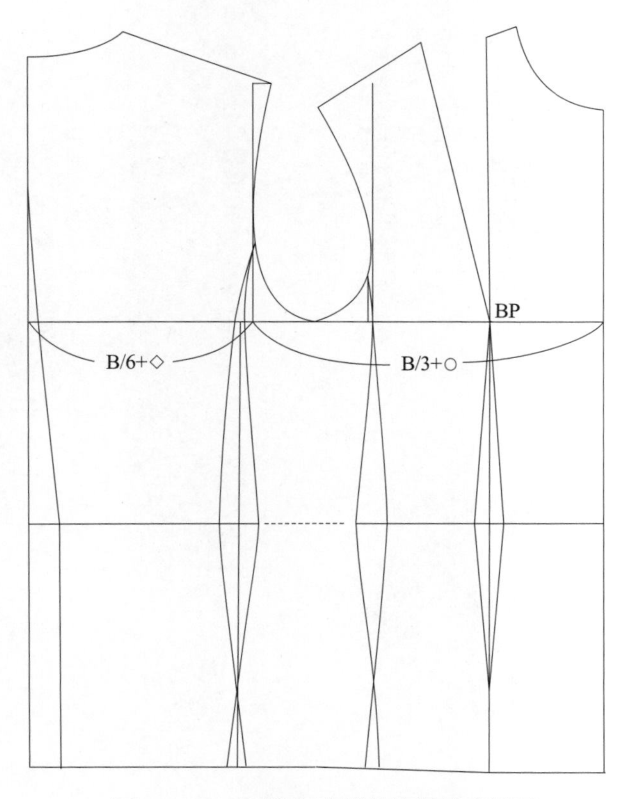

图1-3-5　三开身基本型结构设计步骤三

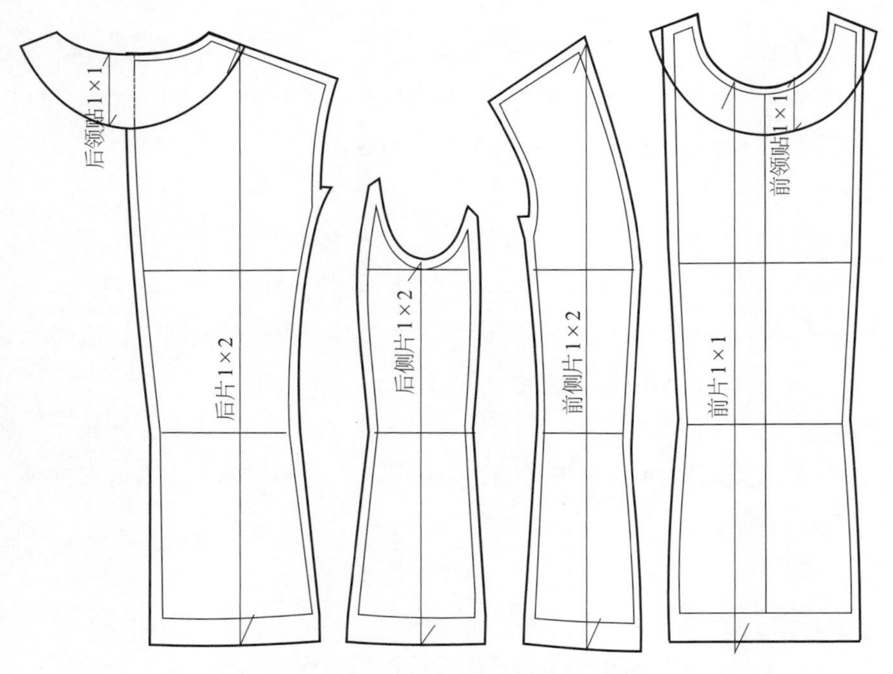

图1-3-6　三开身基本型样版放缝示意图

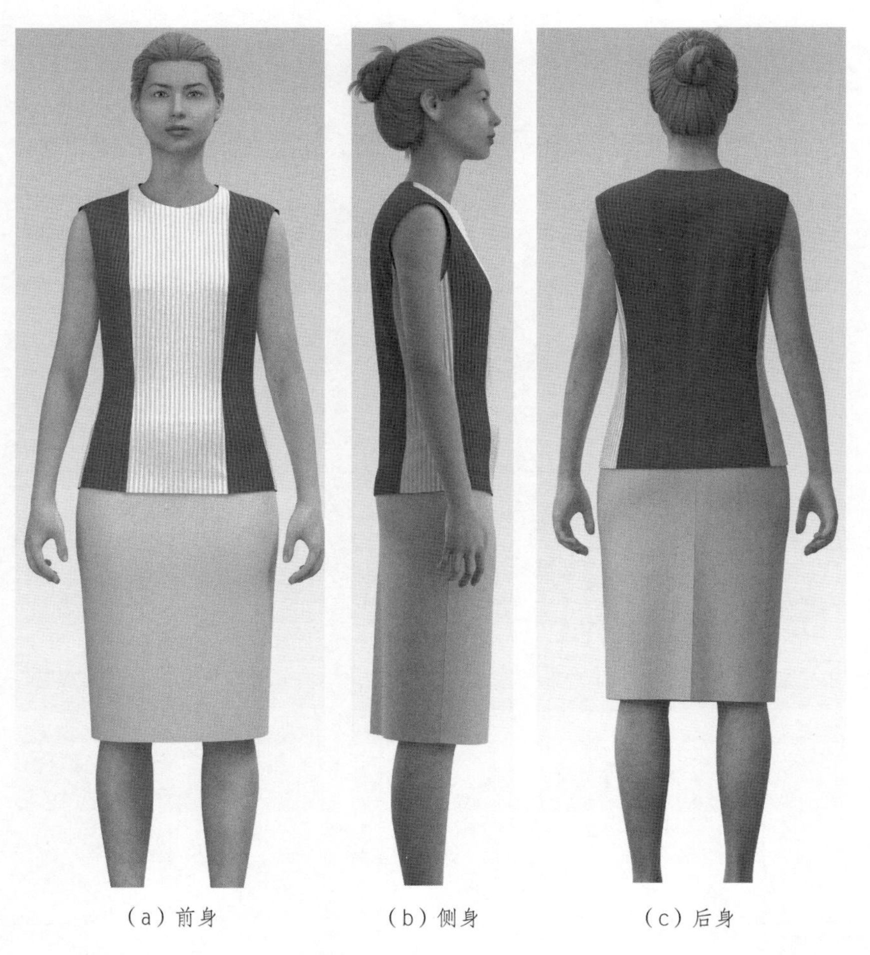

（a）前身　（b）侧身　（c）后身

图1-3-7　三开身基本型试衣效果

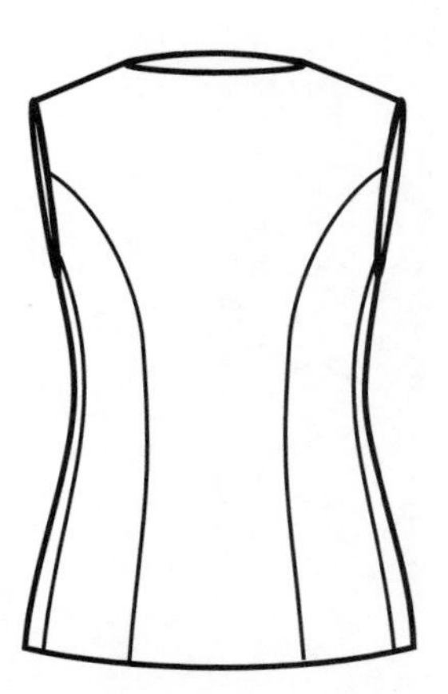

（a）前身

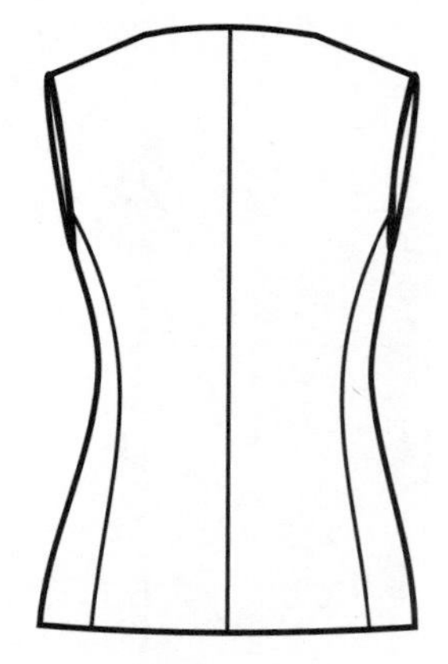

（b）后身

图1-3-8　三开身基本型实践题款式图

四、三开身变化型制版

（一）三开身变化型款式分析

1. 三开身变化型款式图（图1-4-1）

2. 款式特点

侧缝处没有分割线，属于三开身结构。前身断腰分割，设有腰省及中心省，后身设有弧线分割，断腰分割及后中缝线。因为款式展示衣身结构设计，所以不设穿脱方式。

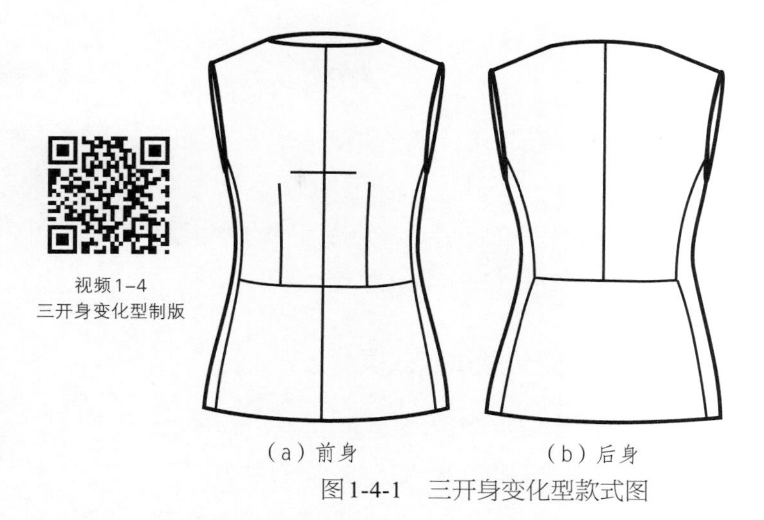

（a）前身　　（b）后身

图1-4-1　三开身变化型款式图

（二）三开身变化型结构设计

在三开身基本型结构的基础上，进行三开身变化型结构设计。

（1）根据款式图，确定三开身前、后片结构中的分割线位置。见图1-4-2。

（2）前身中心省处理方法一：将肩省量转移至腰省处（图1-4-3），取合并后腰省的1/2转换为中心省（图1-4-4）。两次转移可以控制中心省量的大小。

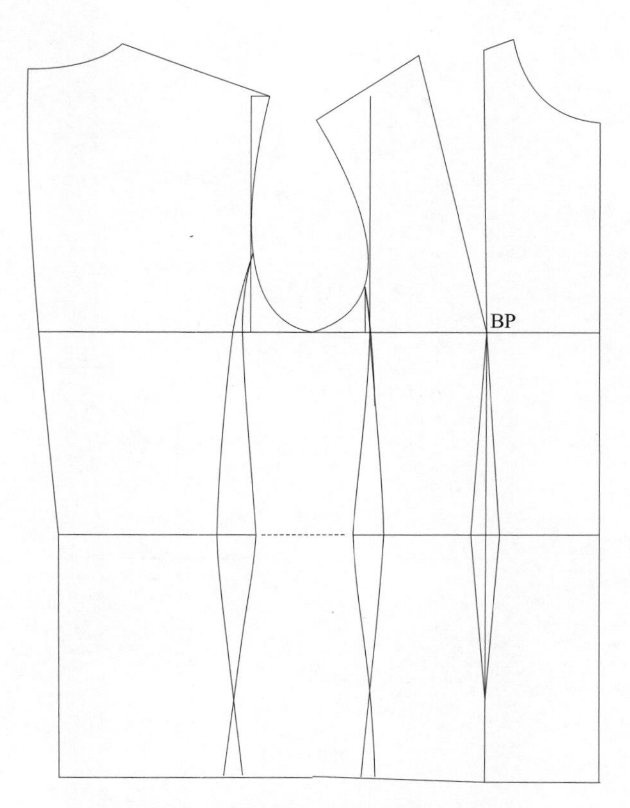

图1-4-2　三开身变化型结构设计步骤一

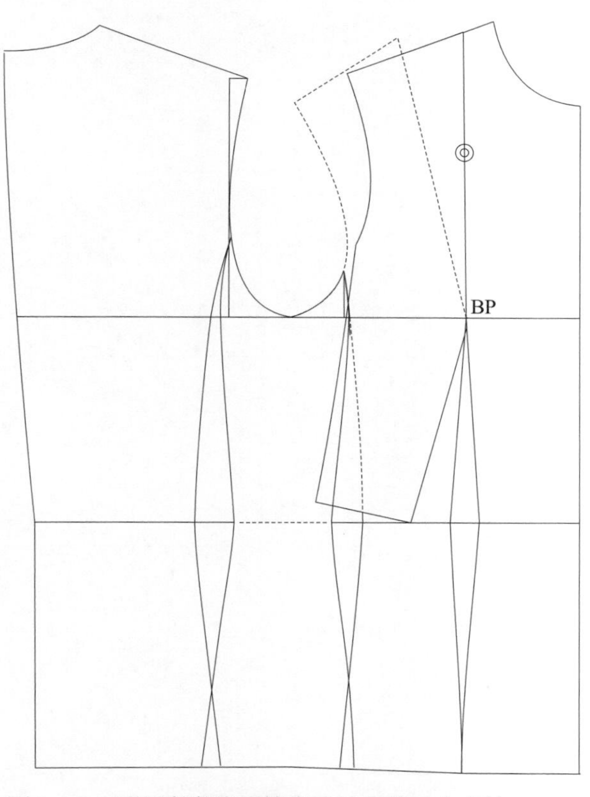

图1-4-3　三开身变化型结构设计步骤二之方法一：肩省转移至腰省

（3）前身中心省处理方法二：将肩省直接转移至中心省（图1-4-5）。一次转移省道的方法，更简便，但是容易出现省量分配不均衡的问题。

（4）在腰节线的断腰处，合并前后的腰省量，绘制下摆结构造型（图1-4-6）。

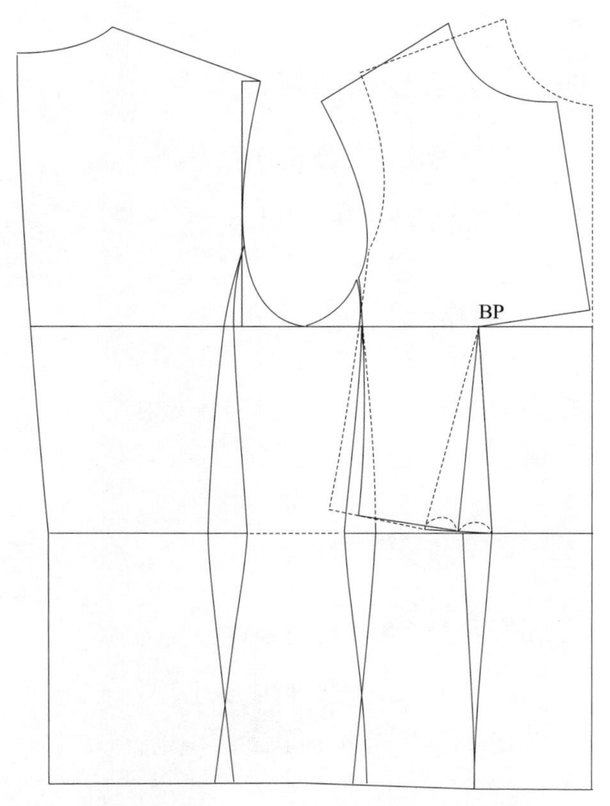

图1-4-4　三开身变化型结构设计步骤二之方法一：腰省的1/2转移至中心省

（三）三开身变化型试衣效果

1. 三开身变化型样版放缝

在三开身变化型样版放缝（图1-4-7）中，前中心线因中心省断开，后中心线因收省而断开。底边放缝3 ~ 3.5 cm，领口放缝0.6 cm，袖窿放缝0.8 cm，其余部位均放缝1 cm。

2. 三开身变化型3D试衣

根据三开身变化型样版进行工艺缝制试样，从不同角度看成衣效果。三开身变化型前身有断腰分割线，侧身无侧缝线、无断腰，后身有断腰分割线，整体合体度较高（图1-4-8）。

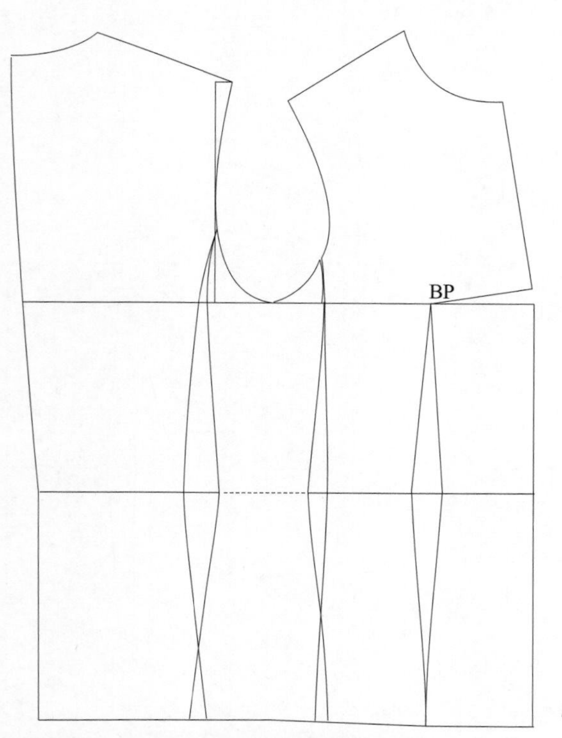

图1-4-5　三开身变化型结构设计步骤二之方法二：肩省直接转移至中心省

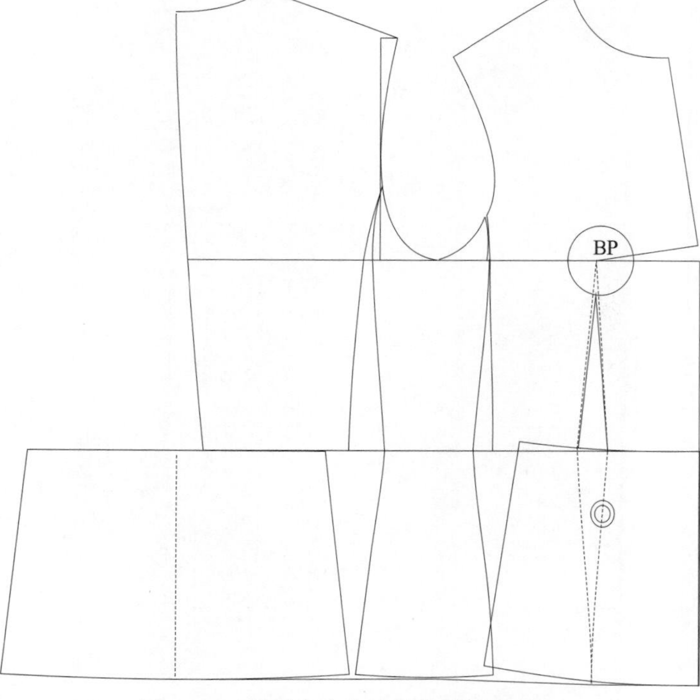

图1-4-6　三开身变化型结构设计步骤三

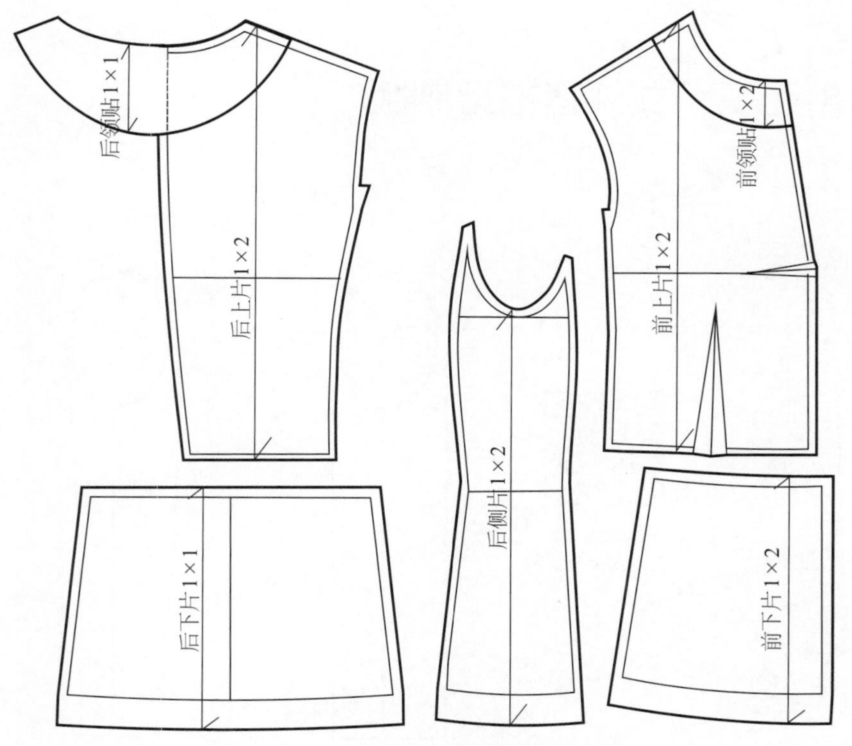

图1-4-7　三开身变化型样版放缝示意图

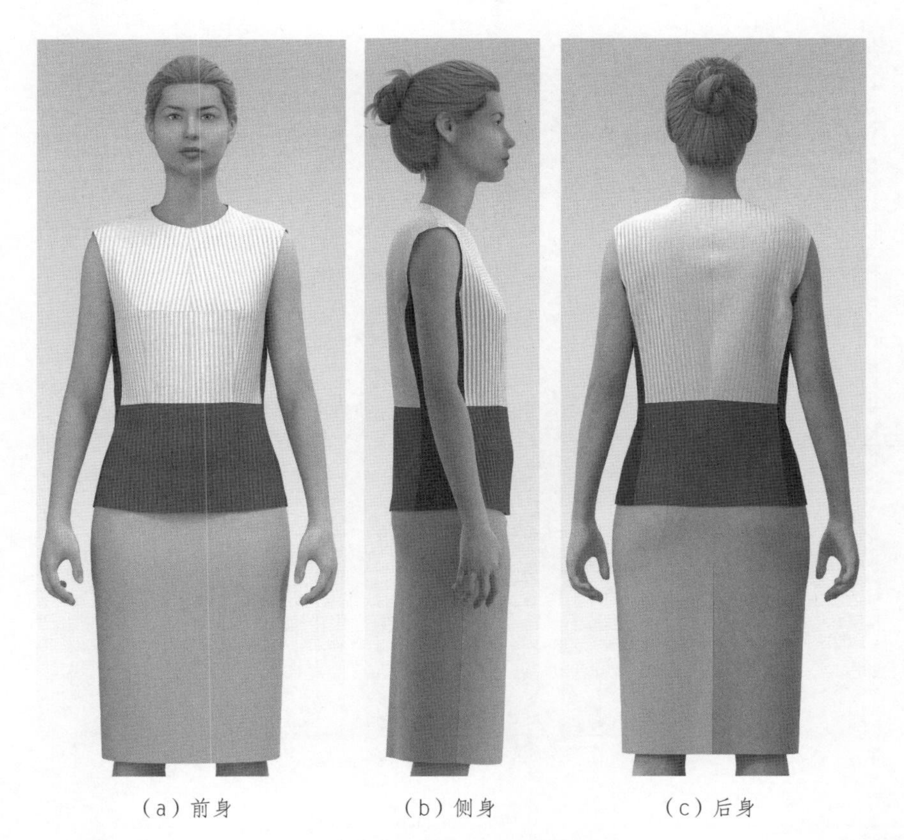

（a）前身　（b）侧身　（c）后身

图1-4-8　三开身变化型试衣效果

（四）实践题

根据穿着者的人体尺寸，设计三开身变化型的规格尺寸。在此基础上，按照图1-4-9所示款式图进行结构设计。

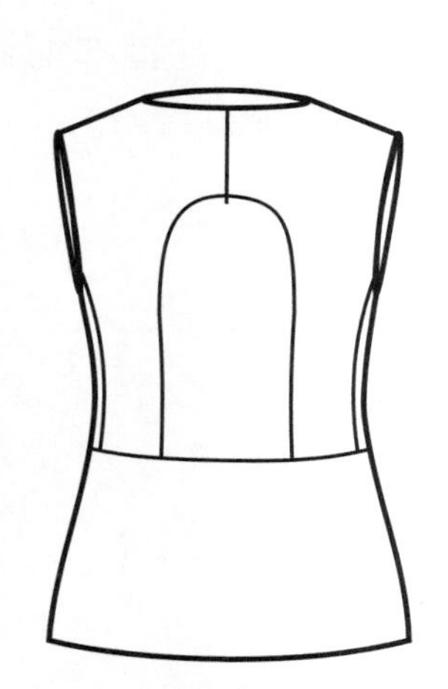

（a）前身

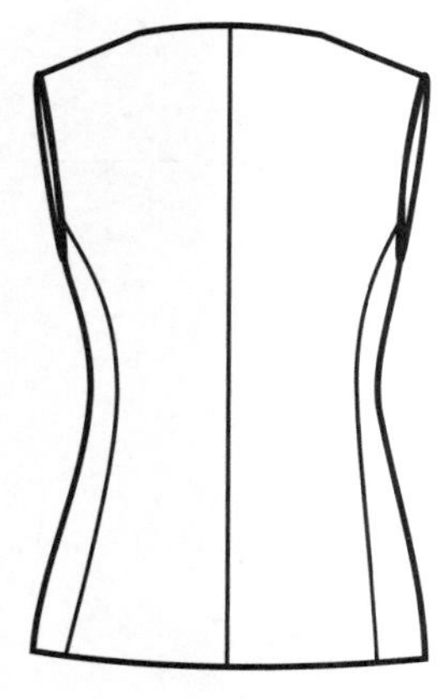

（b）后身

图1-4-9　三开身变化型实践题款式图

单元二　女外套袖型制版

一、一片袖基本型制版

（一）一片袖基本型款式分析

1. 一片袖基本型款式图（图2-1-1）

视频2-1
一片袖基本型制版

2. 款式特点

基本型一没有收袖口，有袖缝；基本型二收袖口，有袖缝。

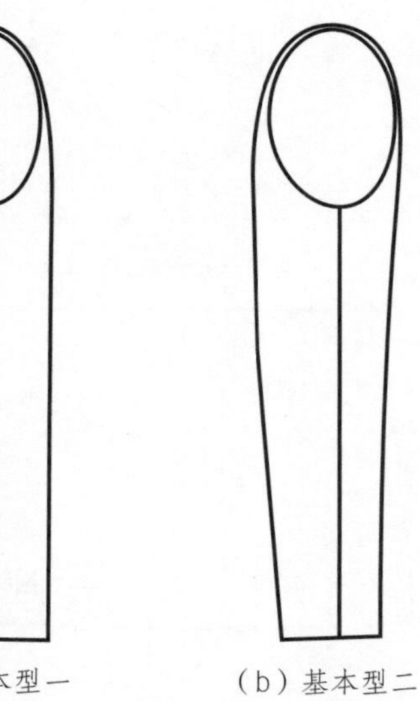

（a）基本型一　　（b）基本型二

图2-1-1　一片袖基本型款式图

（二）一片袖基本型线条名称（图2-1-2、图2-1-3）

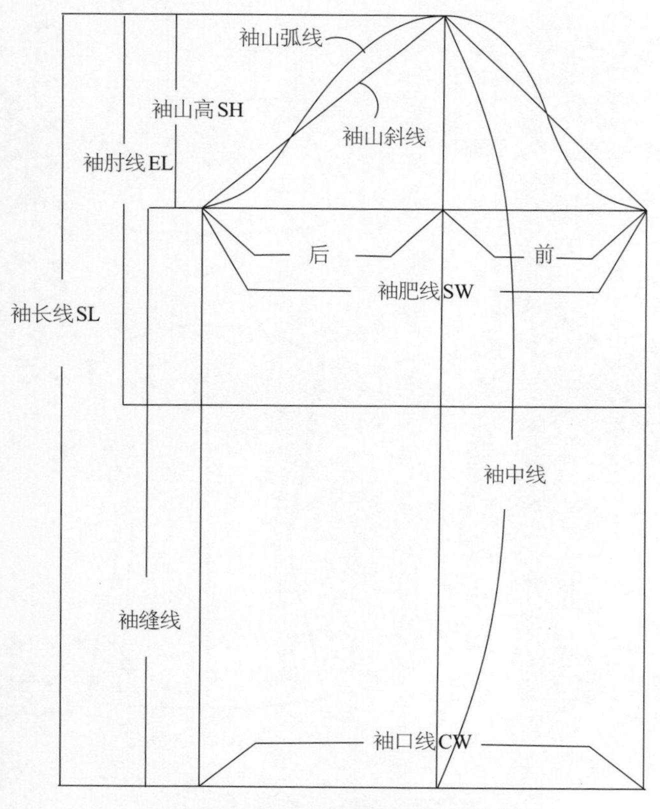

图2-1-2　一片袖基本型线条名称

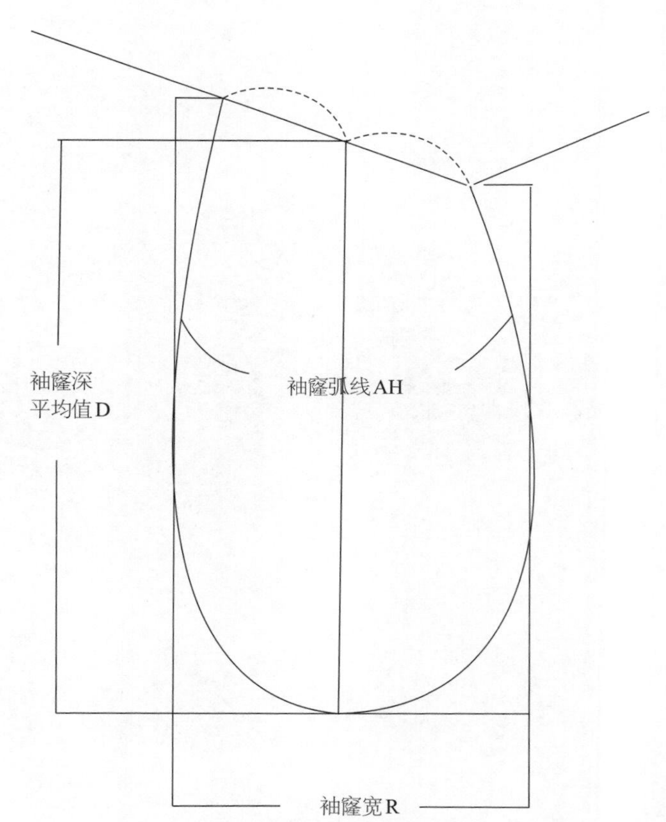

图2-1-3　袖窿部位的名称

（三）袖窿与袖山的关系

1. 袖窿弧线结构（图2–1–4）

因为袖山弧线与袖窿弧线是装配关系，所以袖山弧线取决于袖窿弧线。袖窿弧线的曲率准确性决定了与袖山弧线的匹配率。

标准的袖窿呈椭圆状，在袖窿结构设计时，D与R呈反比关系。袖窿弧线（AH）可以实际测量，同时我们也可以采用AH≈B×44%或者AH≈2D+0.6R，来检测绘制的袖窿弧线是否准确。在结构设计中，胸围与袖窿弧线成正比例关系。同比例增长或减少，才能保证衣身比例的平衡。

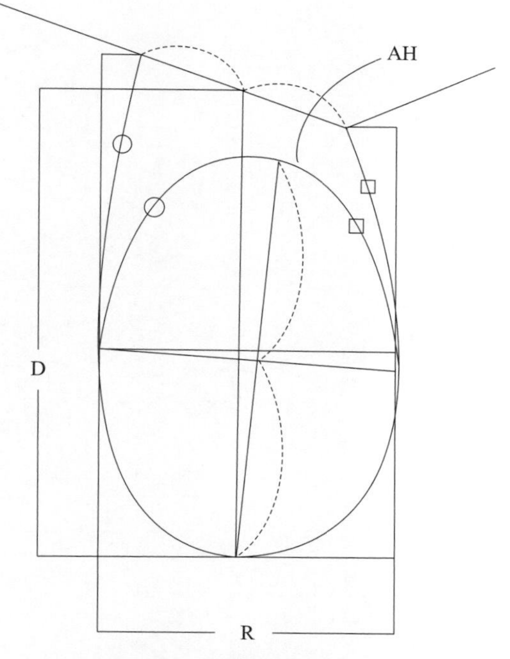

图2-1-4　袖窿弧线结构

2. 袖山弧线结构

因为袖山斜线（L）与袖山高、袖肥线形成了直角三角形（图2-1-5），所以$L^2=SH^2+(SW/2)^2$。袖子结构线的已知条件不同，袖子结构线的计算方法也是不同的，详见表2-1-1。

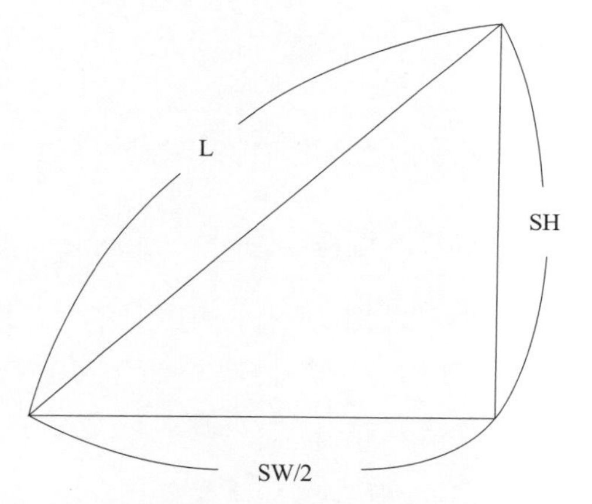

图2-1-5　袖山高、袖肥与袖山斜线的直角关系

3. 袖山弧线与袖窿弧线之间的关系

如图2-1-6所示，纵向线中袖中线与侧缝线相吻合，横向线中袖肥线与胸围线相吻合。图中，袖中线不在袖肥的1/2处，是因为人体手臂向前活动，后袖窿弧线大于前袖窿弧线。在袖子框架结构线设计中，应保证后袖山弧线大于前袖山弧线，袖山弧线更好地与袖窿弧线相吻合。在设计袖肥结构时，可以直接采用后袖肥为SW/2+1 cm，前袖肥为SW/2−1 cm，增加后袖山弧线长以满足人体手臂活动的结构设计。

表2–1–1　不同条件下袖子结构线的计算方法

袖子结构线的分析	袖子结构线计算方法
（1）袖山高的值取决于袖窿深、袖窿宽的大小 （2）袖山高的值取决于袖窿弧线	（1）SH≈D−0.3R−1 cm+吃势/2 （2）SH≈AH/3+吃势/2
（1）袖山斜线的值取决于袖窿弧线 （2）袖山斜线的值取决于袖肥及袖山高	（1）L≈（AH−2.5 cm+吃势）/2 （2）已知SW与SH值，得L
（1）袖肥可以根据袖山高和袖山斜线进行调节 （2）袖肥与胸围是正比例关系	（1）已知SH与L值，得SW （2）SW=臂根围（实际测量）+胸围松量/2

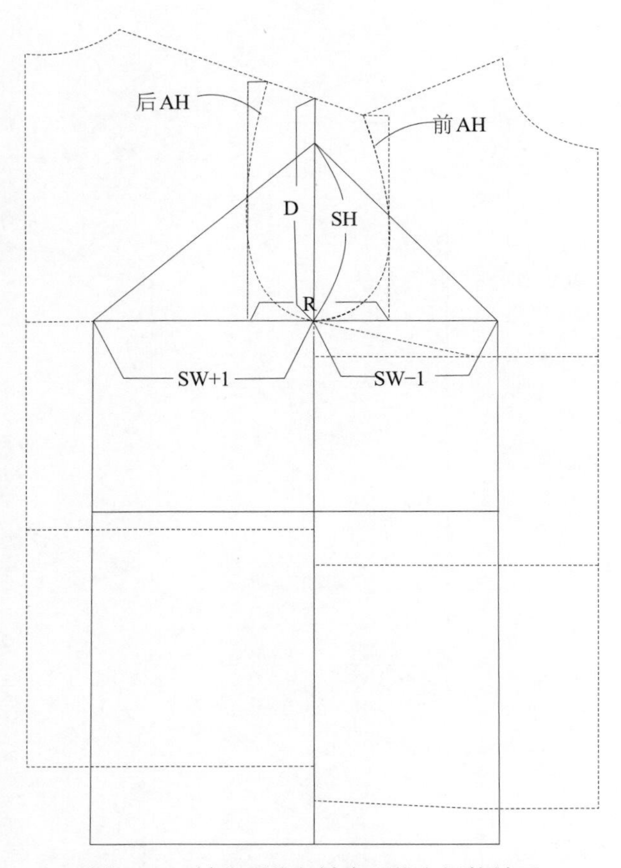

图2-1-6　袖山弧线与袖窿弧线之间的关系

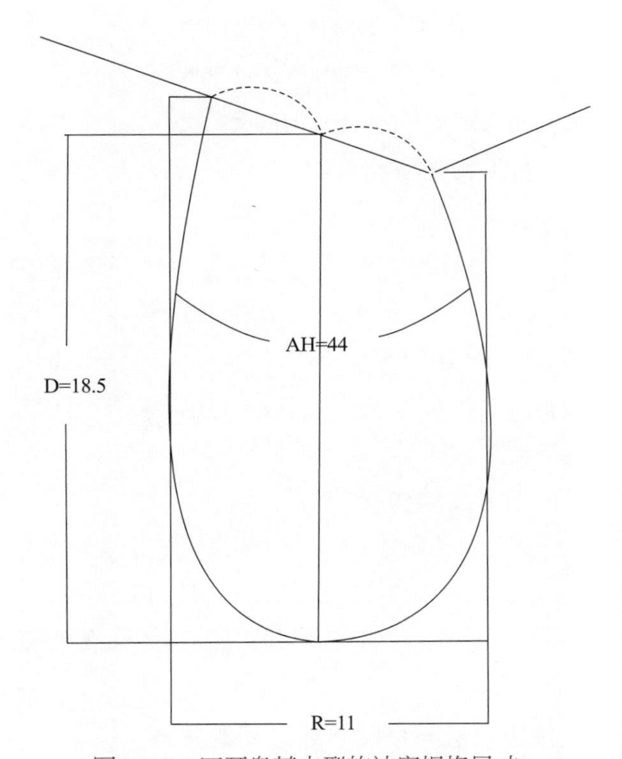

图2-1-7　四开身基本型的袖窿规格尺寸

（四）一片袖基本型框架图

（1）一片袖结构设计在四开身基本型衣身的基础上进行配置。参考165/84A四开身基本型的袖窿规格尺寸（图2-1-7），绘制一片袖的结构。根据表1-1-6四开身基本型的规格设计尺寸和图2-1-7的袖窿规格尺寸，可以得出一片袖基本型规格尺寸（表2-1-2）。

表2-1-2　165/84A一片袖基本型规格尺寸表　　单位：cm

长度尺寸		围度尺寸	
臂长	52	臂围	27
袖肘长（EL）①	32	胸围（B）	94
标准袖长（SL）	59	胸省量（X）	3
袖窿深平均值（D）	18.5	袖窿弧线（AH）	44
袖山高（SH）②	14（吃势为0）	袖窿宽（R）	11
袖山斜线（L）③	21（吃势为0）	袖肥（SW）④	32
—	—	袖口（CW）	24

注：袖子吃势量根据款式、面料、工艺等因素决定，一片袖采用常用量0 ~ 1 cm。

① 袖肘长计算公式：EL=号/5−1 cm。此处号为165 cm。

② 袖山高计算公式：SH≈D−0.3R−1 cm+吃势/2或SH≈AH/3+吃势/2。

③ 袖山斜线计算公式：L≈（AH−2.5 cm+吃势）/2。

④ 袖肥计算公式：SW=臂根围（实际测量）+胸围松量/2。此处四开身基本型胸围松量为10 cm。

（2）根据规格尺寸绘制一片袖框架图（图2-1-8）。

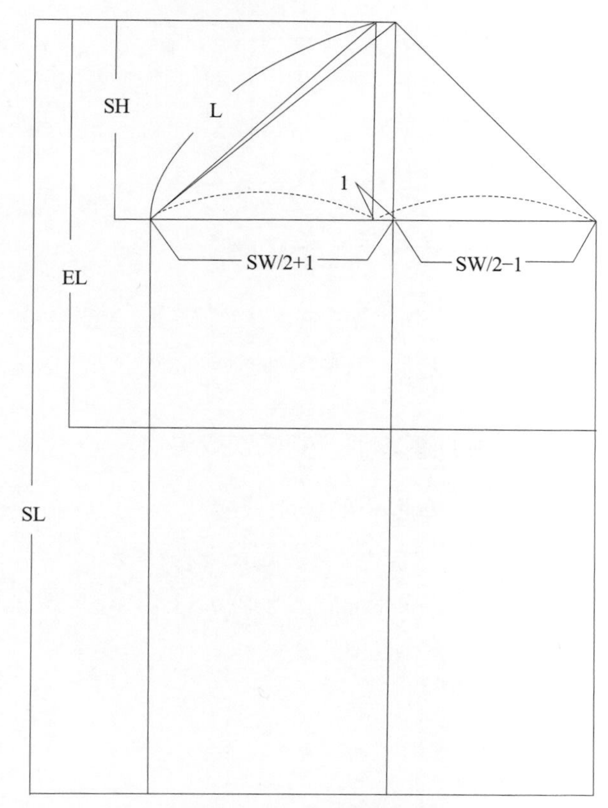

图2-1-8　一片袖框架图

（五）一片袖基本型一结构图

一片袖基本型绘制方法重点是解决袖山弧线与袖窿弧线的吻合度，下面重点分析袖山弧线的绘制方法。

1. 袖山框架图

袖山弧线的曲率是袖山弧线绘制的难点。在一片袖框架图基础上绘制弧线，可以提高袖山弧线曲率的准确度。见图2-1-9。

2. 基本型结构

在袖山框架图基础上，绘制完成袖山弧线，得到一片袖基本型一的结构图。见图2-1-10。

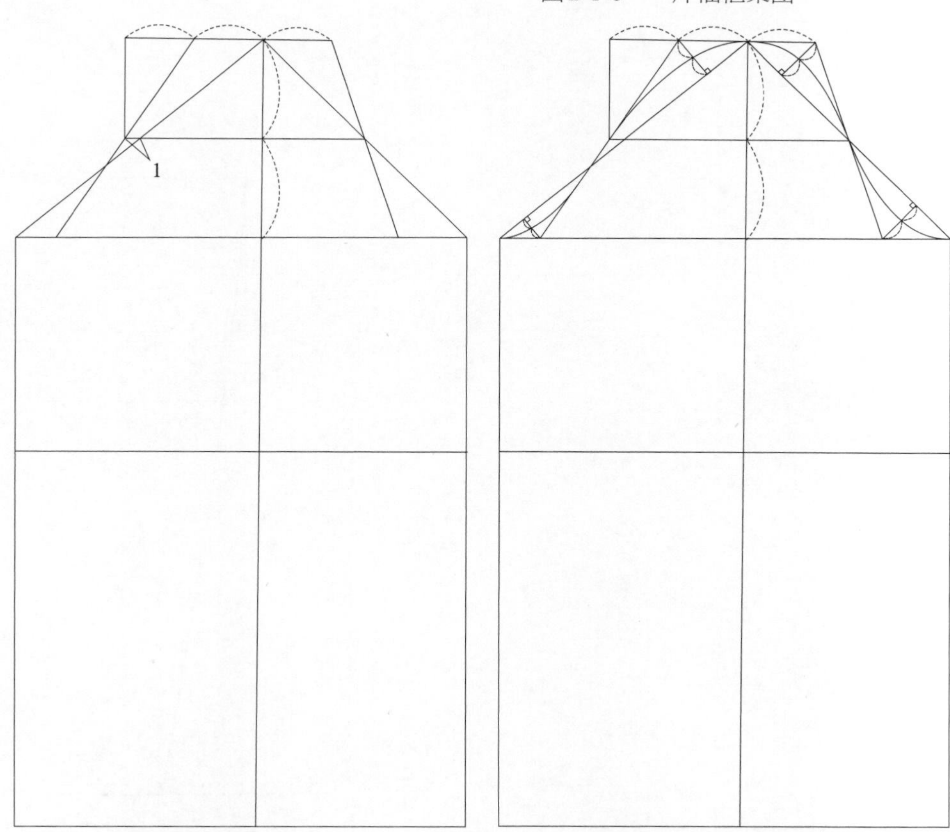

图2-1-9　袖山框架图

图2-1-10　一片袖基本型一的结构图

3. 校对袖山弧线

在袖窿弧线的基础上，校对袖山弧线的曲率及吃势量的吻合度。先将袖子放置于衣身袖窿处，再将前、后袖窿弧线左右对称，放置于袖底的两边，最后调整袖山弧线的两端，使之与袖窿弧线在2 cm处重合。见图2-1-11。

（六）一片袖基本型二结构图

在一片袖基本型一的结构基础上，进行一片袖基本型二的绘制，首先绘制袖中线，然后绘制袖口，最后绘制前、后侧缝线。后袖缝处吃势量是后袖缝长与前袖缝长的差量。见图2-1-12。

（七）一片袖基本型一的试衣效果

1. 一片袖基本型一的样版放缝

因为袖子需和衣身匹配试衣，所以在3D试衣时衣身使用原型，此处样版放缝包括衣身。袖山弧线与袖窿弧线相一致，放缝0.8 cm，领口放缝0.6 cm，衣身底边及袖口放缝3 cm，其余部位均放缝1 cm。见图2-1-13。

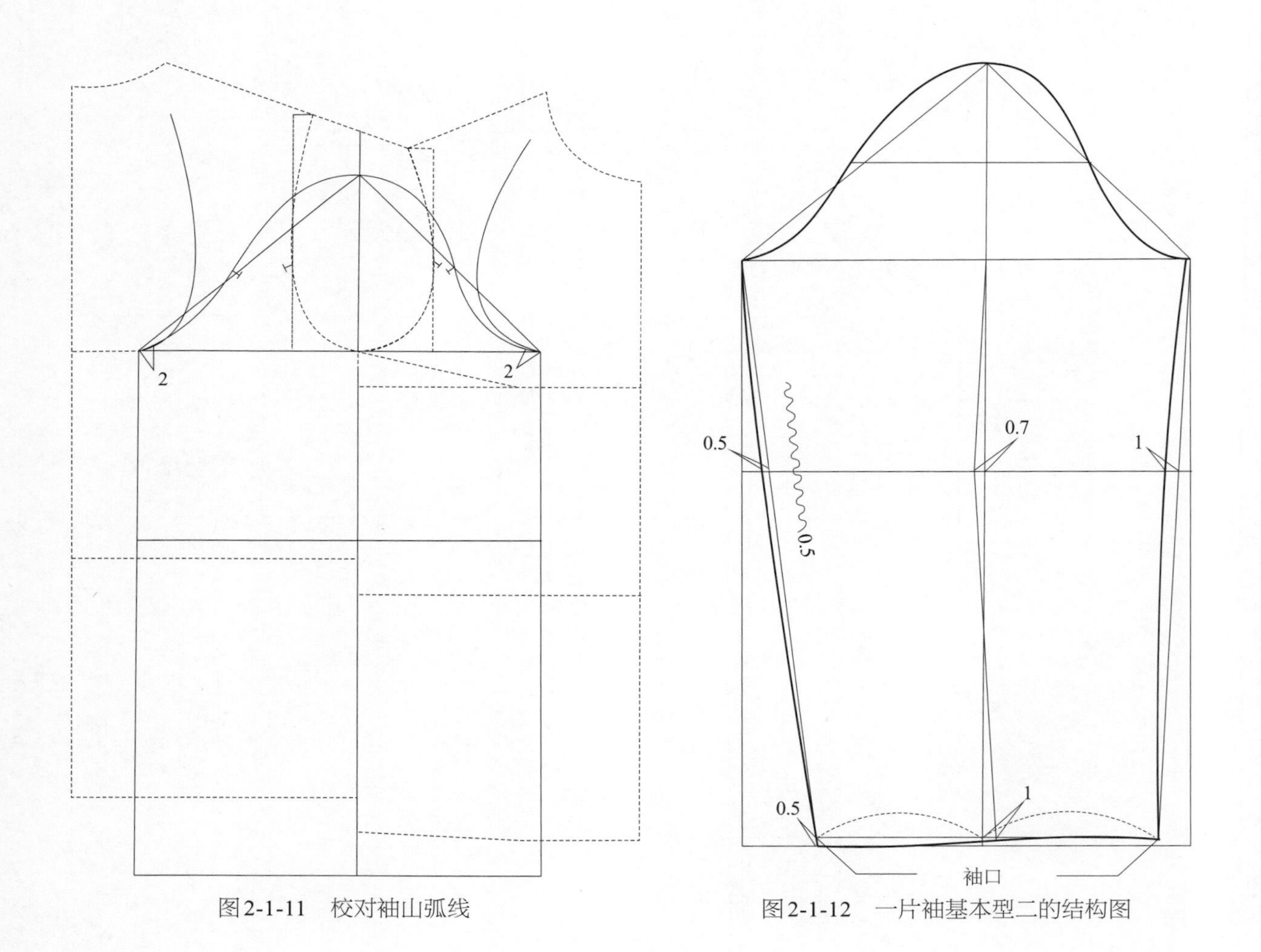

图2-1-11　校对袖山弧线

图2-1-12　一片袖基本型二的结构图

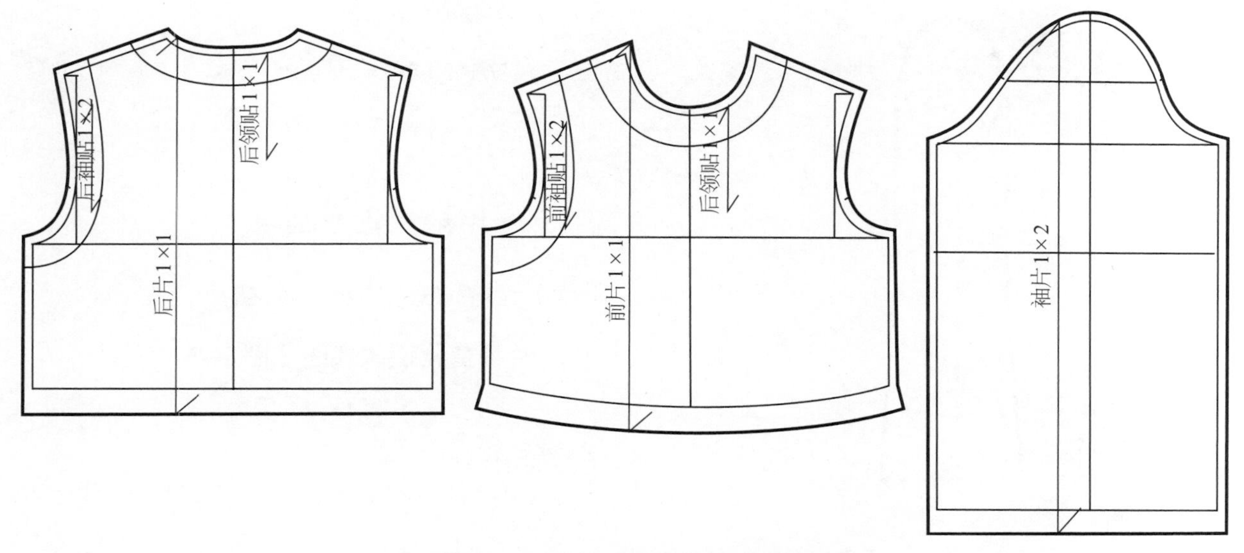

图2-1-13　一片袖基本型一的样放缝示意图

2. 一片袖基本型一的3D试衣

根据一片袖基本型样版进行工艺缝制试样，从不同角度看成衣效果。从正面看，袖山圆顺无吃势量；从侧面看，袖口宽松；从背面看，袖子自然悬垂。见图2-1-14。

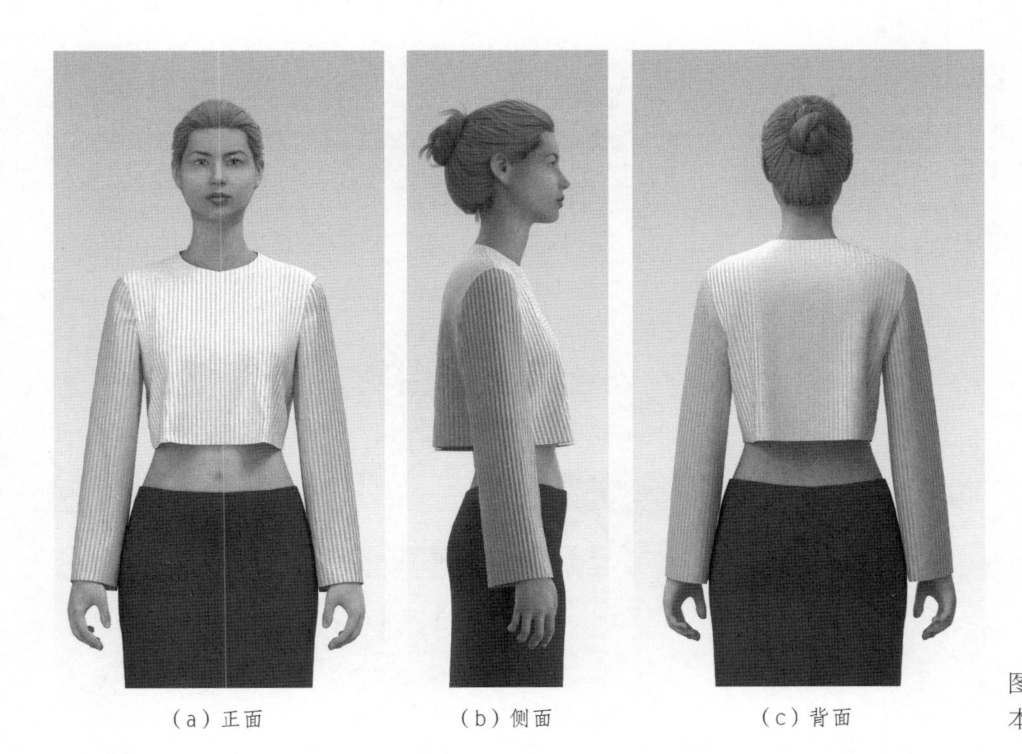

图2-1-14　一片袖基本型一的试衣效果

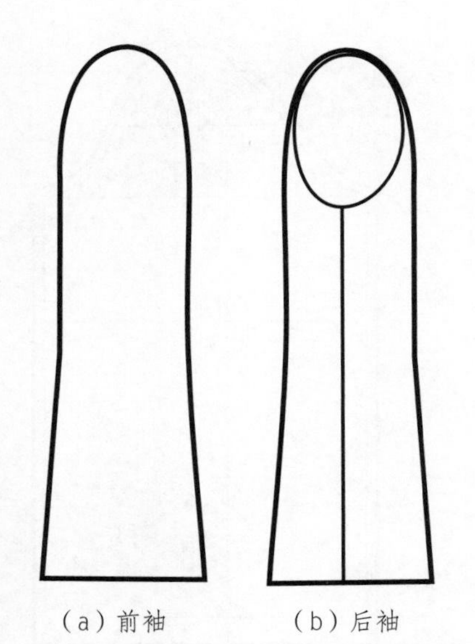

图2-1-15　一片袖基本型实践题款式图

（八）实践题

根据165/84A号型规格尺寸，参考图2-1-15所示款式图绘制一片袖结构。

二、一片袖变化型制版

（一）一片袖变化型款式分析

1. 一片袖变化型款式图（图2–2–1）

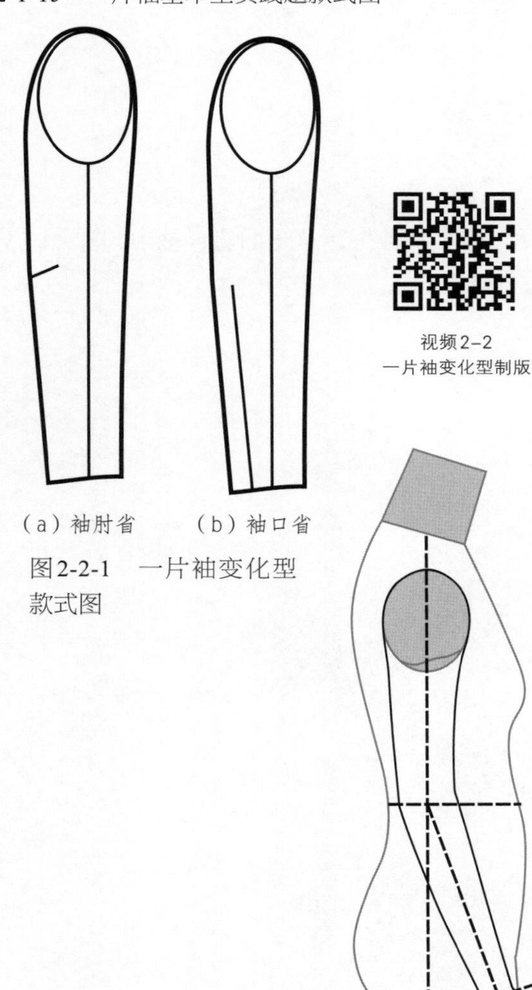

图2-2-1　一片袖变化型款式图

图2-2-2　人体手臂自然前屈状态

2. 款式特点

一片袖变化型属于较合体袖型，袖身收一个省，省的位置可以设置在袖肘处，也可以设置在袖口处。

（二）一片袖袖肘省的结构设计

在一片袖基本型一的基础上，绘制袖肘省的结构。因为有袖肘省袖型属于较合体袖型，所以在绘制时，袖中线的结构设计与人体手臂造型相接近。

1. 袖中线结构设计

人体手臂在袖肘处自然向前屈（图2-2-2），袖中线按照手臂造型线绘制。袖中线在袖口处往右偏移2 ～ 3 cm，在袖肘处往左偏移0.7 cm，使袖子自然前屈（图2-2-3）。

2. 袖肘省框架图

参考表2-1-2中尺寸规格绘制袖肘省框架，在袖中线基础上作袖口垂线，根据袖口尺寸连接前、后袖缝。见图2-2-4。

3. 袖肘省结构设计

袖肘省的位置设计在后片袖肘线附近，袖肘省的大小是前、后袖缝线的差量。见图2-2-5。

（三）一片袖袖口省的结构设计

一片袖袖口省的结构设计是在袖肘省的基础上绘制完成的，将袖肘省转移至袖口处，便形成袖口省。见图2-2-6。

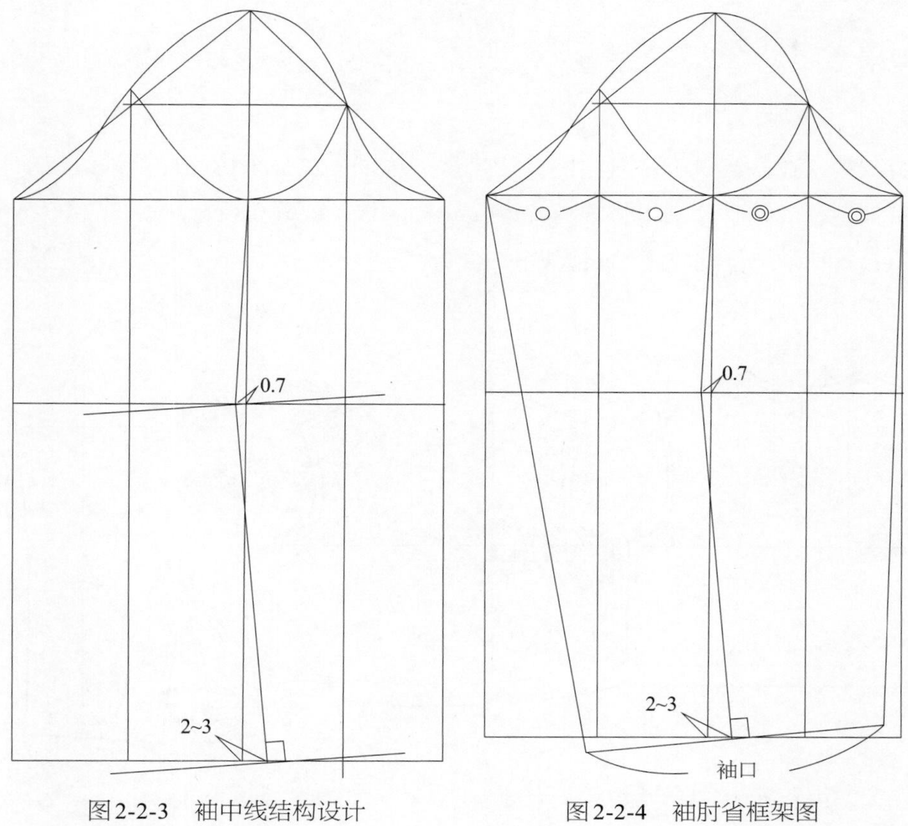

图2-2-3　袖中线结构设计

图2-2-4　袖肘省框架图

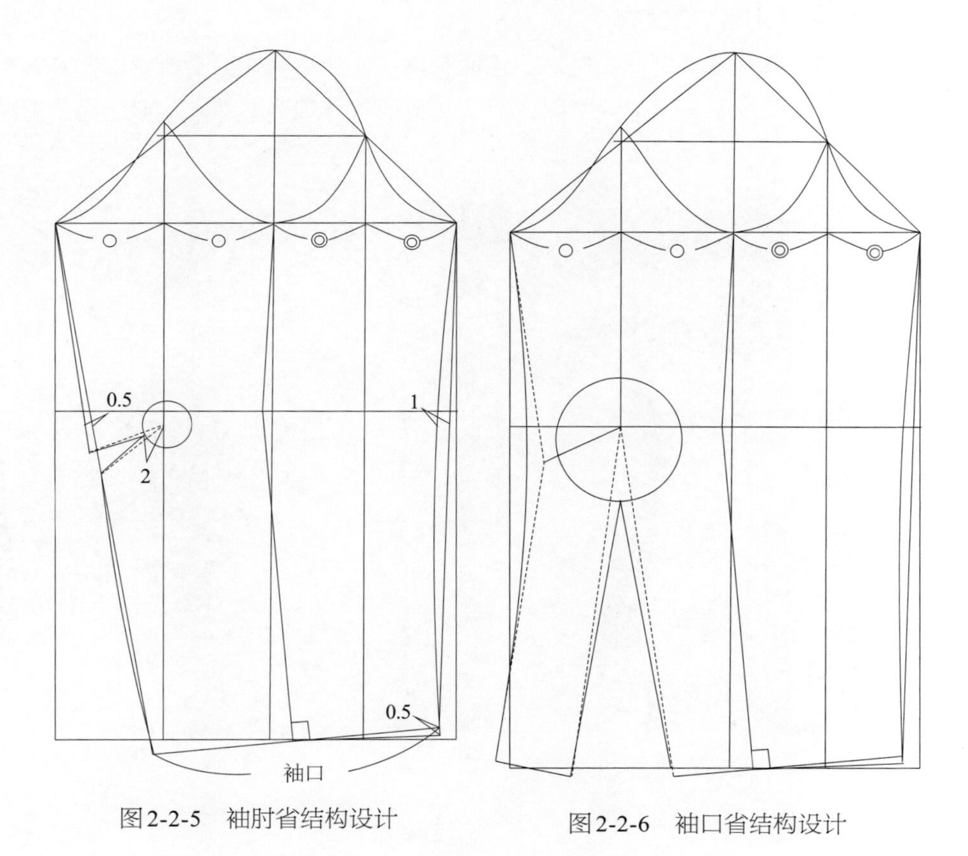

图2-2-5　袖肘省结构设计

图2-2-6　袖口省结构设计

（四）一片袖变化型试衣效果

1. 一片袖变化型样版放缝

此处样版放缝包括衣身。为了在一次试衣中观察两种变化型一片袖，左袖采用一片袖袖口省袖型，右袖采用一片袖袖肘省袖型。放缝时，袖山弧线与袖窿弧线相一致，放缝0.8 cm，领口放缝0.6 cm，衣身底边及袖口放缝3 cm，其余部位均放缝1 cm。见图2-2-7。

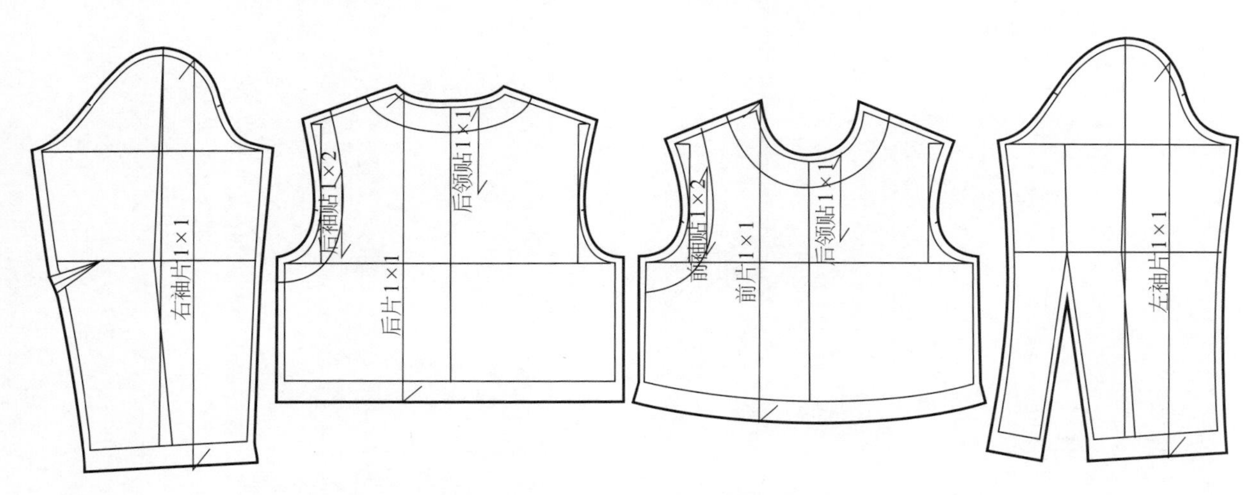

图2-2-7　一片袖变化型样版放缝示意图

2. 一片袖变化型3D试衣

根据一片袖基本型样版进行工艺缝制试样，从不同角度看成衣效果。右袖采用袖肘省，左袖采用袖口省，虽然袖子省道位置不同，但是两个袖子外观造型基本相似，与手臂贴合度很好。见图2-2-8。

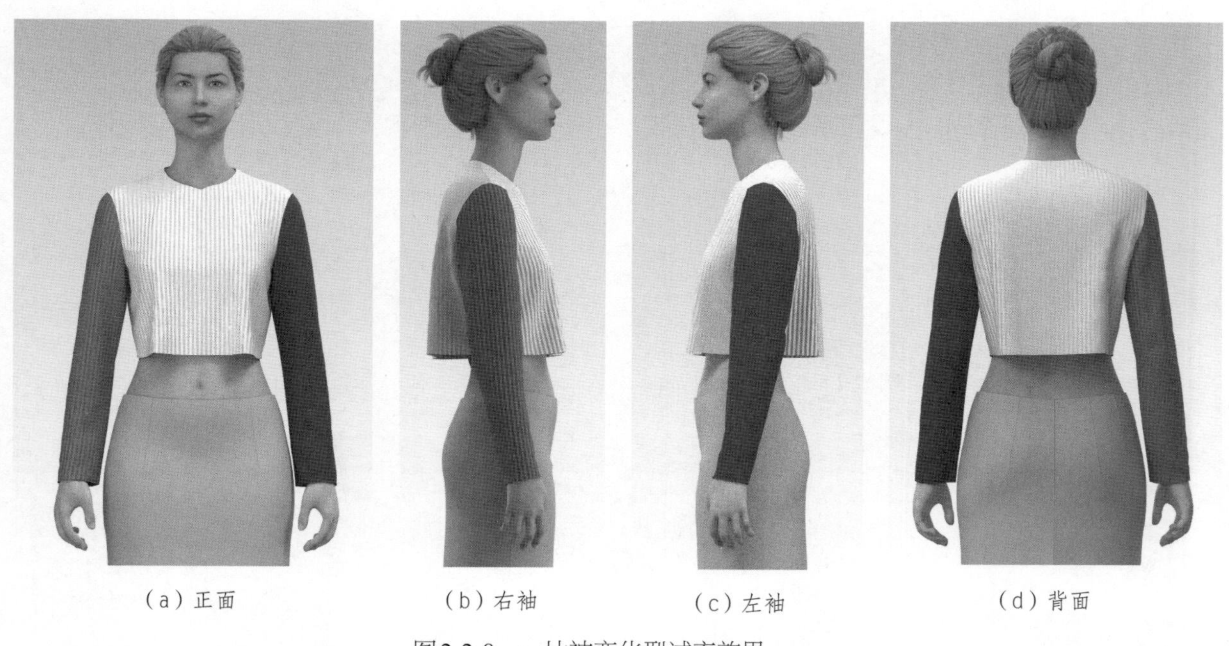

（a）正面　（b）右袖　（c）左袖　（d）背面

图2-2-8　一片袖变化型试衣效果

（五）实践题

根据165/84A号型规格尺寸，绘制图2-2-9所示款式图的袖肘省的结构。

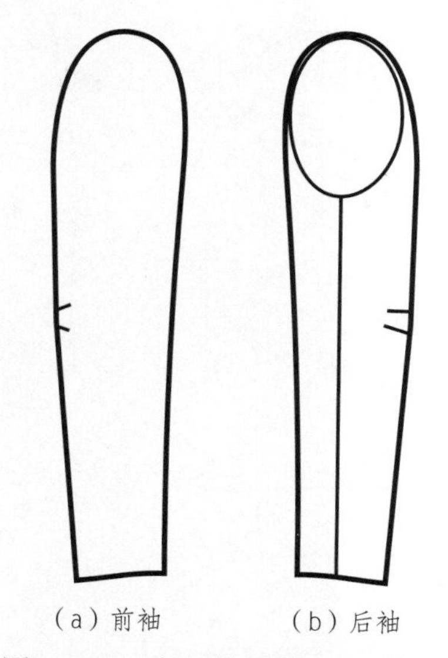

（a）前袖　（b）后袖

图2-2-9　一片袖袖肘省实践题款式图

三、两片袖基本型制版

（一）两片袖基本型款式分析

1. 两片袖基本型款式图（图2-3-1）

2. 款式特点

款式一的两片袖，分割线设计在前、后袖缝处中线位置，袖口呈现前甩造型。款式二的两片袖，将前袖缝隐藏在贴合衣身的一面，不外露，两片袖呈现出大小袖片的形态，袖口呈现前甩造型。

（二）两片袖基本型线条名称（图2-3-2）

（三）两片袖前甩结构设计

1. 两片袖基本型规格尺寸

两片袖结构设计在四开身基本型衣身的基础上进行配置。根据表1-1-6四开身基本型的规格设计尺寸，可得两片袖基本型规格尺寸（表2-3-1）。

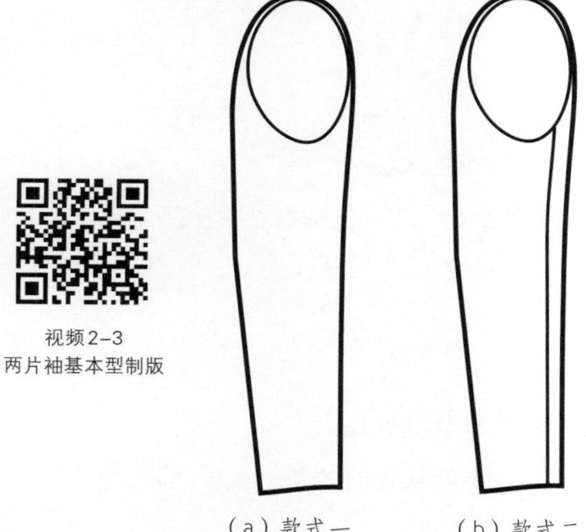

（a）款式一　（b）款式二

图2-3-1　两片袖基本型款式图

表2-3-1　女体165/84A两片袖基本型规格尺寸表　单位：cm

长度尺寸		围度尺寸	
臂长	52	臂围	27
袖肘长（EL）	32①	胸围（B）	94
标准袖长（SL）	59	胸省量（X）	3
袖窿深平均值（D）	18.5	袖窿弧线（AH）	44
袖山高	15（吃势为2）	袖窿宽（R）	11
袖山斜线	22	袖肥（SW）	32②
—	—	袖口（CW）	24

注：袖子吃势量根据款式、面料、工艺等因素决定，两片袖采用常用量2～3 cm。

①此处号为165 cm。

②此处四开身基本型胸围松量为10 cm。

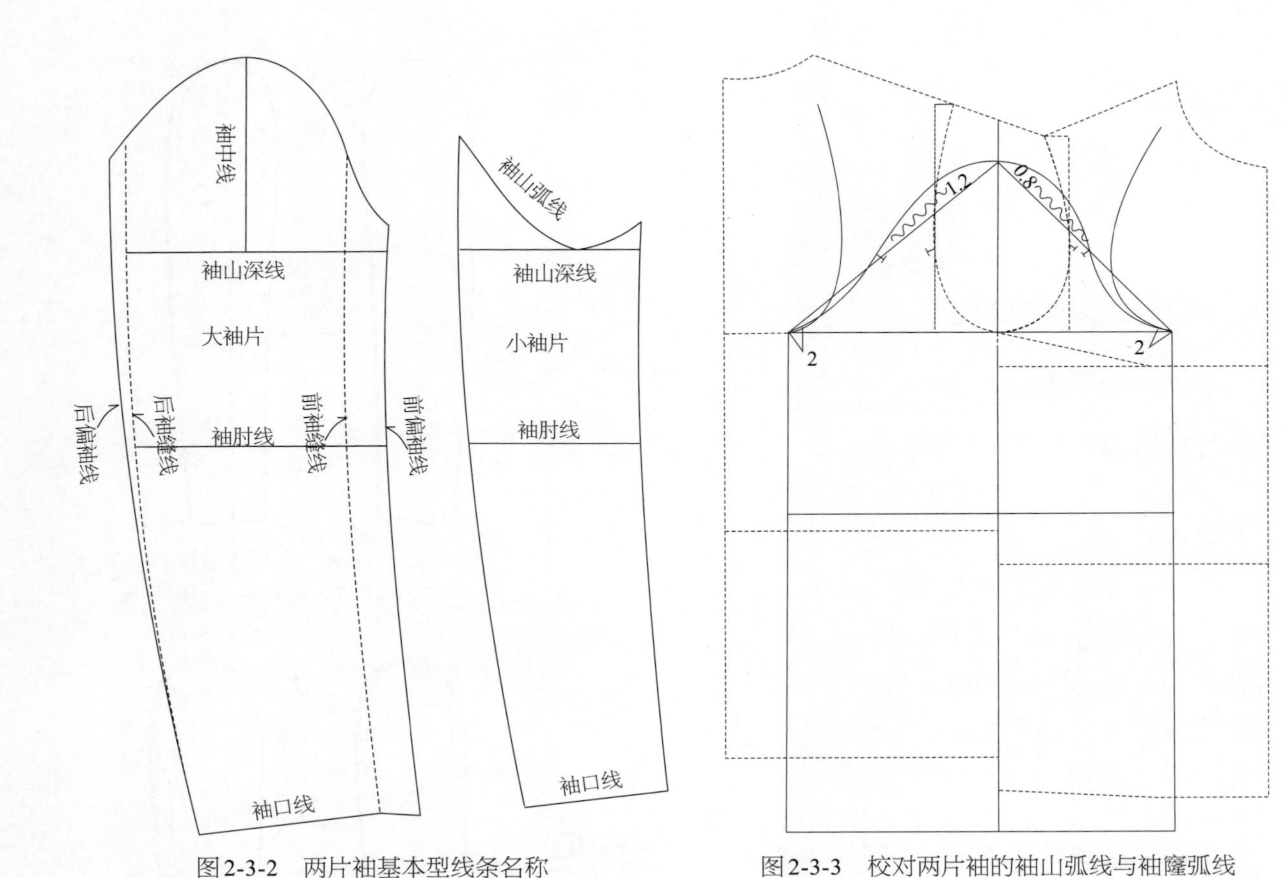

图2-3-2　两片袖基本型线条名称

图2-3-3　校对两片袖的袖山弧线与袖窿弧线

2. 两片袖基本型框架图

两片袖基本型的框架是在一片袖的基础上绘制完成的。

（1）绘制一片袖基本型结构，校对袖山弧线与袖窿弧线，使它们曲率相吻合，吃势量分配均匀。见图2-3-3。

（2）平分前、后袖肥，过等分点作袖缝线，沿袖缝线对称翻转前、后袖底弧线，呈现两片袖基本型的框架形态。见图2-3-4。

3. 两片袖前甩结构设计

（1）两片袖属于合体袖型，常用于合体衣身结构装配中，图2-3-5中两片袖结构与手臂造型相吻合，袖子呈现出袖肘处向前甩的状态。在两片袖前甩结构设计中改变袖中线的结构设计。见图2-3-6。

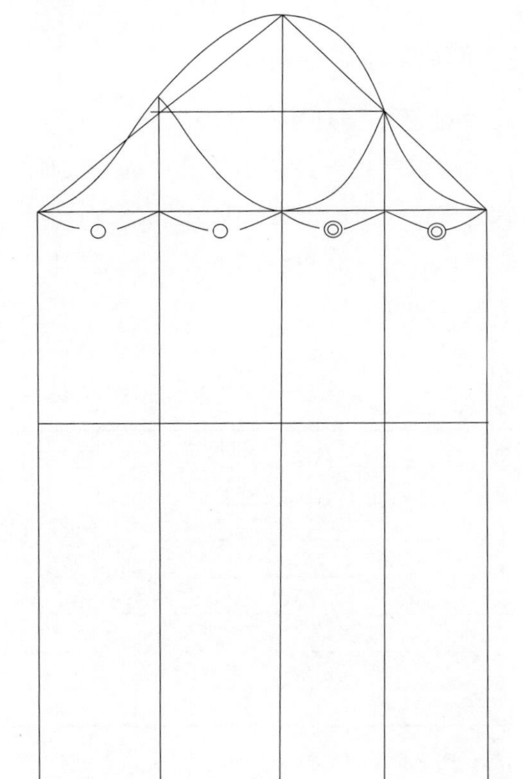

图2-3-4　两片袖基本型框架图

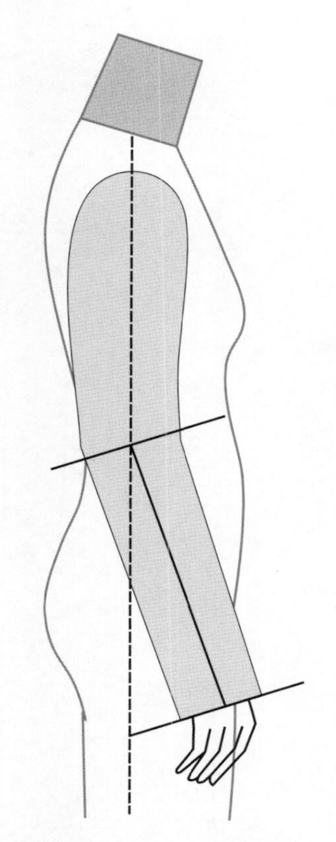

图2-3-5　两片袖前甩造型

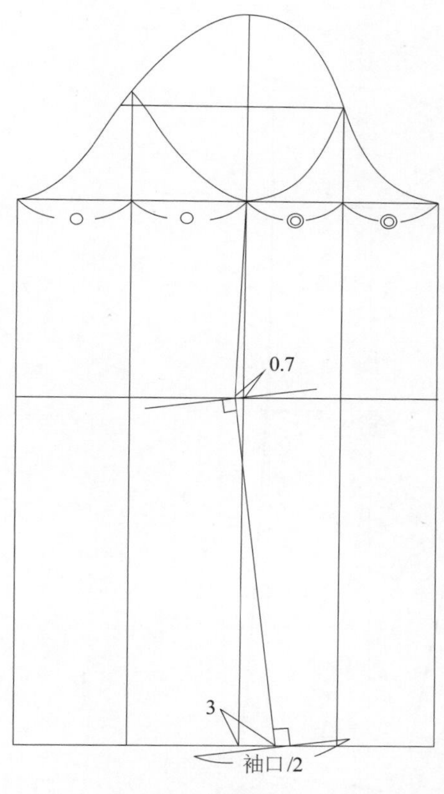

图2-3-6　两片袖前甩结构的袖中线

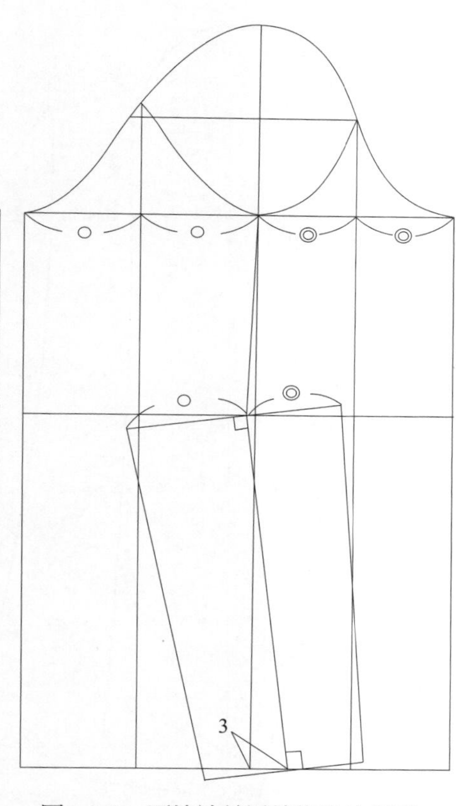

图2-3-7　两片袖前甩结构设计步骤一

（2）在前甩的袖中线基础上，进行两片袖前甩结构设计。步骤一：绘制袖子的框架结构（图2-3-7）。步骤二：移动袖肘线下半部分袖片，使袖弯点与前1/2袖肥线点对齐，形成前甩的造型（图2-3-8）。步骤三：绘制前、后袖中缝弧线，形成两片袖前甩结构（图2-3-9）。将袖片轮廓线从步骤三结构设计中提取出来，可得到单独的袖片结构（图2-3-10）。

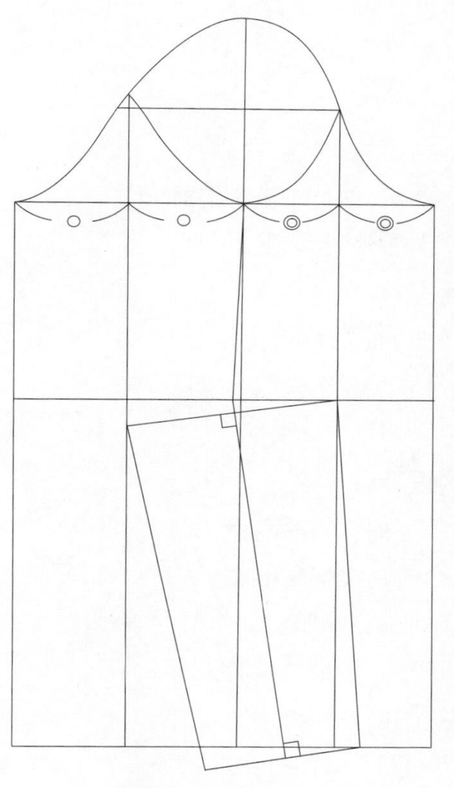

图2-3-8　两片袖前甩结构设计步骤二

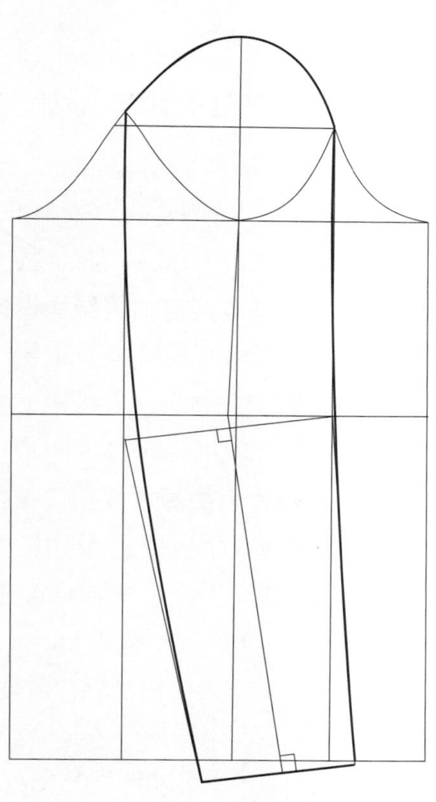

图2-3-9　两片袖前甩结构设计步骤三

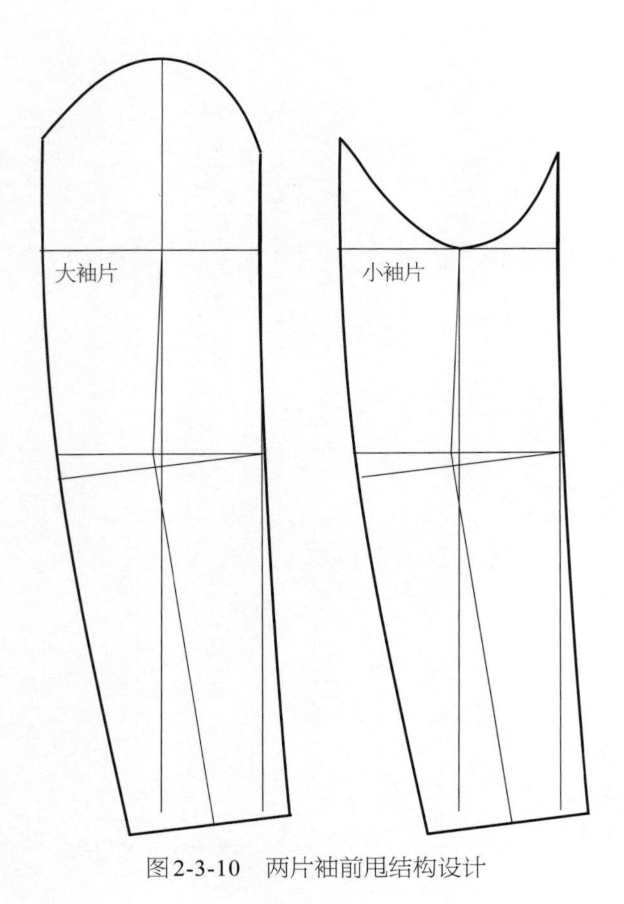

图2-3-10　两片袖前甩结构设计

图2-3-11　两片袖基本型借量设计

（四）两片袖基本型结构设计

在两片袖前甩结构基础上，进行两片袖基本型结构设计。两片袖又称圆装袖，在结构设计中，两片袖基本型前袖缝处采用借量，改变袖缝的位置，袖子外观效果比较好。

1. 两片袖基本型前袖缝结构设计

在两片袖前甩结构基础上，进行前袖缝借量设计，一般借量为3 ~ 3.5 cm。借量过小不能隐藏前袖缝，借量过大会产生弊病。见图2-3-11。

2. 两片袖大小袖基本型袖口结构设计

后袖缝在袖肘处进行归拢，满足袖肘的活动量。前袖缝因为借量，大小袖前袖缝与袖口斜线相交形成了一定的差量。大袖前袖缝小于小袖前袖缝，在服装制作中，可以将差量在大袖前袖缝袖肘处拔开，保证缝合时，大小袖前袖缝等长。对于不适合归拔的面料，在袖口设计中，大袖前袖缝可以延长0.5 cm，以保证大小袖前袖缝等长。见图2-3-12。

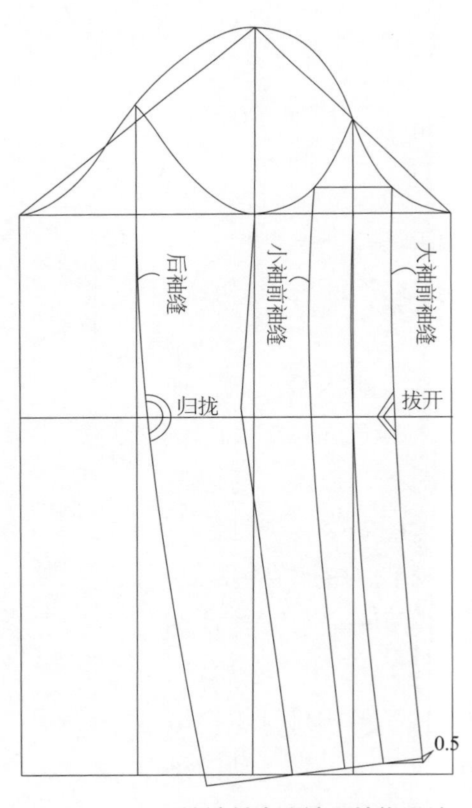

图2-3-12　两片袖基本型袖口结构设计

3. 两片袖基本型结构设计

在完成前袖缝和袖口结构设计后，我们便得到了两片袖大小袖基本型结构一。见图2-3-13。

在两片袖基本型结构一的基础上，绘制分开大小袖片的结构造型，去除前甩的设计，这也是常用的两片袖基本型。见图2-3-14。

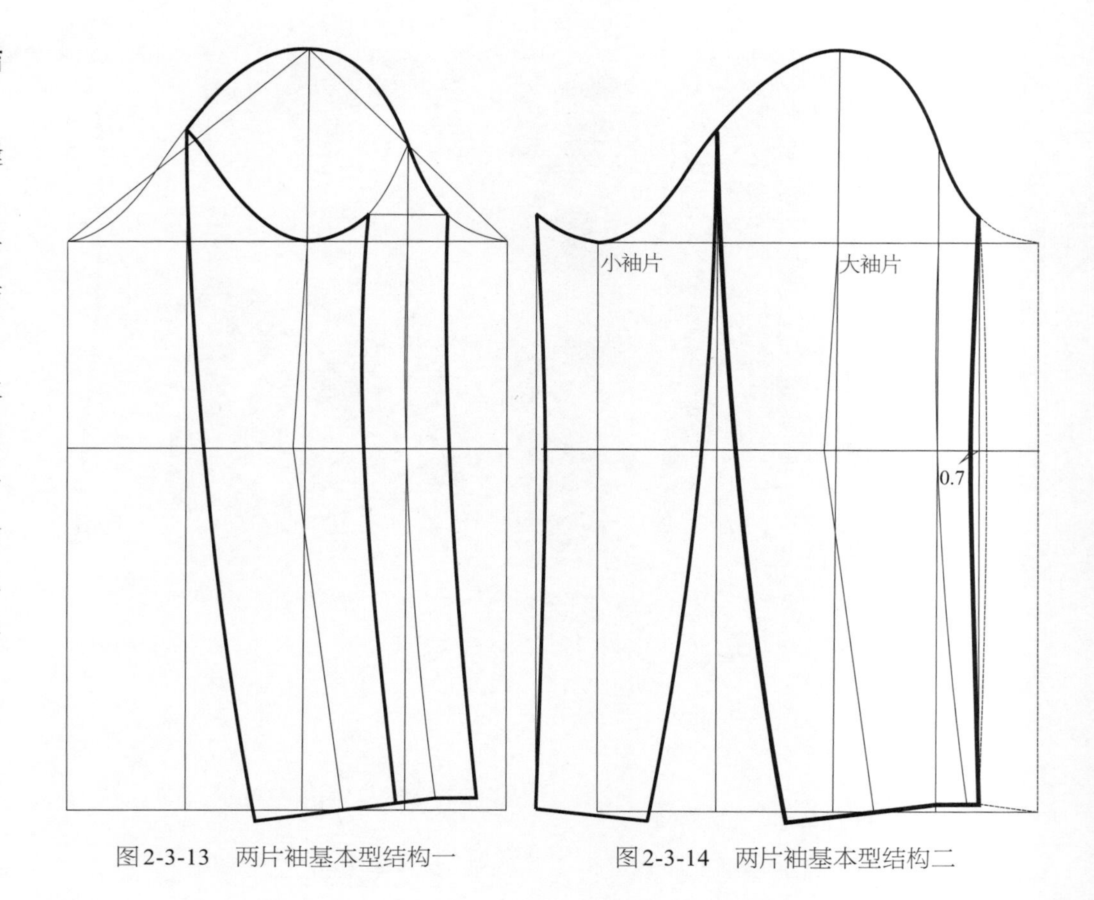

图2-3-13　两片袖基本型结构一　　图2-3-14　两片袖基本型结构二

（五）两片袖基本型试衣效果

1. 两片袖基本型样版放缝

此处样版放缝包括衣身。放缝时，袖山弧线与袖窿弧线相一致，放缝0.8 cm，领口放缝0.6 cm，衣身底边及袖口放缝3 cm，其余部位均放缝1 cm。见图2-3-15。

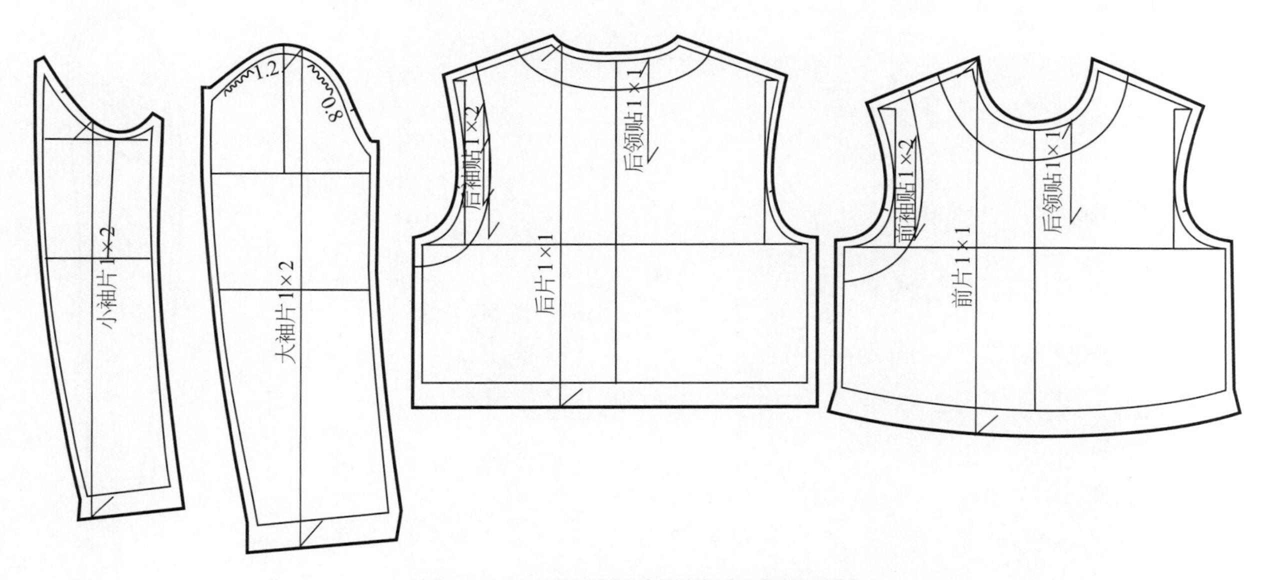

图2-3-15　两片袖基本型样版放缝示意图

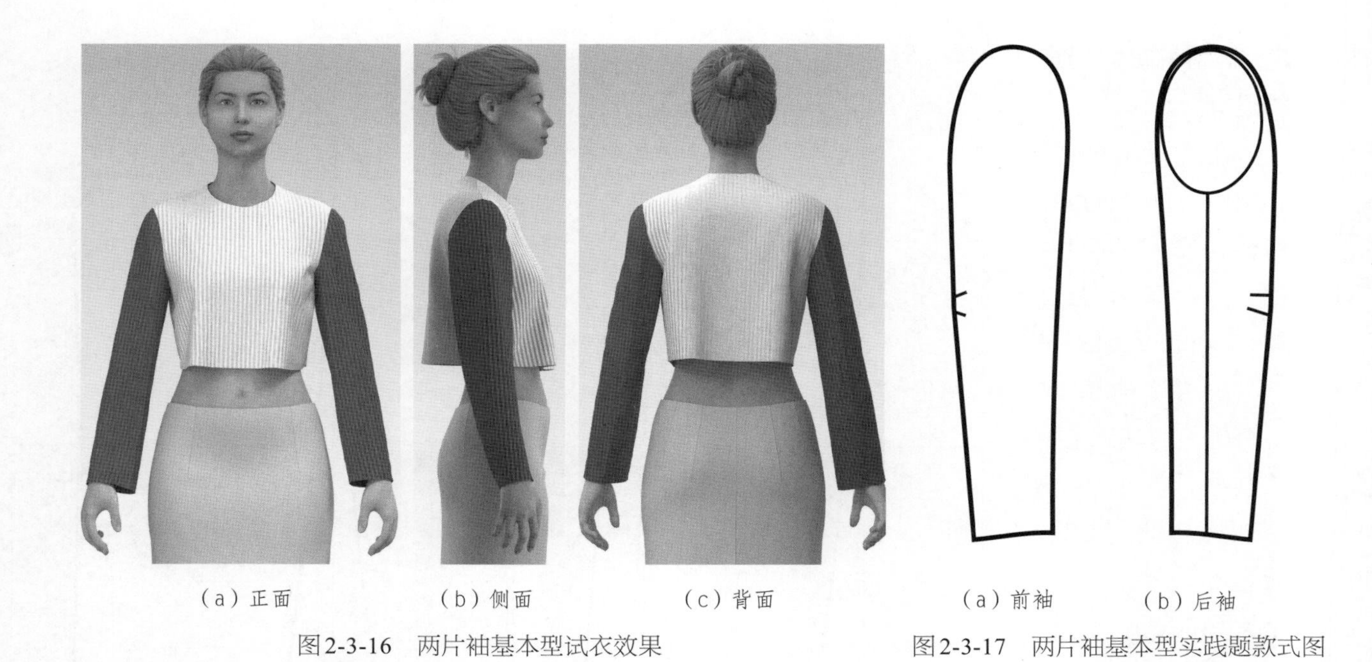

（a）正面　（b）侧面　（c）背面

图2-3-16　两片袖基本型试衣效果

（a）前袖　（b）后袖

图2-3-17　两片袖基本型实践题款式图

2. 两片袖基本型3D试衣

根据两片袖基本型样版进行工艺缝制试样，从不同角度看成衣效果。两片袖正面呈现前甩造型；侧面，袖子前甩的造型与人体手臂自然的状态相吻合，呈现自然弯曲状态；背面，吃势量饱满。见图2-3-16。

（六）实践题

根据165/84A号型规格尺寸，绘制图2-3-17所示的有前袖衩两片袖基本型的结构。

四、两片袖变化型制版

（一）两片袖变化型款式分析

1. 两片袖变化型款式图（图2-4-1）

视频2-4
两片袖变化型制版

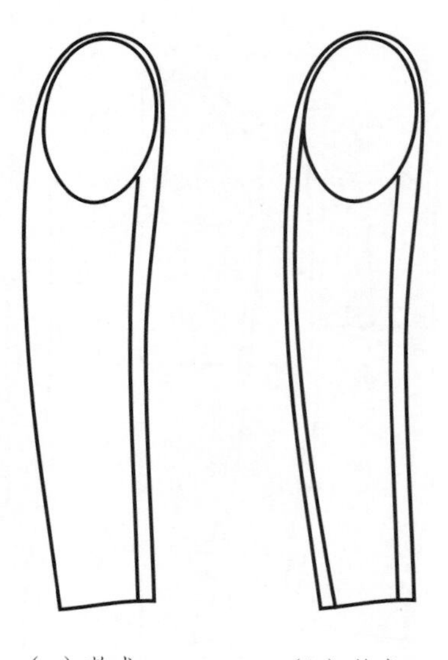

（a）款式一　（b）款式二

图2-4-1　两片袖变化型款式图

2. 款式特点

款式一的两片袖无后袖偏借量，前袖袖底内旋，袖口呈前甩造型。款式二的两片袖有后袖偏借量，前袖袖底内旋，袖口呈前甩造型。

（二）两片袖内旋结构设计

1. 两片袖内旋结构设计

如图2-4-2所示，内旋造型的袖子袖肘以上部分袖中线往前倾斜，袖山底部与袖窿底部更加贴合。

在两片袖前甩结构的基础上，进行内旋结构设计。步骤一：绘制新的袖子前袖肥线，使其与袖中线垂直，形成内旋造型，并将前袖肥线的长度减小0.5 cm，绘制前袖肥线中线（图2-4-3）。步骤二：绘制袖山弧线后半段，使之和新的前袖肥线连接（图2-4-4）。步骤三：移动袖肘下半部分对齐前袖肥中线，圆顺前、后袖缝线；绘制两片袖的前分割线结构，偏袖量3 ~ 3.5 cm（图2-4-5）。

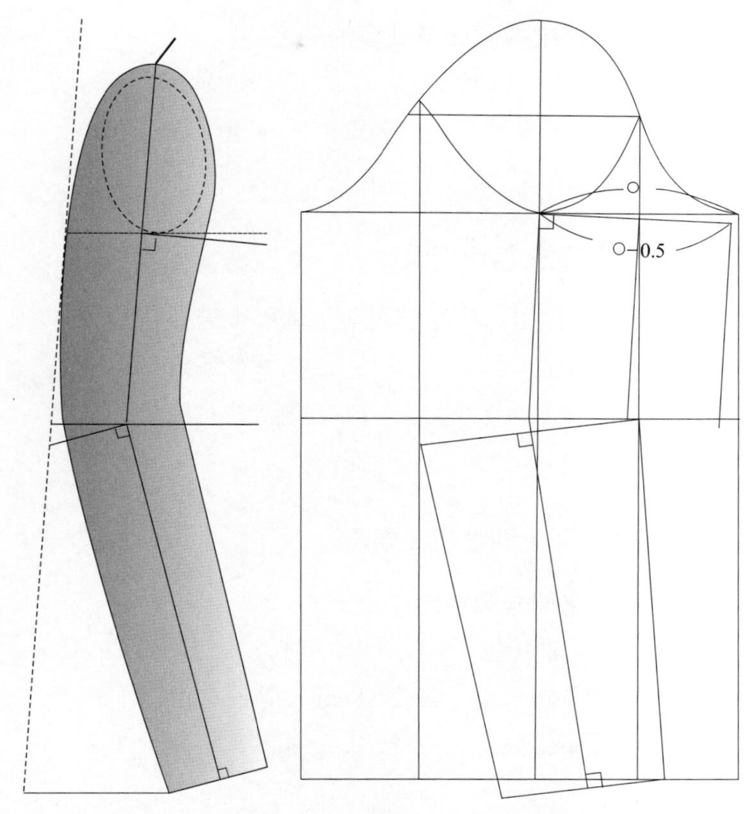

图2-4-2　两片袖内旋造型　　图2-4-3　两片袖内旋结构设计步骤一

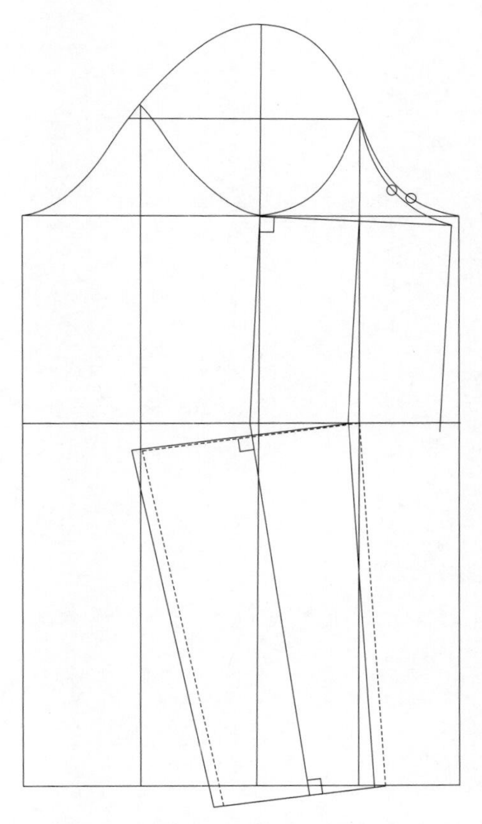

图2-4-4　两片袖内旋结构设计步骤二

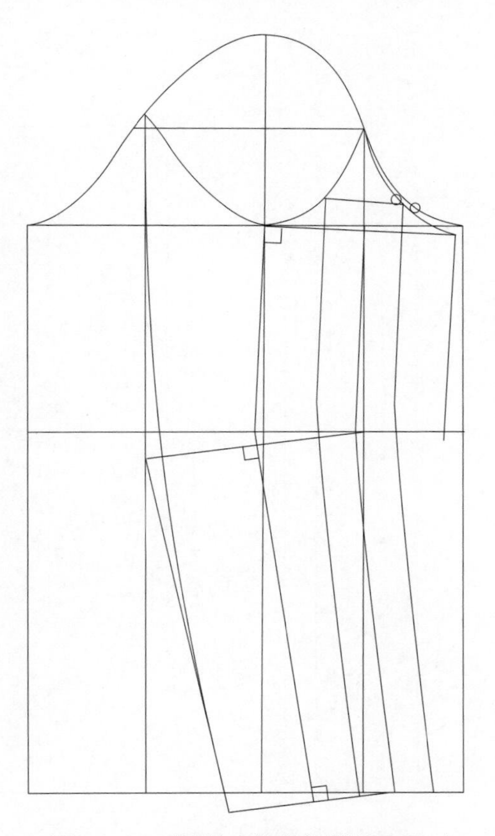

图2-4-5　两片袖内旋结构设计步骤三

2. 两片袖内旋结构设计与袖窿的关系

如图2-4-6所示，因为袖山弧线底部做了内旋造型设计，所以其与袖窿底部的重合量增加了。前倾袖子贴体度比较高，外观效果美观。

（三）两片袖变化型结构设计

两片袖变化型结构在前倾造型基础上进行后偏袖量的结构设计。步骤一：绘制后袖偏借量的辅助线（图2-4-7）。步骤二：绘制大小袖后袖缝线（图2-4-8）。

（四）两片袖变化型试衣效果

1. 两片袖变化型样版放缝

此处样版放缝包括衣身。放缝时，袖山弧线与袖窿弧线相一致，放缝0.8 cm，领口放缝0.6 cm，衣身底边及袖口放缝3 cm，其余部位均放缝1 cm。见图2-4-9。

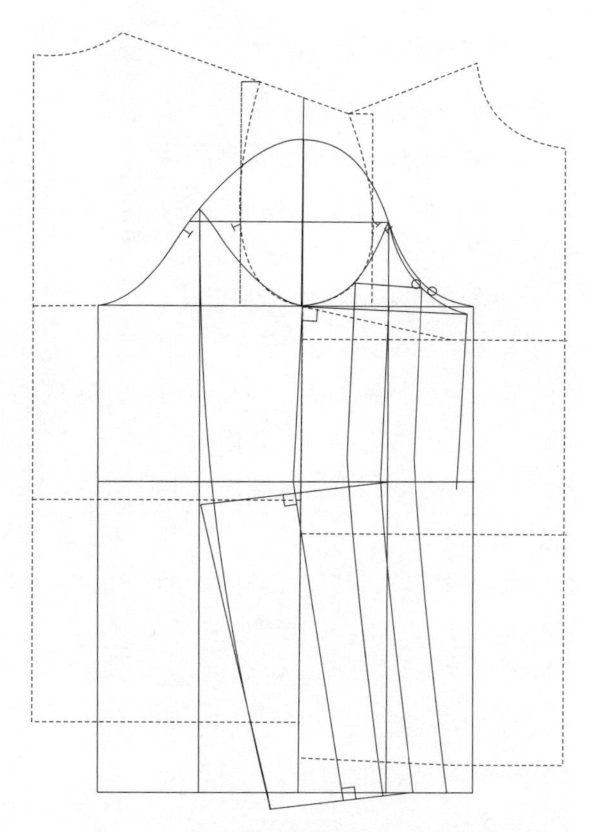

图2-4-6　两片袖的内旋造型与袖窿相吻合

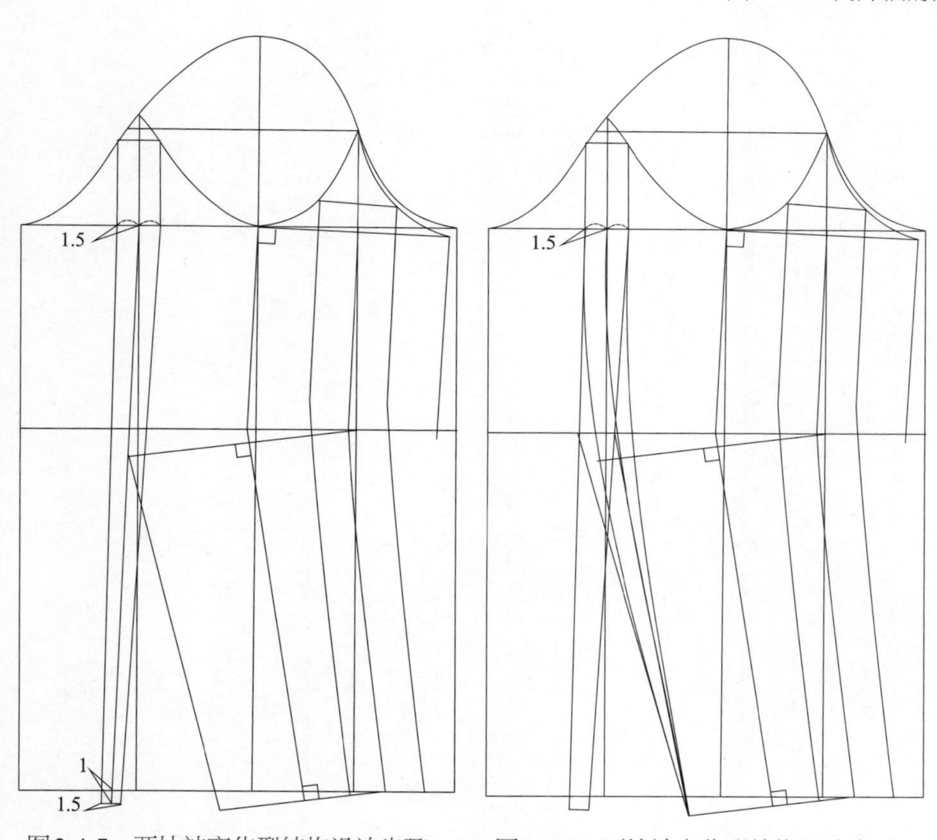

图2-4-7　两片袖变化型结构设计步骤一　　图2-4-8　两片袖变化型结构设计步骤二

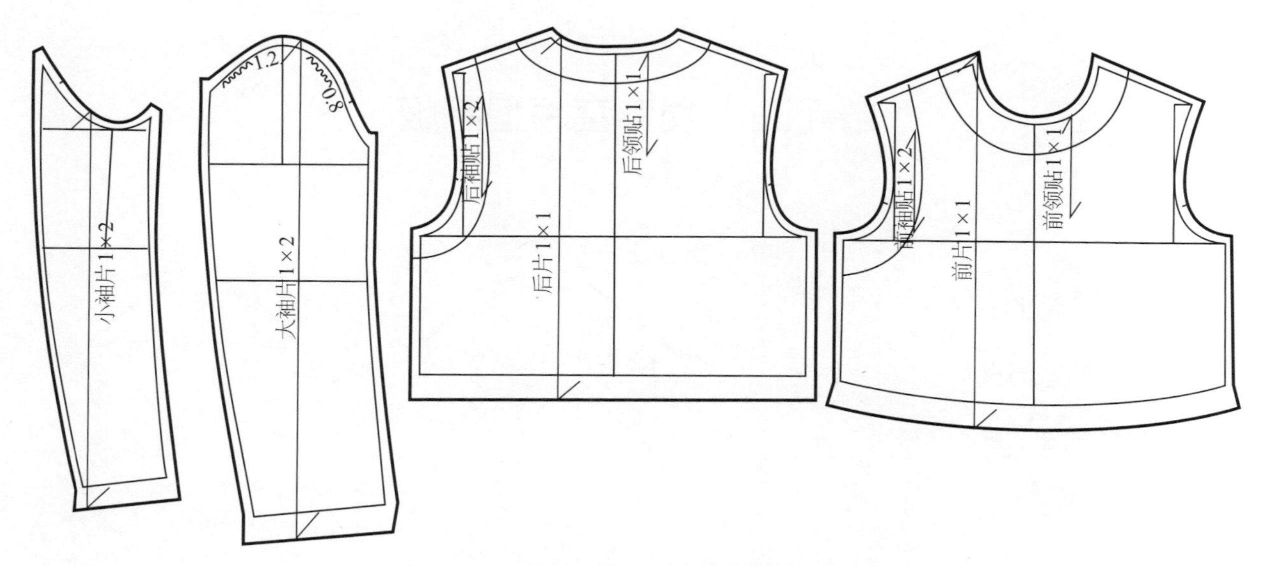

图2-4-9　两片袖变化型样版放缝示意图

2. 两片袖变化型3D试衣

根据两片袖变化型样版进行工艺缝制试样，从不同角度看成衣效果。袖子正面在腋下呈现内旋形态，侧面呈现自然弯曲状态，背面袖山吃势量饱满。见图2-4-10。

（五）实践题

根据165/84A号型规格尺寸，绘制图2-4-11所示的有前、后袖衩的两片袖变化型结构。

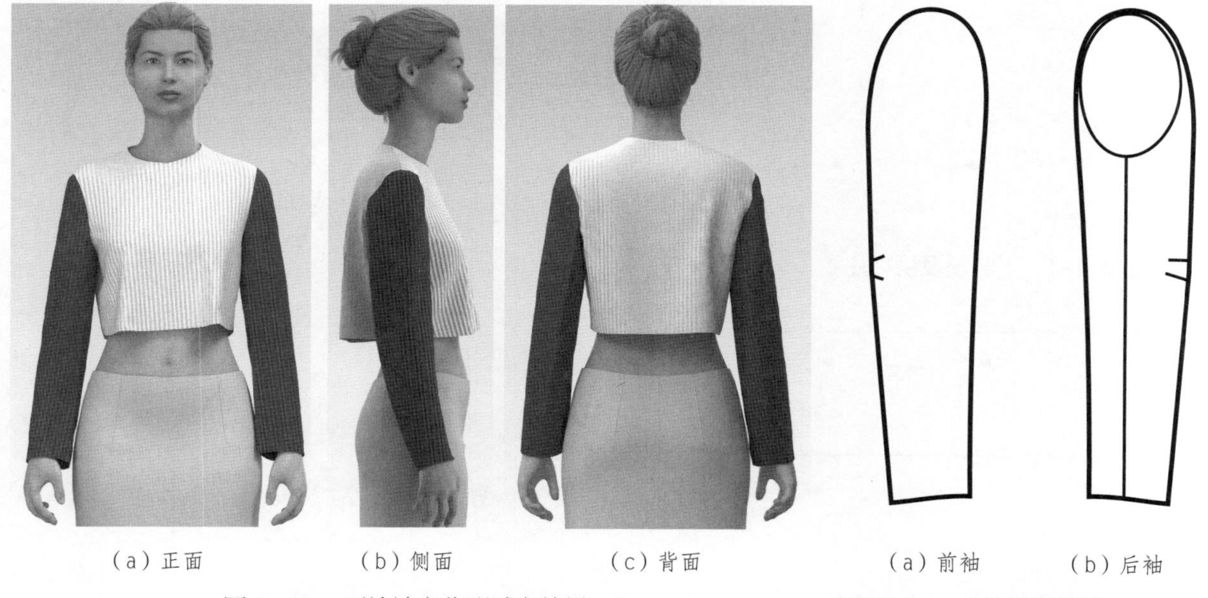

（a）正面　（b）侧面　（c）背面

图2-4-10　两片袖变化型试衣效果

（a）前袖　（b）后袖

图2-4-11　两片袖变化型实践题款式图

单元三　女外套领型制版

一、平驳领制版

（一）平驳领款式分析

1. 平驳领款式图（图3-1-1）

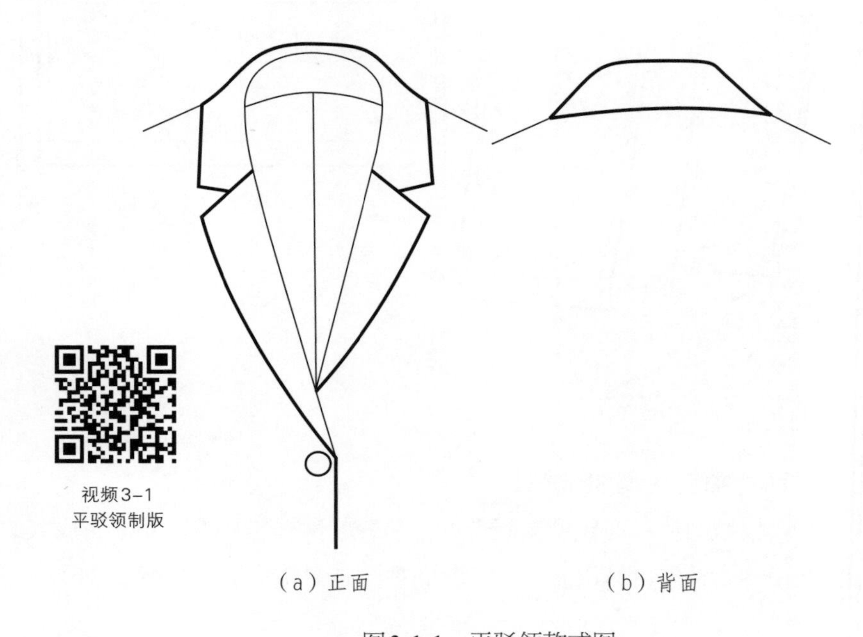

图3-1-1　平驳领款式图

2. 款式特点

平驳领属于开门领，翻领与衣身相连接，翻领角与驳角呈现三角形状态。

（二）平驳领线条名称（图3-1-2）

（三）平驳领规格尺寸设计

此单元的领型都是和单元一女外套衣身相配伍的。平驳领规格尺寸设计参考女外套的号型尺寸，具体尺寸见图3-1-3和表3-1-1。

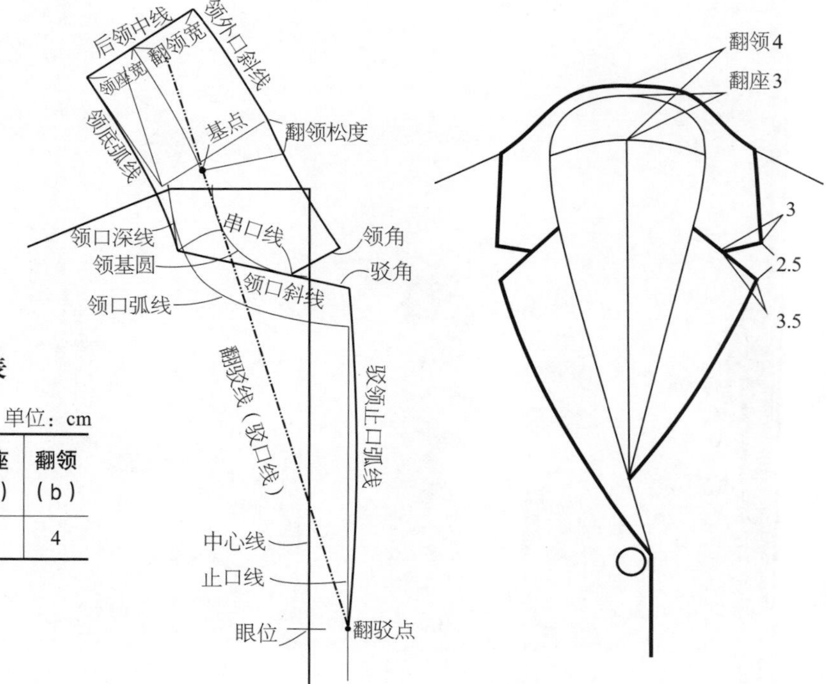

图3-1-2　平驳领线条名称　　图3-1-3　平驳领规格尺寸

表3-1-1　平驳领规格尺寸表

单位：cm

号型	胸围（B）	胸省（X）	门襟宽	领座（a）	翻领（b）
165/84A	94	3	2.3	3	4

（四）平驳领框架图

（1）在165/84A三开身变化型的基础上绘制平驳领结构。合并前衣身中心省，合并后衣身断腰位置，止口处设置门襟。沿颈肩点量取0.8a，绘制领基圆弧线，并确定第一粒扣位。见图3-1-4。

（2）第一粒扣位对应的止口点称翻驳点，过翻驳点作领基圆的切线，称翻驳线（驳口线）。见图3-1-5。

（3）作翻驳线与肩斜线的交点，称基点。见图3-1-6。

（4）沿肩斜线拼合前、后领口弧线，形成完整的领口形态。见图3-1-7。

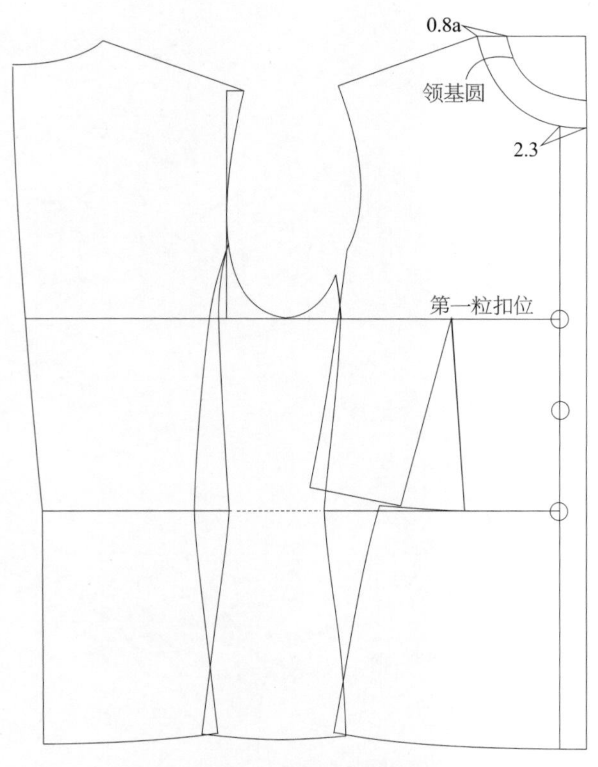

图3-1-4　平驳领框架图步骤一

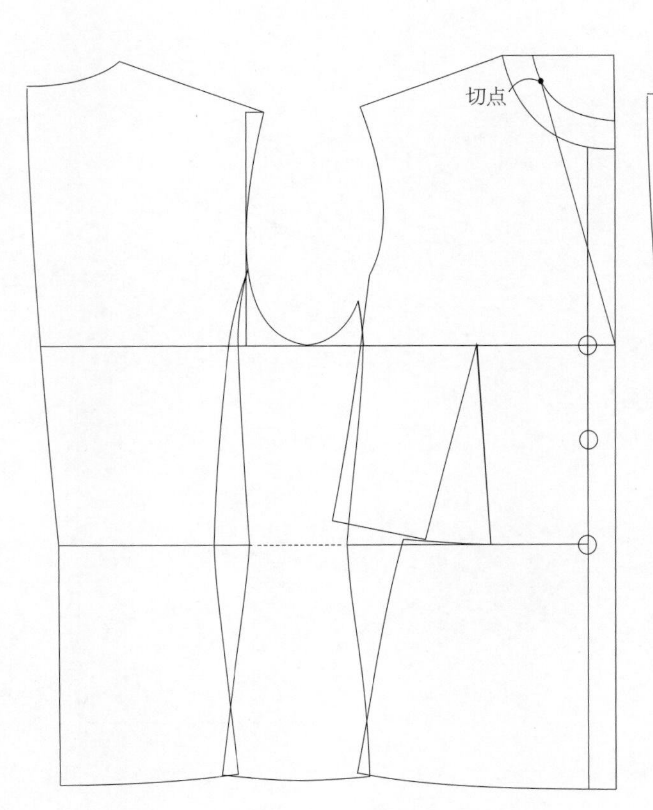

图3-1-5　平驳领框架图步骤二

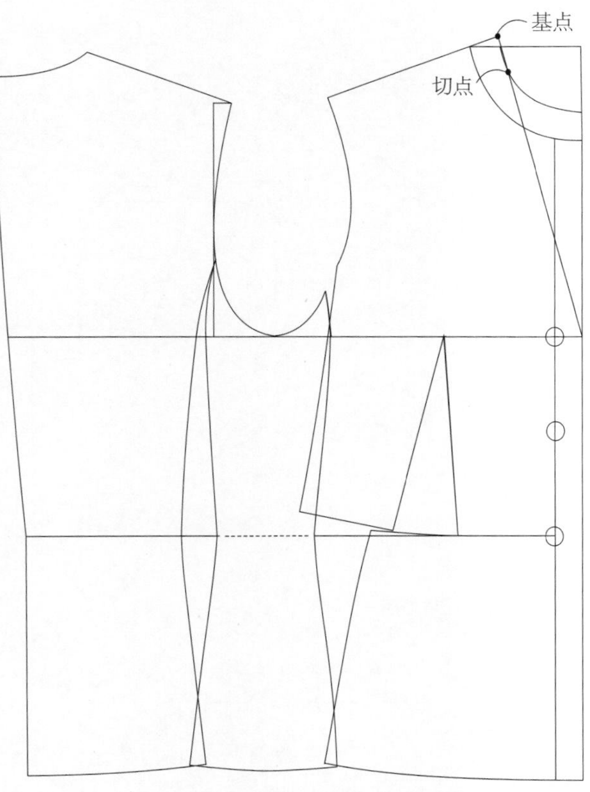

图3-1-6　平驳领框架图步骤三

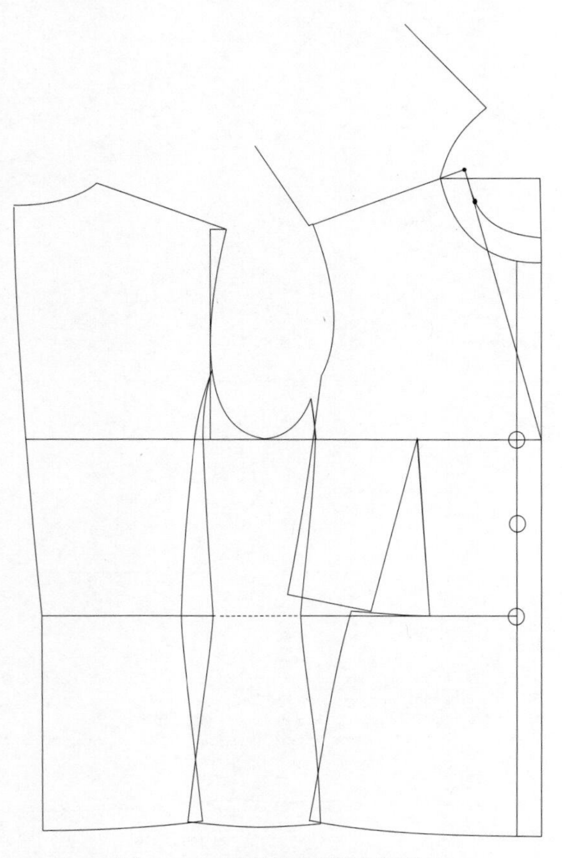

图3-1-7　平驳领框架图步骤四

（五）平驳领结构设计方法一

（1）作设计点，沿基点量取b+0.5 cm，根据设计点参考款式图绘制平驳领结构造型。沿后领口中心线量取b–a，连接设计点画翻领外口弧线的造型结构。见图3-1-8。

（2）沿翻驳线对称翻转驳领造型结构，在衣身处呈现驳领部分。见图3-1-9。

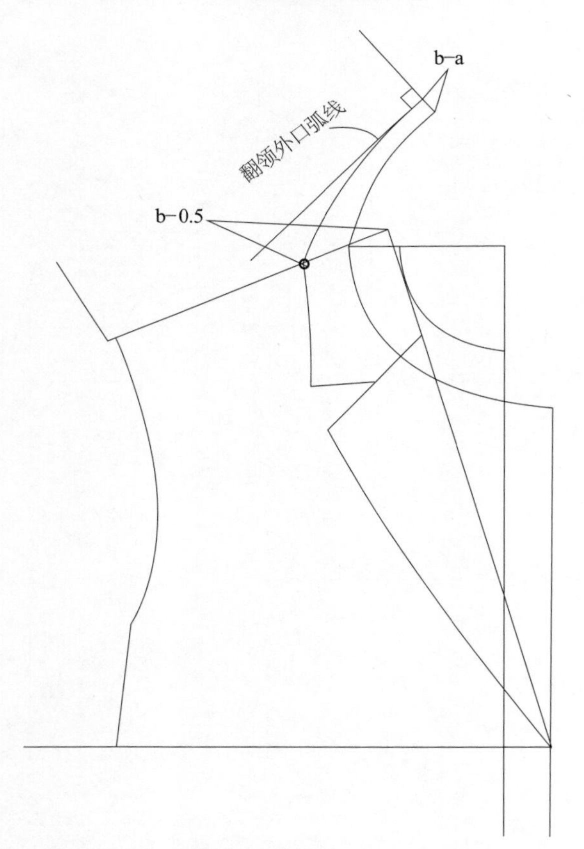

图3-1-8　平驳领结构设计（方法一）步骤一

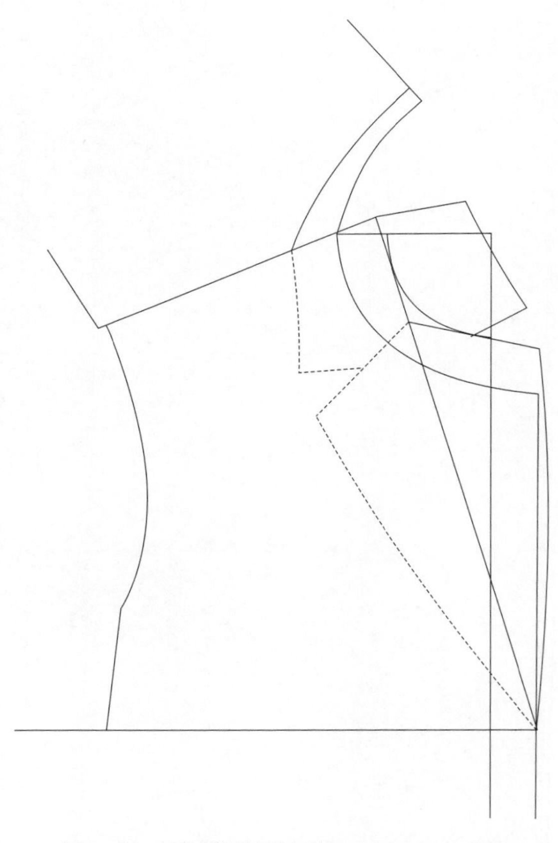

图3-1-9　平驳领结构设计（方法一）步骤二

（3）延长领口斜线与领口深线垂线相交，在此基础沿领口弧线作切线交于领口深线，形成方形领口。见图3-1-10。

（4）翻领外口弧线n_2与领口弧线n_1的差，称为翻领松度。在设计点处作圆，半径为翻领松度。见图3-1-11。

（5）作与翻驳线间隔0.8a的平行线，与肩斜线相交于某一点，过此交点作翻领松度为半径的圆的切线，并在切线上取a+b，即7 cm的长度。见图3-1-12。

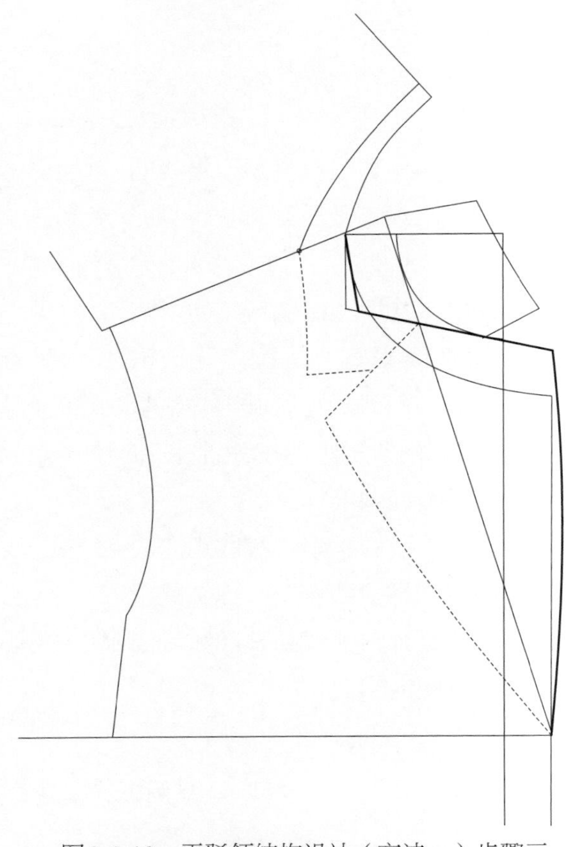

图3-1-10　平驳领结构设计（方法一）步骤三

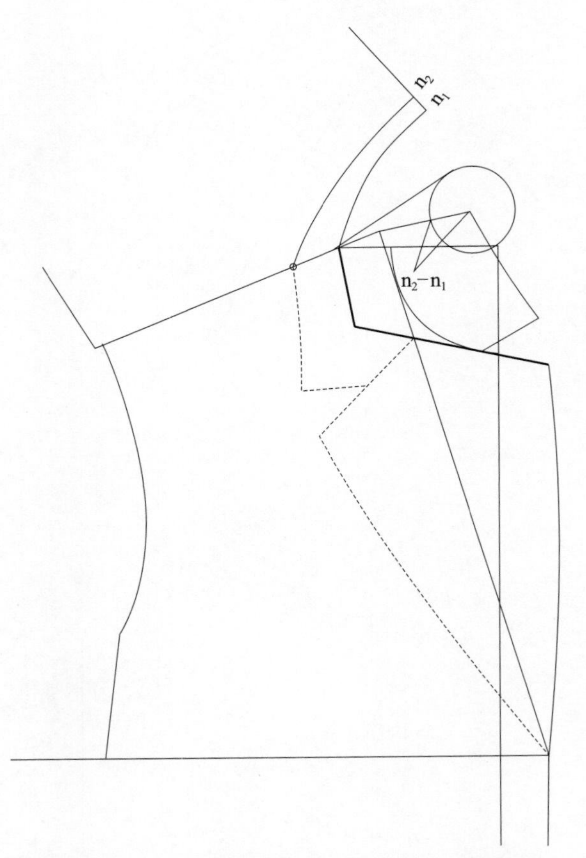

图3-1-11　平驳领结构设计（方法一）步骤四

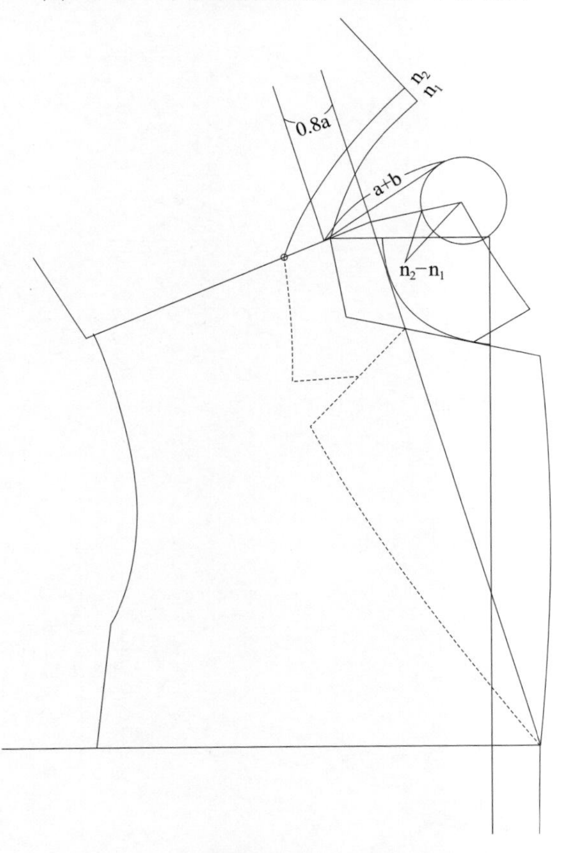

图3-1-12　平驳领结构设计（方法一）步骤五

（6）作翻领松度圆连接线的垂线，长度等于后领弧长。见图3-1-13。

（7）作后领中心线，与上一步的垂线垂直，长度等于a+b；作领外口斜线，与后领中心线垂直。后领部分呈现出一个长方形。见图3-1-14。

（8）沿后领中心线取距离a，作弧线与翻驳线相交，称领翻折线。将领外口弧线与领底弧线画顺。见图3-1-15。

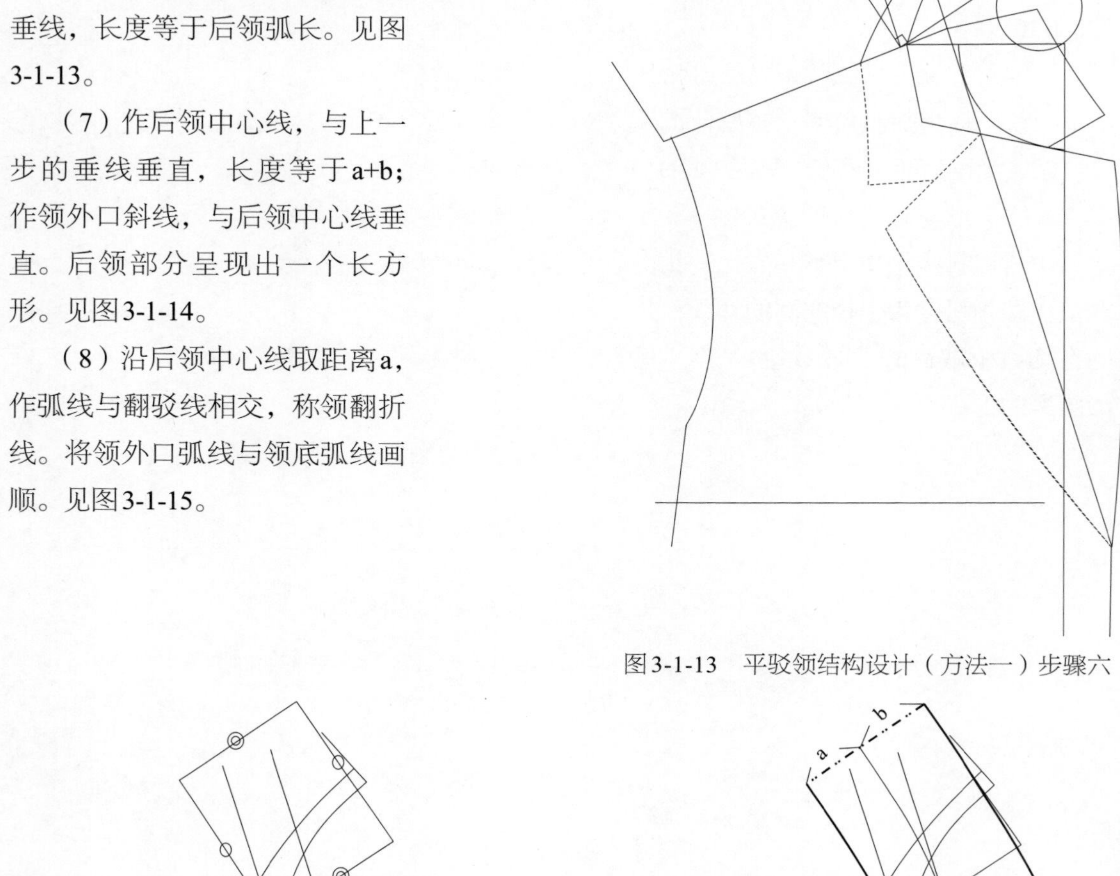

图3-1-13　平驳领结构设计（方法一）步骤六

图3-1-14　平驳领结构设计（方法一）步骤七

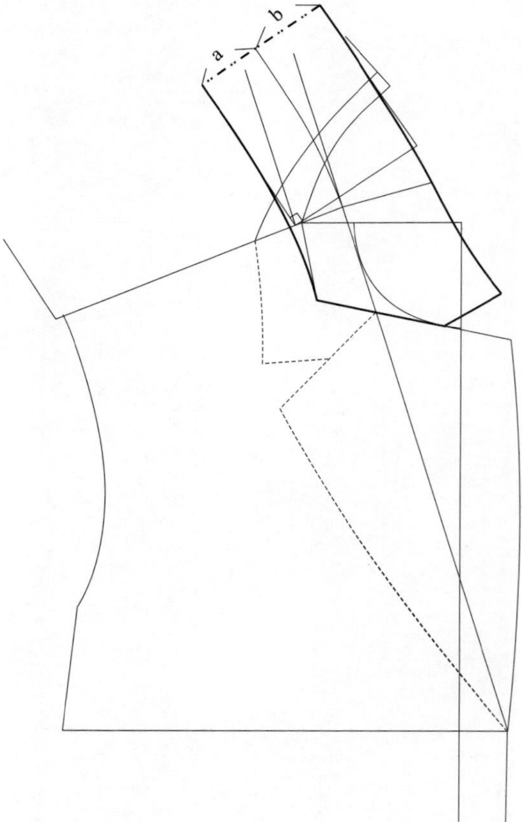

图3-1-15　平驳领结构设计（方法一）步骤八

（六）平驳领结构设计方法二

（1）在平驳领口基础上，连接平行线与领口点。见图3-1-16。

（2）在设计点位置绘制翻领松度圆，对称点与翻领松度圆作连接线。见图3-1-17。

（3）在连接线基础上作后领弧长、后领中心线垂线，然后勾勒前、后领口弧线。见图3-1-18。

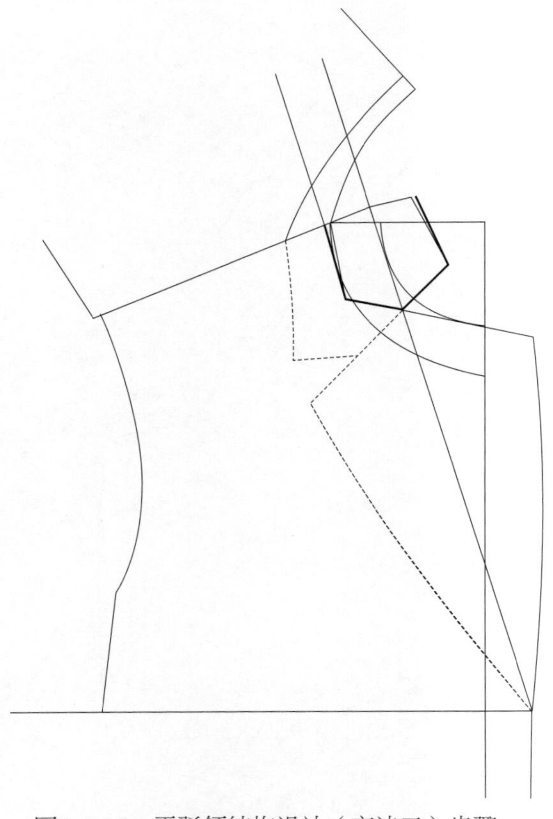

图3-1-16　平驳领结构设计（方法二）步骤一

图3-1-17　平驳领结构设计（方法二）步骤二

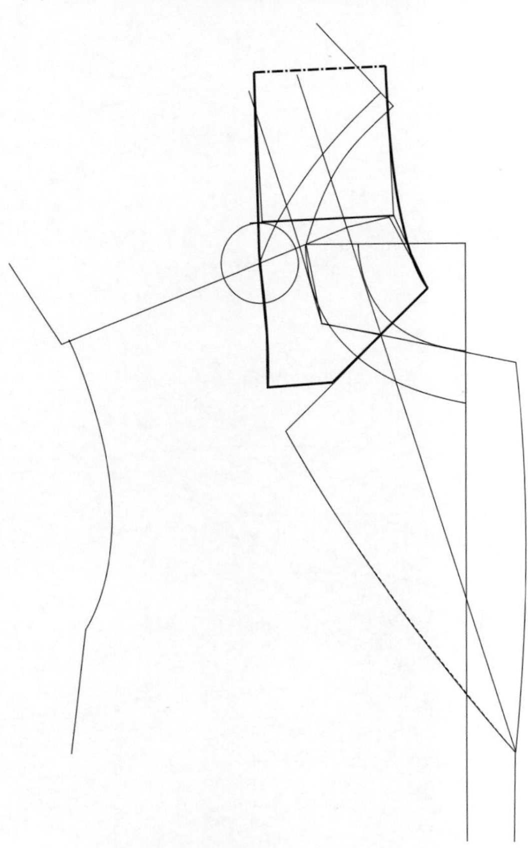

图3-1-18　平驳领结构设计（方法二）步骤三

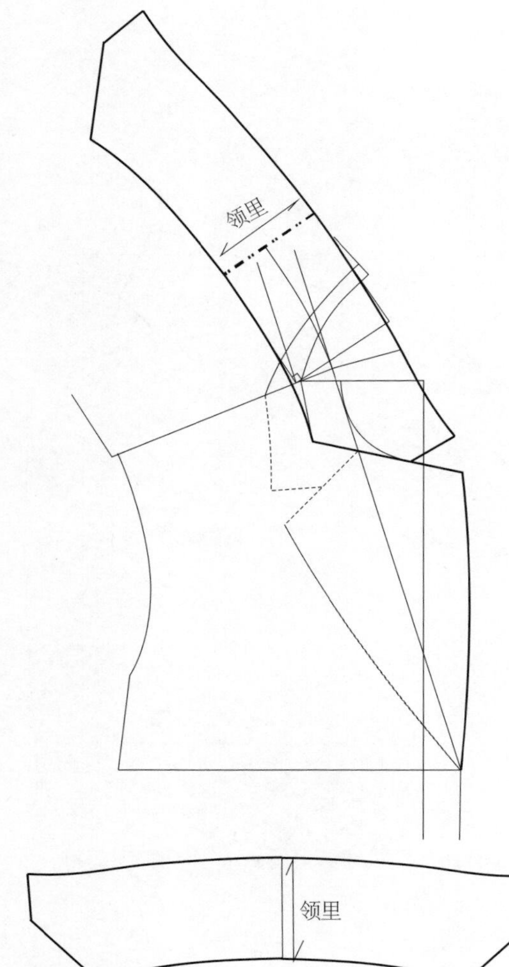

（七）平驳领试衣效果

1. 平驳领翻领部分样版制作

（1）在平驳领结构图中，提取领里样版（图3-1-19）。

（2）在领里样版基础上，调整领面样版。沿领座展开0.2 ~ 0.3 cm，作为翻领翻折松度（图3-1-20）。将翻领部分展开0.4 ~ 0.6 cm（图3-1-21），数值参考面料厚度。勾勒领面样版轮廓（图3-1-22）。

2. 平驳领驳头部分样版制作

驳头处沿驳口线向外平移0.5 cm，作为挂面驳头部分的翻折量。在衣身结构上绘制挂面和后领贴。见图3-1-23。

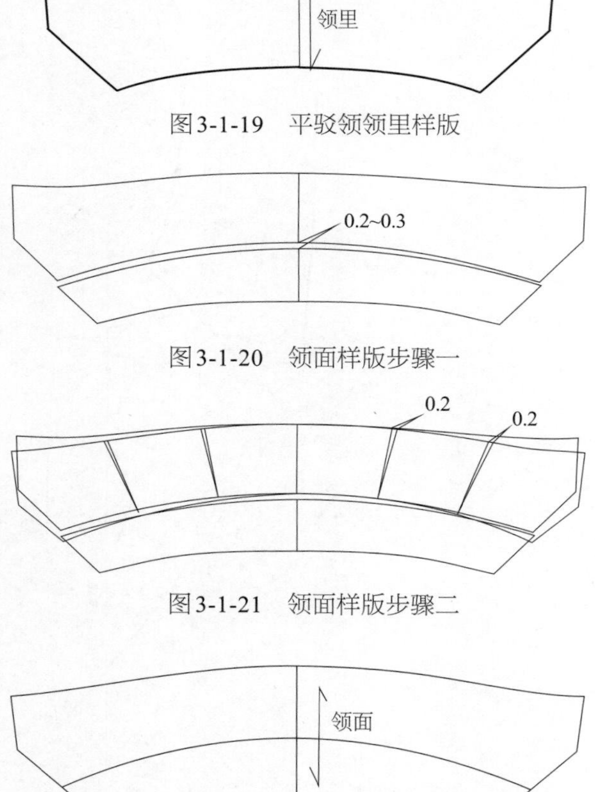

图3-1-19　平驳领领里样版

图3-1-20　领面样版步骤一

图3-1-21　领面样版步骤二

图3-1-22　领面样版步骤三

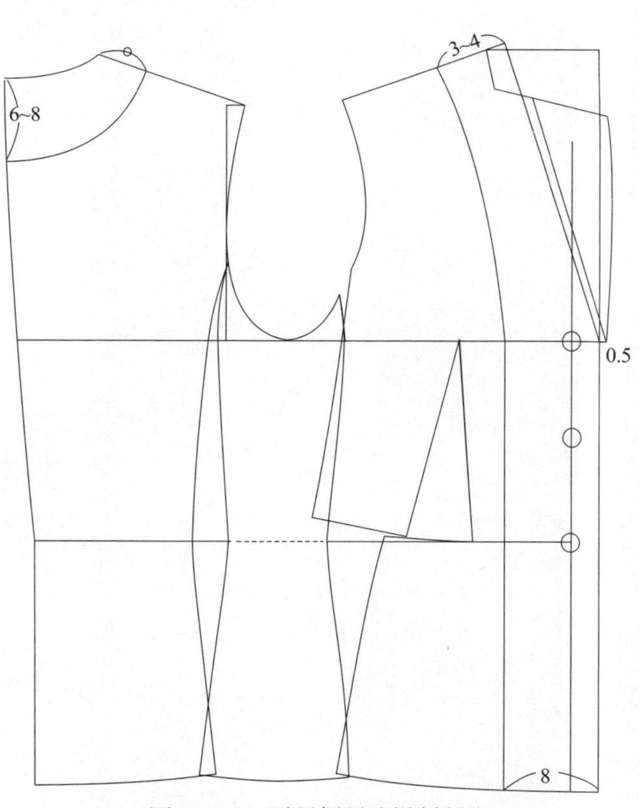

图3-1-23　平驳领驳头样版制作

3. 平驳领样版放缝

在样版放缝中，绱领弧线与领口弧线相一致，放缝0.6 cm，衣身底边放缝3 cm，其余部位均放缝1 cm。见图3-1-24。

4. 平驳领3D试衣

根据平驳领样版进行工艺缝制试样，从不同角度看平驳领效果。正面，驳领与驳头部分相连；侧面，驳领伏贴；背面，驳领贴合。见图3-1-25。

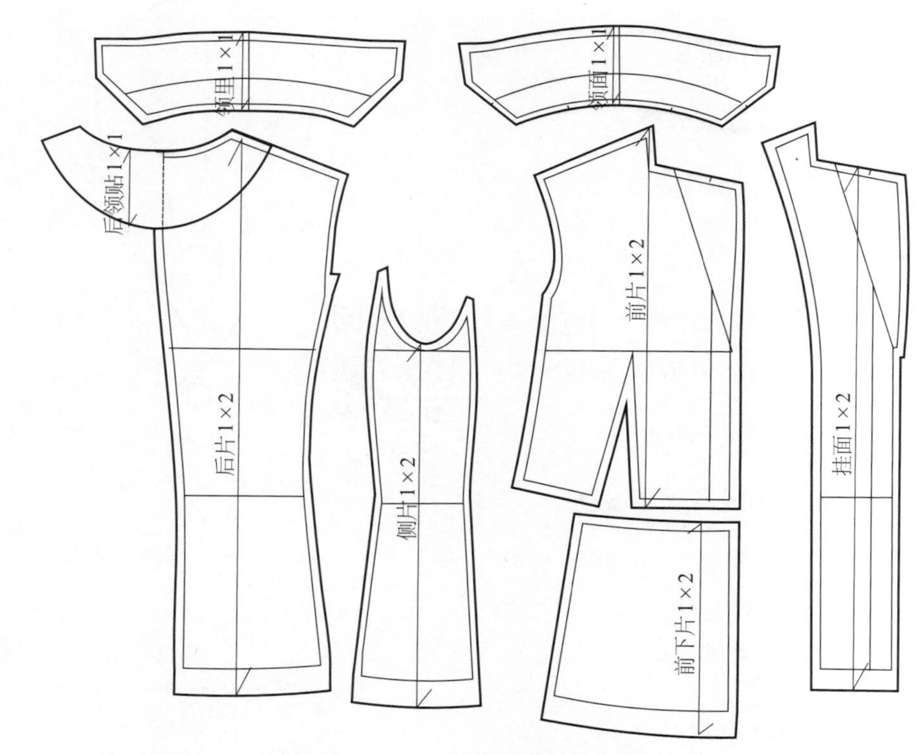

图3-1-24　平驳领放缝示意图

（八）实践题

按照图3-1-26所示的款式图设计规格尺寸，绘制平驳领的结构。

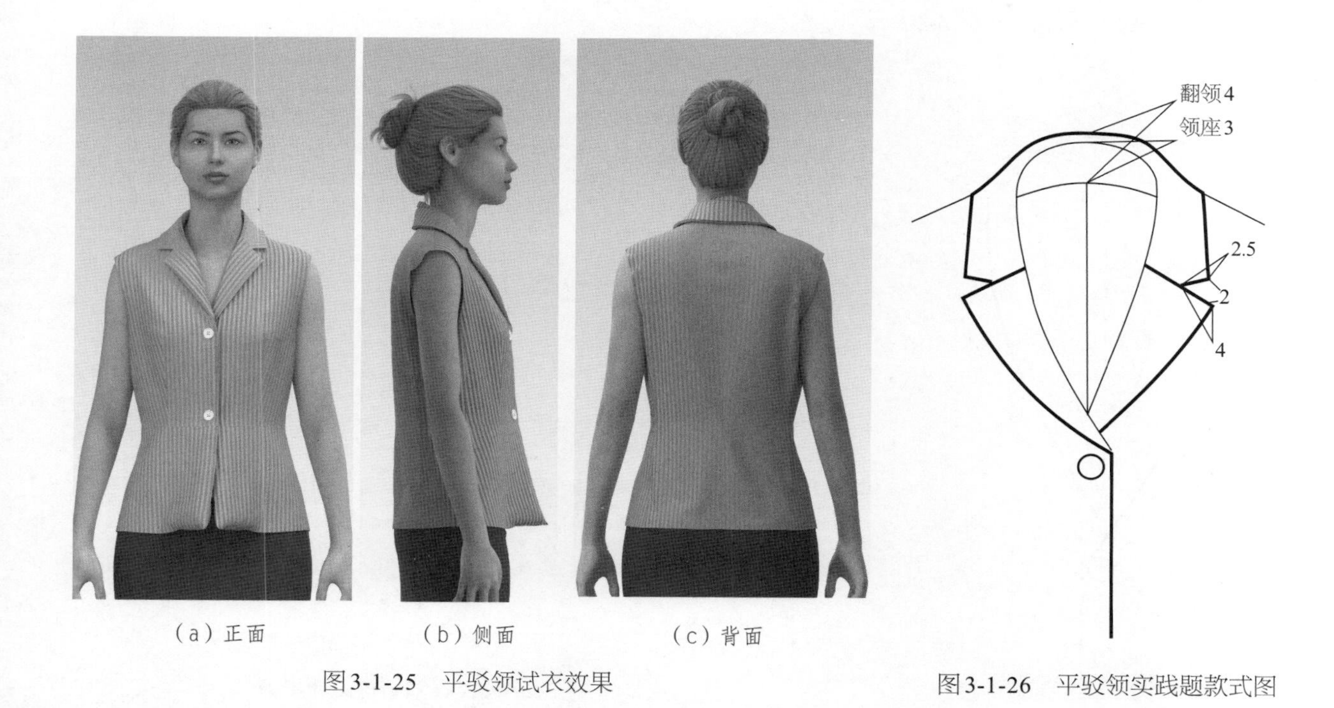

（a）正面　（b）侧面　（c）背面

图3-1-25　平驳领试衣效果

图3-1-26　平驳领实践题款式图

二、青果领制版

（一）青果领款式分析

1. 青果领款式图（图3–2–1）

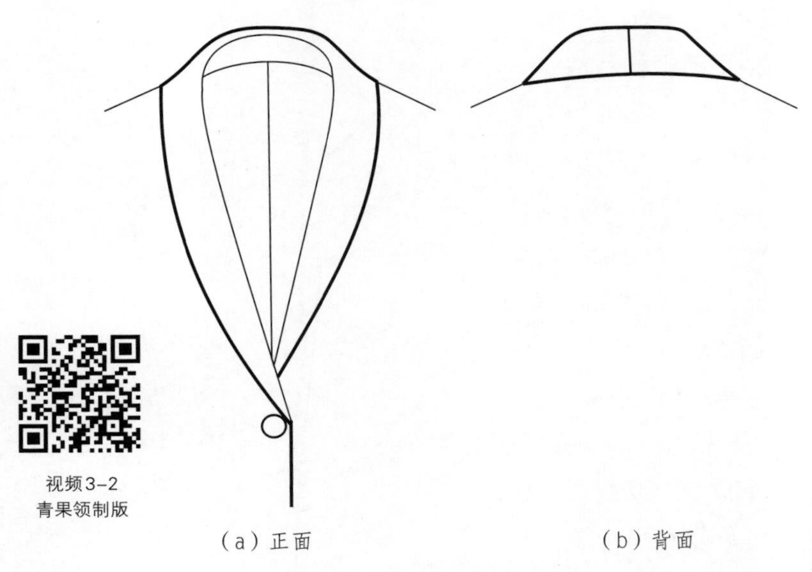

图3-2-1　青果领款式图

2. 款式特点

青果领属于开门领，领子没有串口线。此款青果领领面的后领中心有拼缝。

视频3–2
青果领制版

（二）青果领规格尺寸设计

青果领规格尺寸设计参考165/84A四开身变化型女外套的号型尺寸，具体尺寸见图3-2-2和表3-2-1。

表3–2–1　青果领规格尺寸表　　单位：cm

号型	胸围（B）	胸省（X）	门襟宽	领座（a）	翻领（b）
165/84A	94	3	2.3	3	4

（三）青果领结构设计

（1）在165/84A四开身变化型基础上绘制青果领结构，将下摆处设置为圆下摆造型，与青果领造型相呼应，止口处设置门襟。合并前、后肩斜线，形成完整的前、后领口弧线，门襟宽为2.3 cm。见图3-2-3。

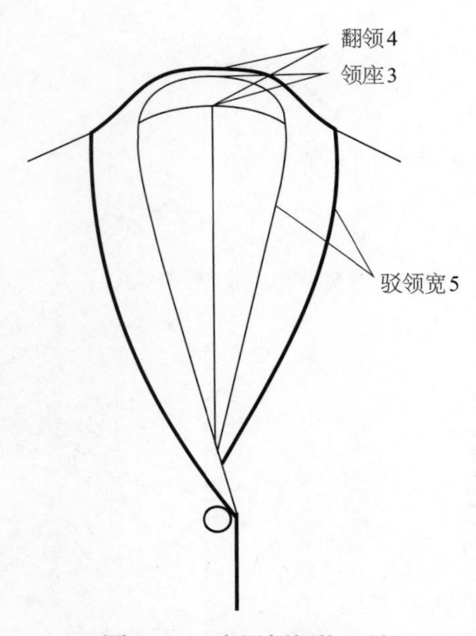

图3-2-2　青果领规格设计

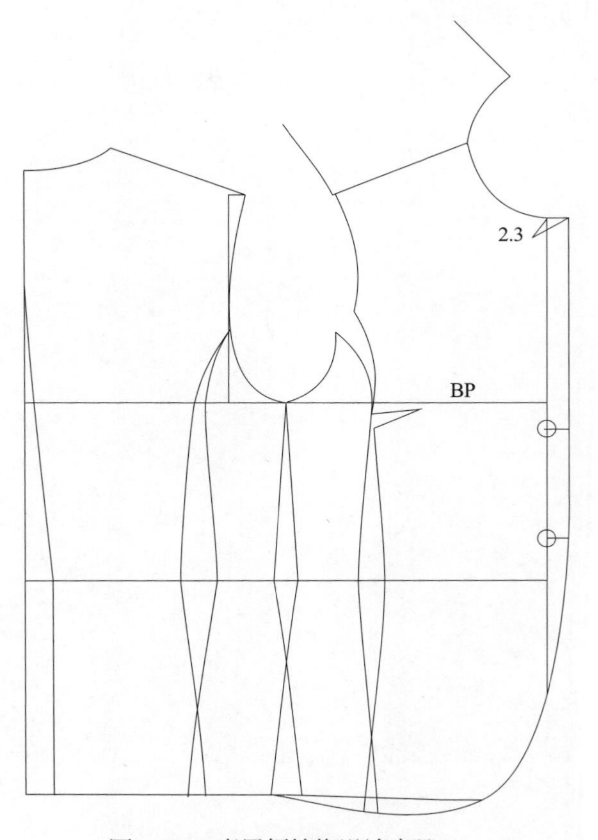

图3-2-3　青果领结构设计步骤一

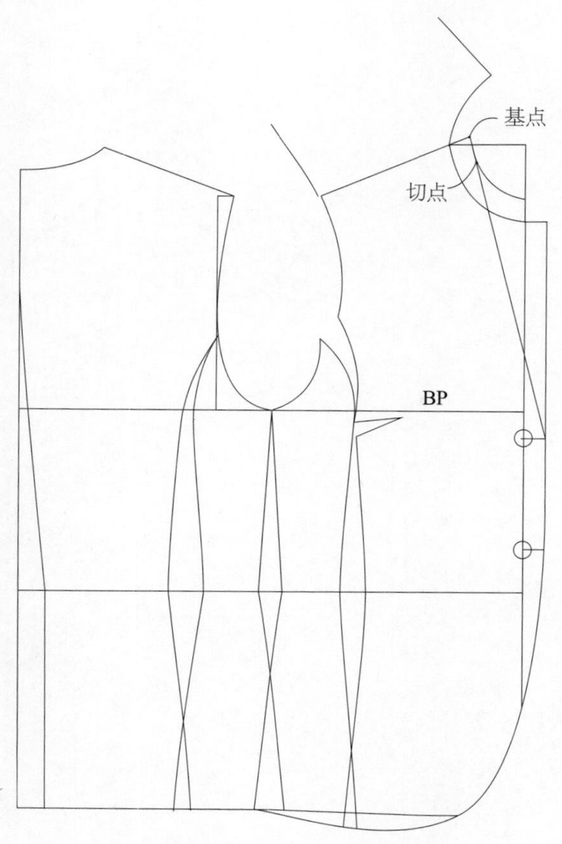

图3-2-4　青果领结构设计步骤二

（2）作翻驳线，过第一扣位作领基圆的切线。延长肩斜线与翻驳线相交，确定基点。见图3-2-4。

（3）根据款式图设计青果领的造型结构。见图3-2-5。

（4）沿翻驳线对称翻转青果领造型结构，作青果领设计点的对称点。见图3-2-6。

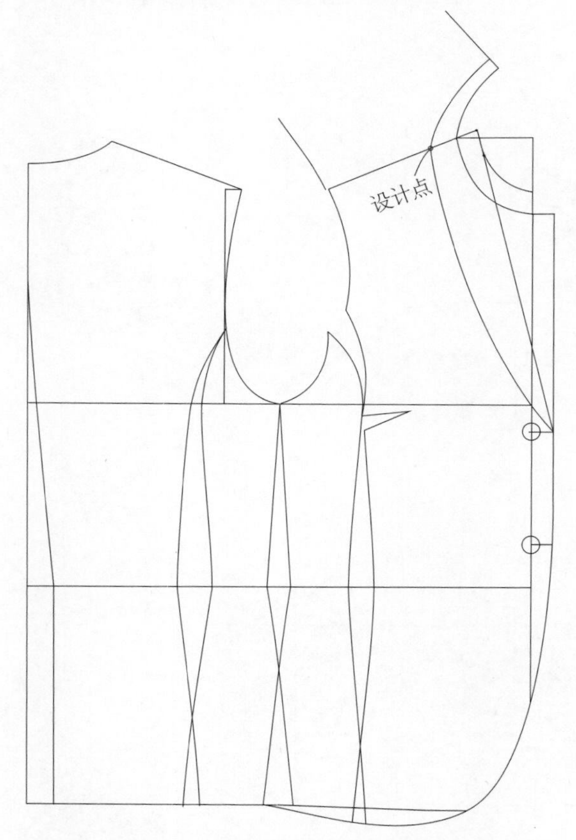

图3-2-5　青果领结构设计步骤三

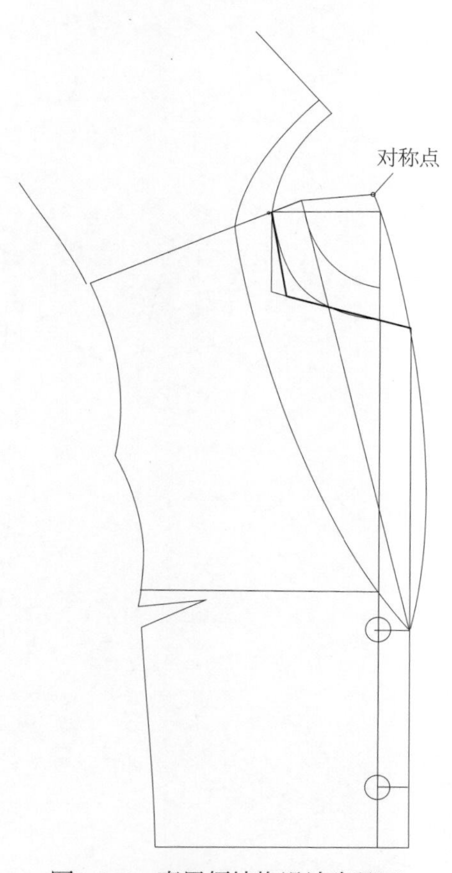

图3-2-6　青果领结构设计步骤四

（5）在对称点处绘制翻领松度圆，作与驳口线间距0.8a的平行线，并与肩斜线相交。见图3-2-7。

（6）作后领结构部分的辅助线，画一边长为后领口弧线长“○”与“领座宽+翻领宽”的长方形。见图3-2-8。

（7）根据驳领辅助线绘制前、后领外口弧线。见图3-2-9。

（四）青果领试衣效果

1. 青果领样版制作（图3-2-10）

（1）制作后领贴。将A部分拼接到B部分处，形成后领贴。

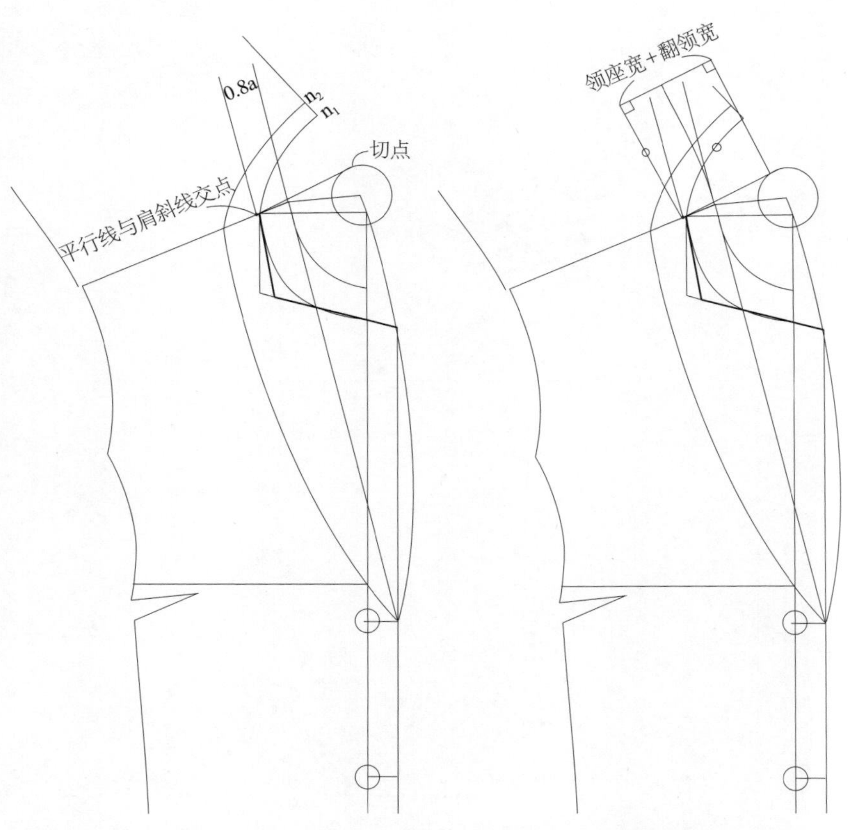

图3-2-7　青果领结构设计步骤五　　图3-2-8　青果领结构设计步骤六

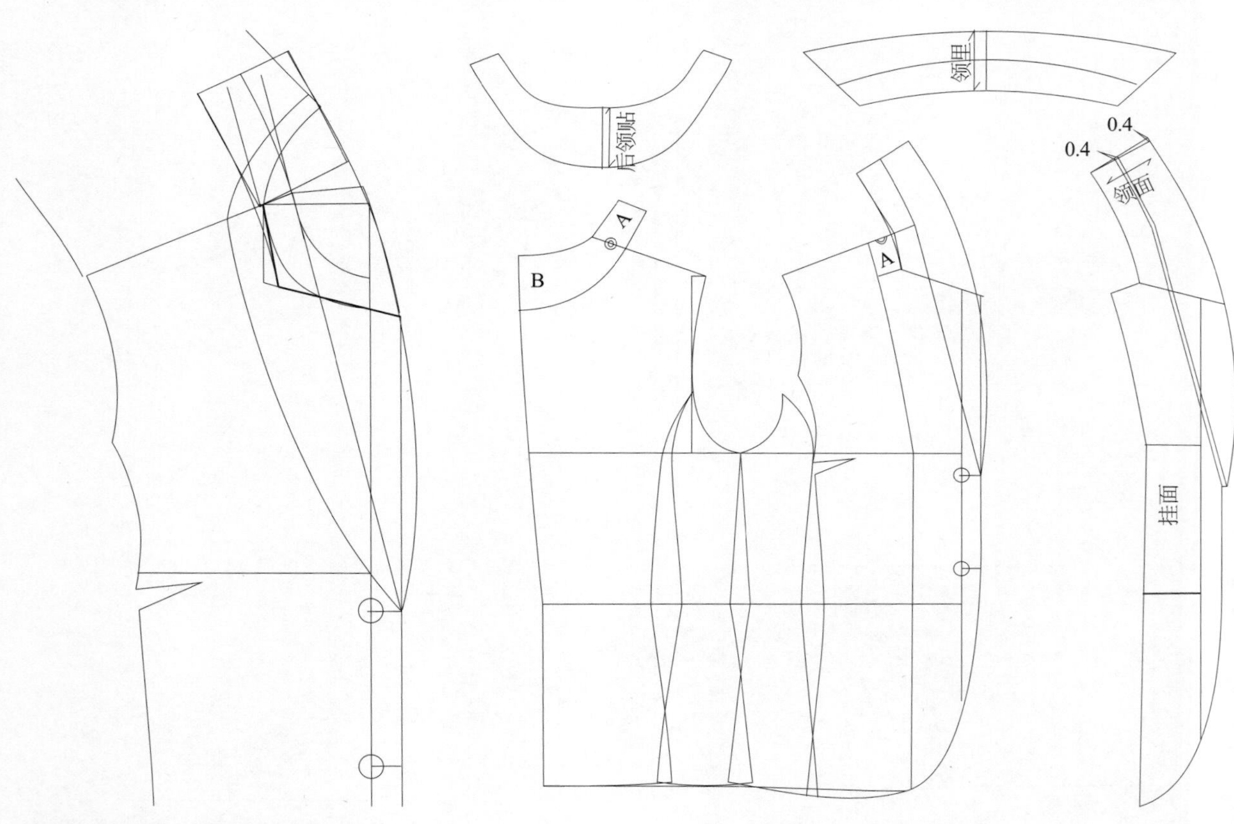

图3-2-9　青果领结构设计步骤七

图3-2-10　青果领样版制作

（2）制作领里。在结构图中，沿领口线选取青果领的领里结构部分。

（3）制作挂面与领面。将领子在领翻折线与翻驳线位置处平移0.4 cm（由面料厚度决定）作为驳领翻折量，根据面料厚度调整翻折量。在后领中心处延长领外口线0.4 cm，翻领与挂面形成青果领的整体领面结构。

2. 青果领样版放缝

在样版放缝中，绱领弧线与领口弧线相一致，放缝0.6 cm，衣身底边放缝3 cm，其余部位均放缝1 cm。见图3-2-11。

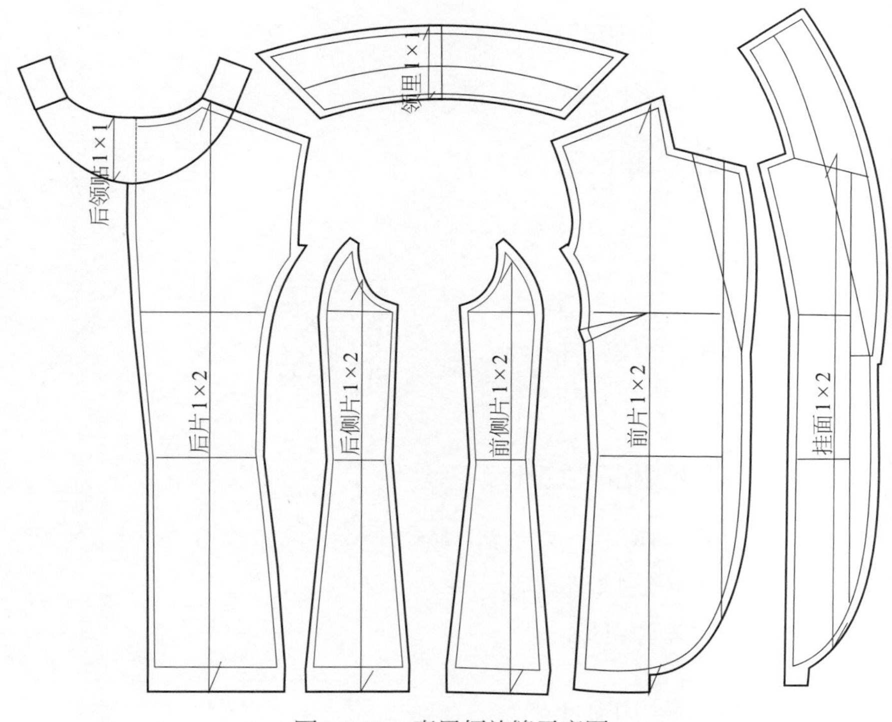

图3-2-11　青果领放缝示意图

3. 青果领3D试衣

根据青果领样版进行工艺缝制试样，从不同角度看成衣效果。正面，驳头无缺口；侧面，驳领与衣身贴合；背面，翻领伏贴。见图3-2-12。

（五）实践题

按照图3-2-13所示的款式图设计规格尺寸，绘制青果领的结构。

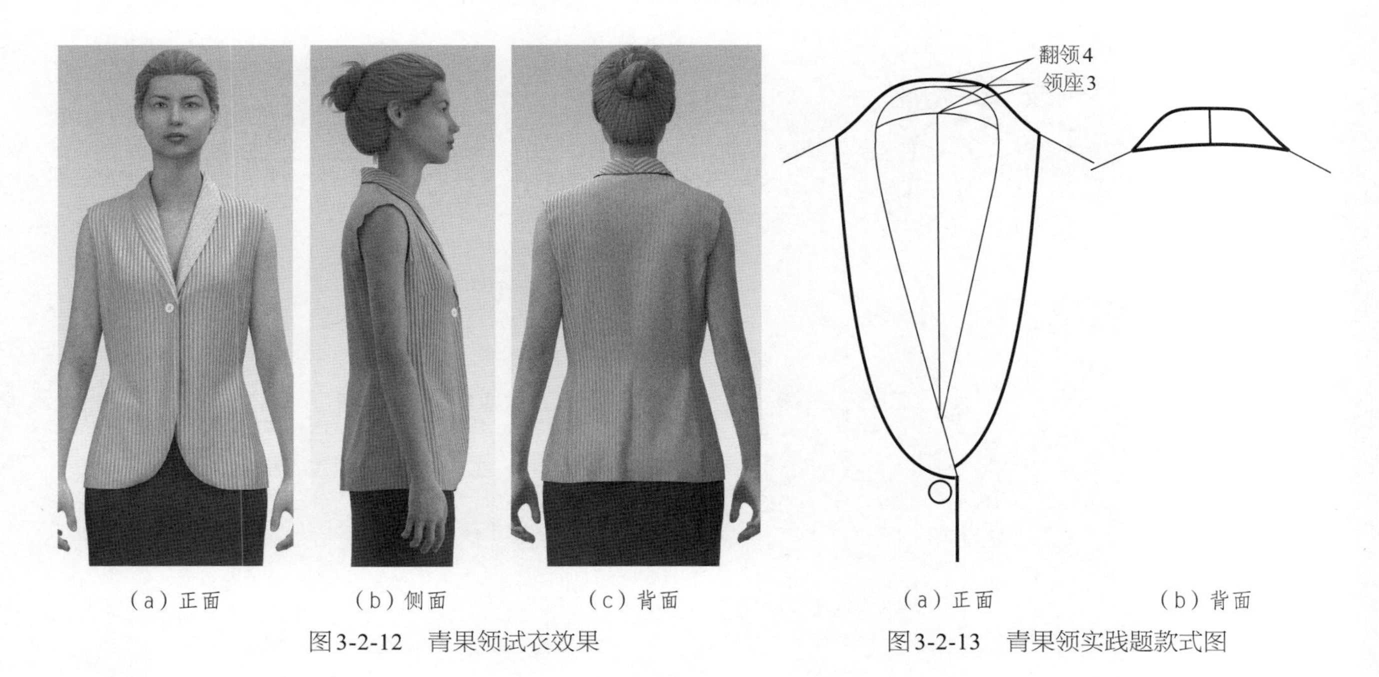

（a）正面　（b）侧面　（c）背面

图3-2-12　青果领试衣效果

（a）正面　（b）背面

图3-2-13　青果领实践题款式图

三、戗驳领制版

（一）戗驳领款式分析

1. 戗驳领款式图（图3–3–1）

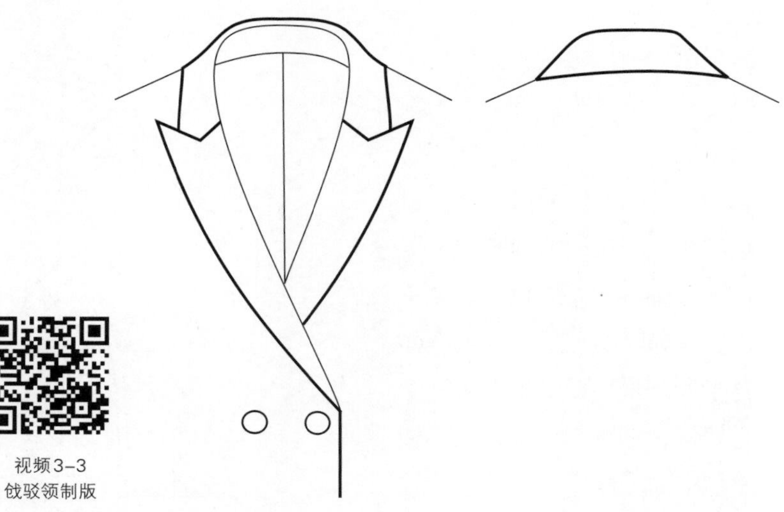

图3-3-1　戗驳领款式图

2. 款式特点

戗驳领属于开门领，翻领与驳领在串口线位置相连接，驳头的领角向上。

视频3–3
戗驳领制版

（二）戗驳领规格尺寸设计

戗驳领规格尺寸设计参考165/84A四开身变化型女外套的号型尺寸，具体尺寸见图3-3-2和表3-3-1。

表3–3–1　戗驳领规格尺寸表　单位：cm

号型	胸围（B）	胸省（X）	门襟宽	领座（a）	翻领（b）
165/84A	94	3	6	3	4

（三）戗驳领结构设计

（1）在165/84A四开身变化型领口的基础上绘制戗驳领结构。将止口设置为双门襟，直下摆结构与戗驳领结构相呼应。根据款式设计在翻驳线基础上，设计戗驳领造型。见图3-3-3。

图3-3-2　戗驳领规格设计

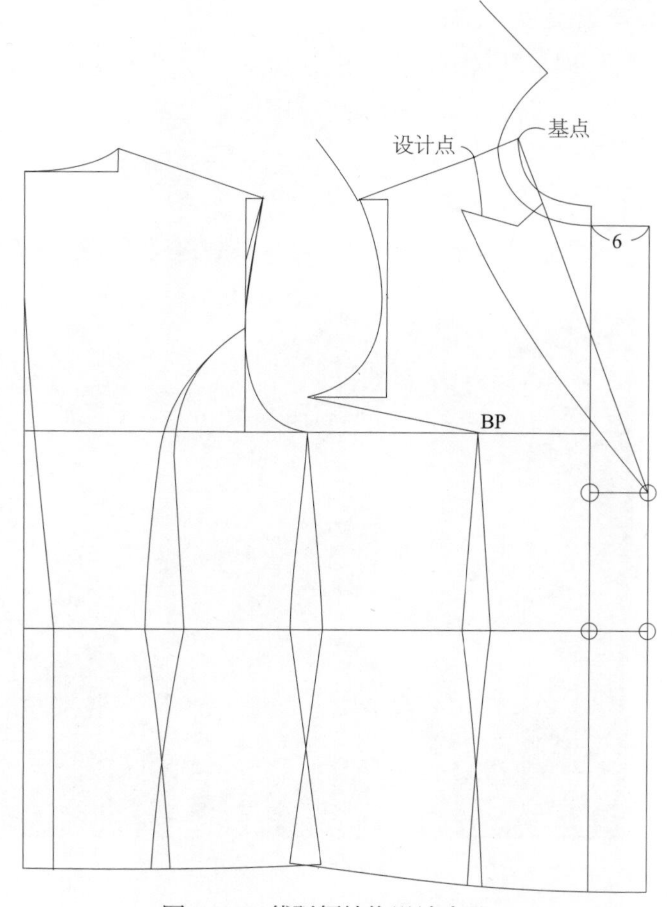

图3-3-3　戗驳领结构设计步骤一

（2）沿驳口线翻转领驳头的造型，然后，延长串口线绘制戗驳领的方领口。见图3-3-4。

（3）绘制翻领松度圆及切线，作翻驳线平行线。见图3-3-5。

（4）在切线基础上绘制后领造型辅助线。见图3-3-6。

（5）在后领辅助线基础上，绘制前、后领外口弧线，领翻折线，完成戗驳领的结构设计。见图3-3-7。

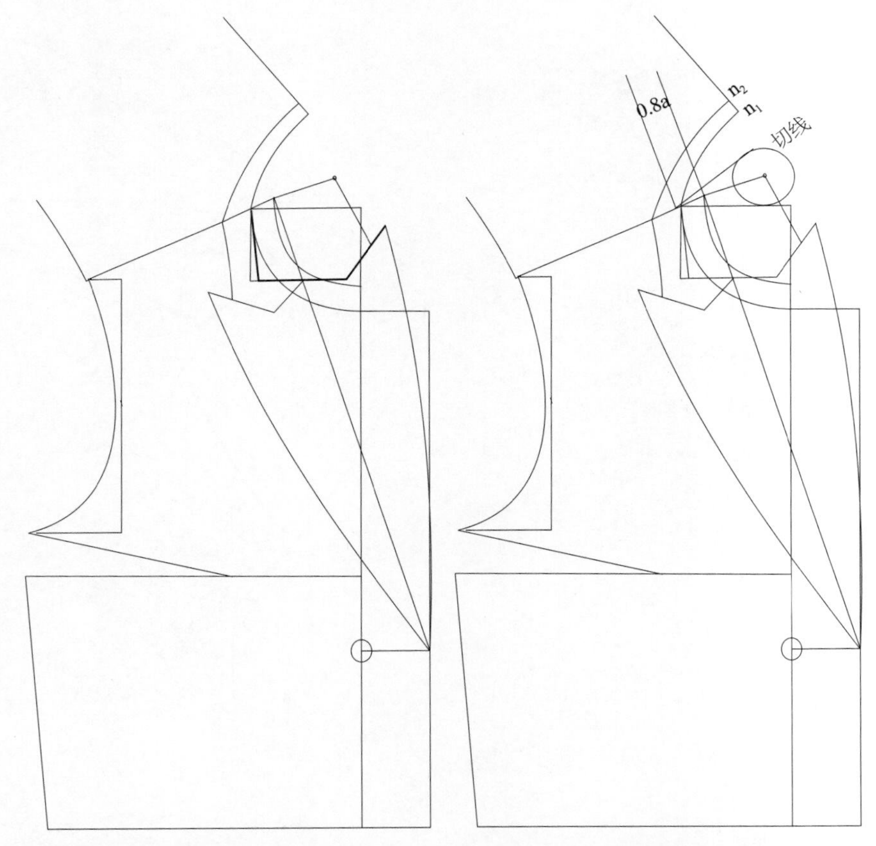

图3-3-4　戗驳领结构设计步骤二　　图3-3-5　戗驳领结构设计步骤三

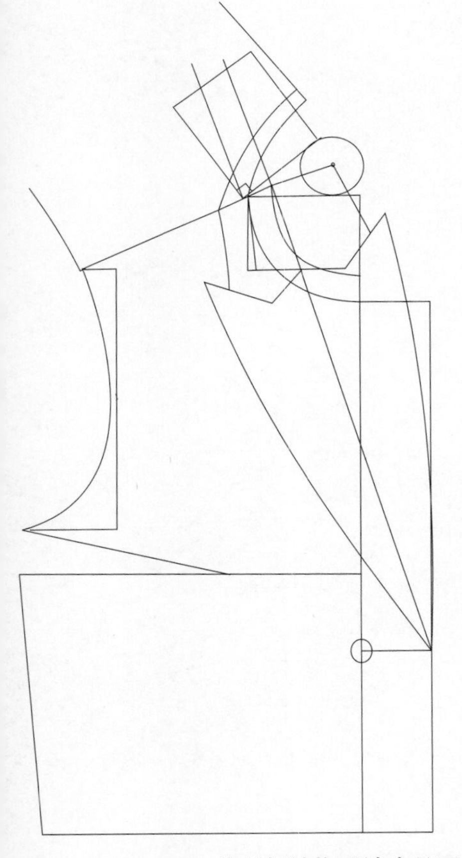

图3-3-6　戗驳领结构设计步骤四

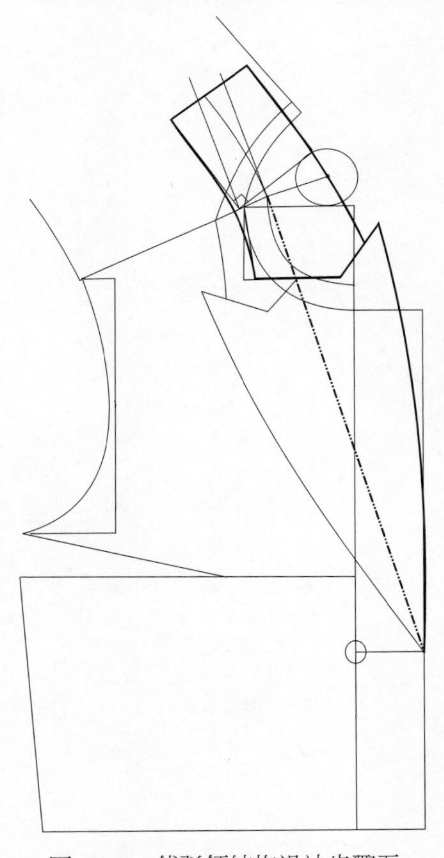

图3-3-7　戗驳领结构设计步骤五

（6）隐形领座的戗驳领结构设计。在领座上设置隐形领座2 cm，参考图示绘制隐形领座的结构。见图3-3-8。

（四）戗驳领试衣效果

1. 戗驳领样版制作（图3-3-9）

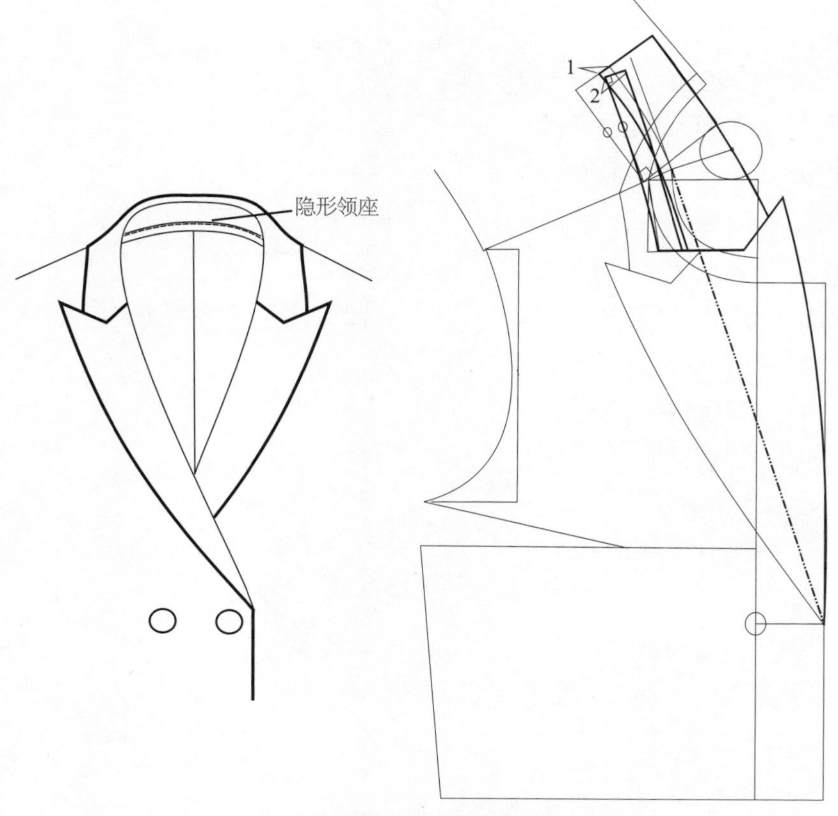

图3-3-8　隐形领座的戗驳领结构设计

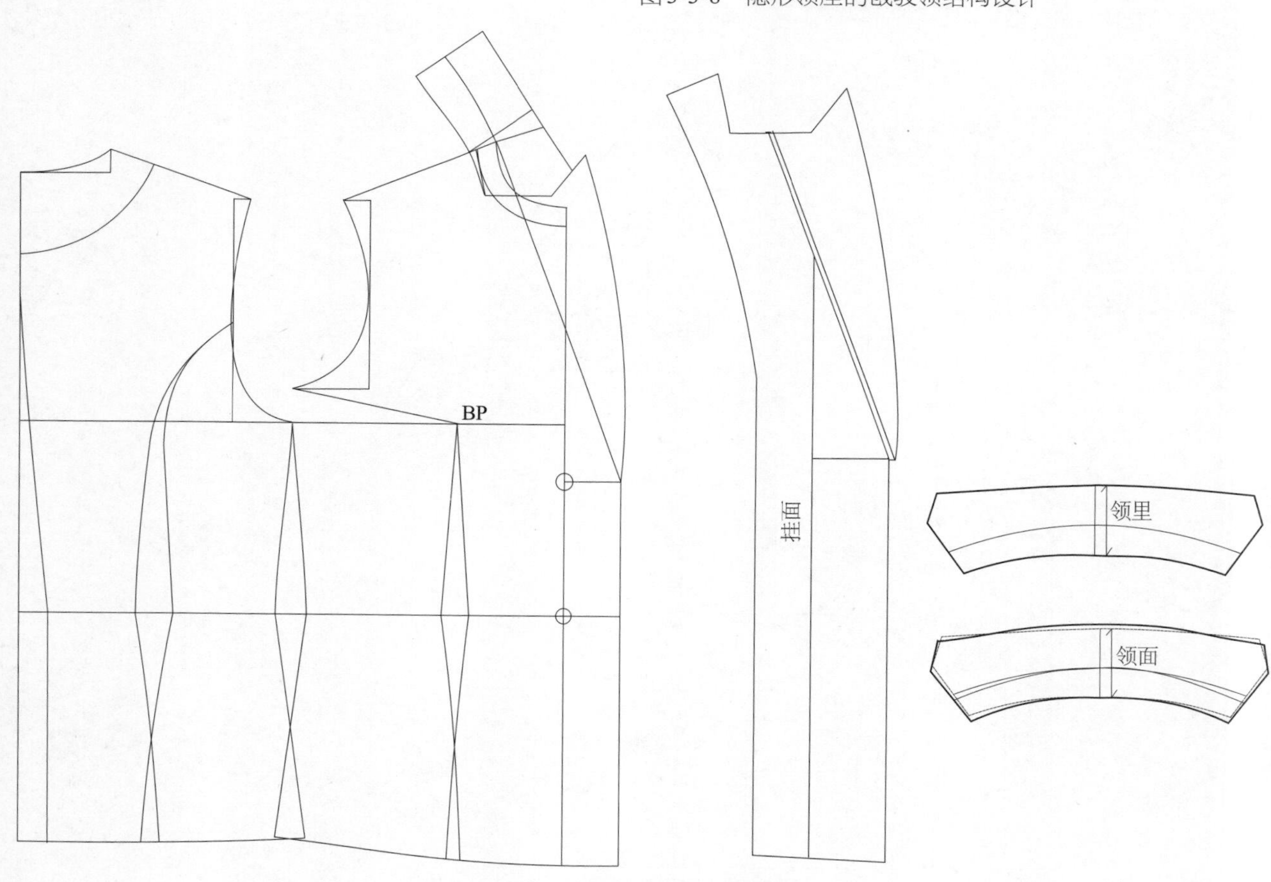

图3-3-9　戗驳领样版制作示意图

2. 隐形领座的戗驳领样版制作（图3-3-10）

3. 戗驳领样版放缝

在样版放缝中，绱领弧线与领口弧线相一致，放缝0.6 cm，衣身底边放缝3 cm，其余部位均放缝1 cm。见图3-3-11。

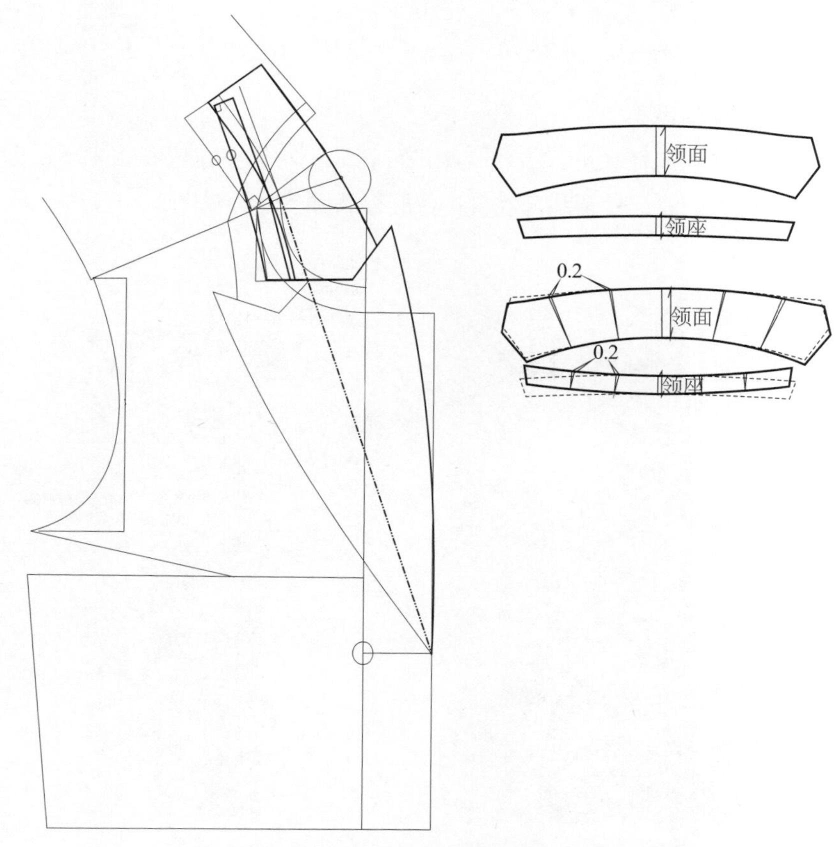

图3-3-10　隐形领座的戗驳领样版制作示意图

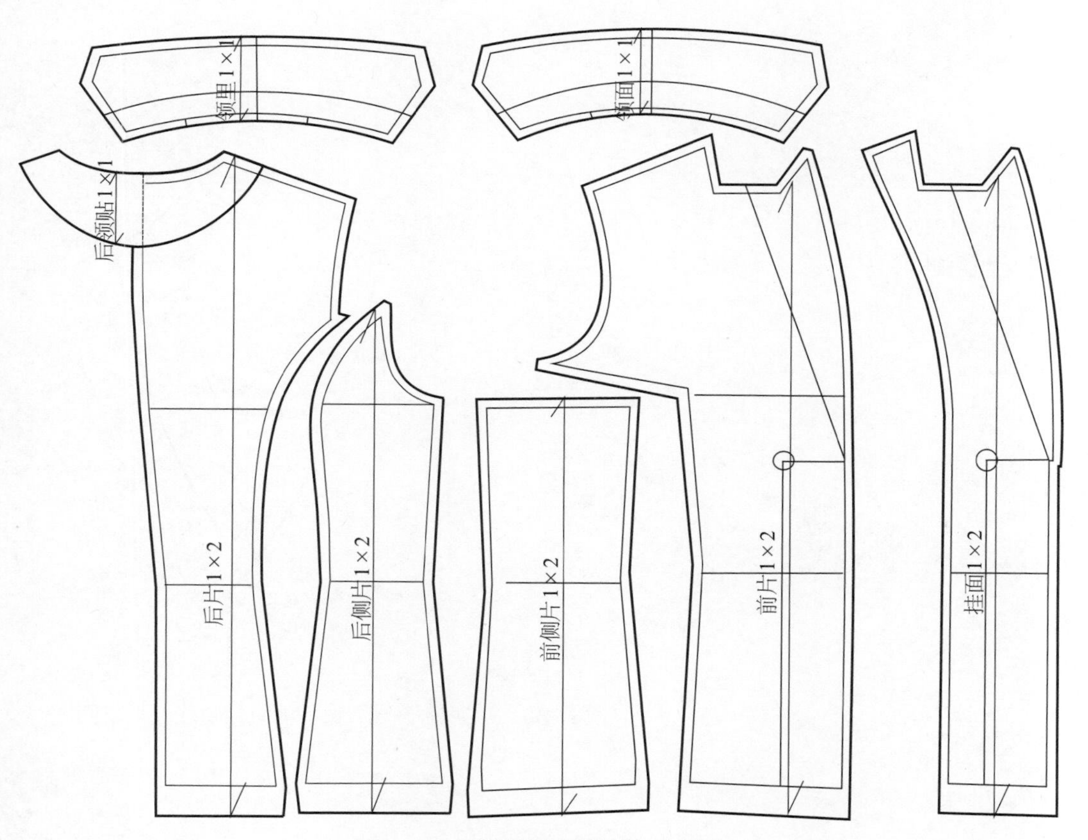

图3-3-11　戗驳领样版放缝示意图

4. 戗驳领3D试衣

根据戗驳领样版进行工艺缝制试样，从不同角度看成衣效果。正面，衣身采用戗驳领双排扣设计，领角向上；侧面，驳领贴合衣身；背面，后领伏贴。见图3-3-12。

（a）正面

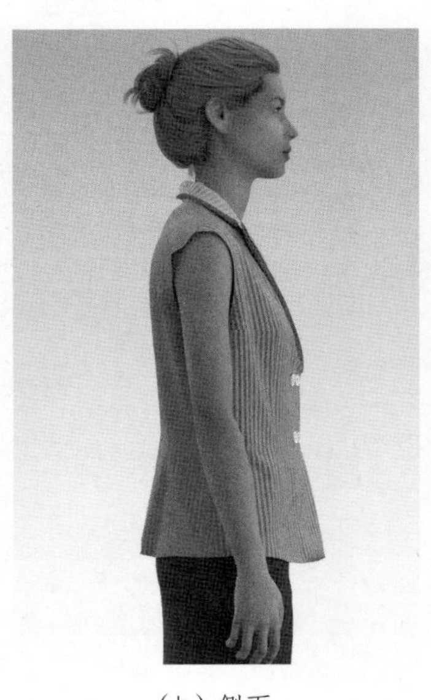

（b）侧面

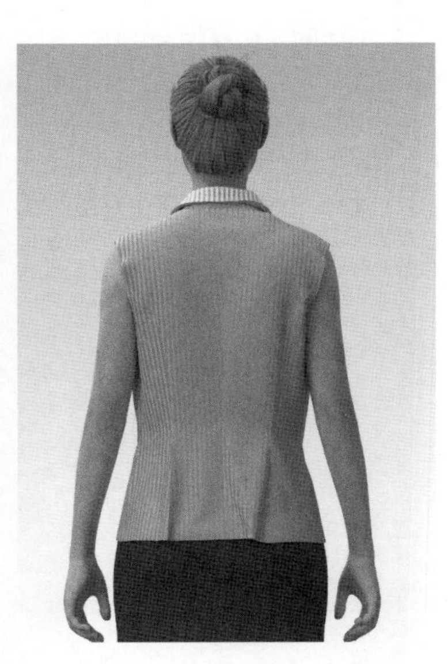

（c）背面

图3-3-12　戗驳领试衣效果

（五）实践题

按照图3-3-13所示的款式图设计规格尺寸，绘制戗驳领的结构。

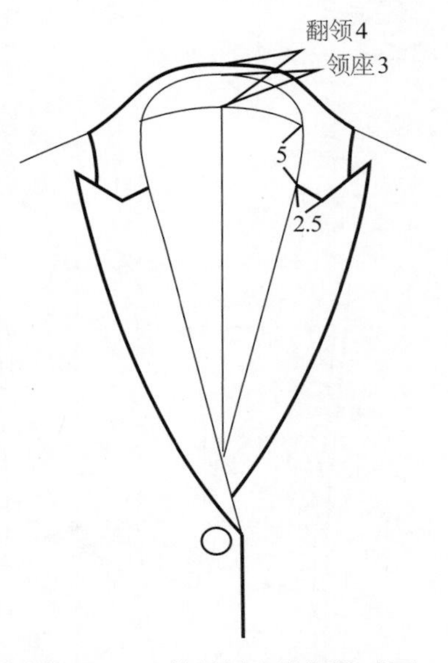

图3-3-13　戗驳领实践题款式图

模块二　连衣裙制版

单元四　连衣裙衣身制版

一、连衣裙衣身基本型制版

（一）连衣裙衣身基本型款式分析

1. 连衣裙衣身基本型款式图（图4-1-1）

（a）前身　　（b）后身

图4-1-1　连衣裙衣身基本型款式图

2. 款式特点

连衣裙衣身基本款前身中心相连，有腋下省和腰省，后身中心线相连，有腰省，右侧装隐形拉链。

视频4-1
连衣裙衣身基本型制版

（二）连衣裙衣身基本型规格尺寸设计（表4-1-1）

表4-1-1　165/84A连衣裙衣身基本型规格尺寸表

单位：cm

长度尺寸		围度尺寸	
胸省量（X）	3	胸围（B）	90
后领深	2	后领宽	B/20+3
后腰节长	37	前领宽和前领深	后领宽−0.5
腰至臀长	20	后背宽	1.5B/10+3.5
臀至裙底边	35	冲肩量	1.5
袖窿深	B/4−1.5	前、后胸围	B/4 ± 1
前片上抬量	0.5	腰围（W）	72
前片降低量	0.5	后胸宽−前胸宽	1.2 ～ 1.4
落肩量辅助直角边长	15:5.5和15:6.3	后小肩−前小肩	0.5
BP点高	（号＋型）/10	BP点宽	B/10−0.5

（三）连衣裙衣身基本型框架图

根据规格尺寸表，绘制165/84A号型连衣裙衣身基本型框架。见图4-1-2。

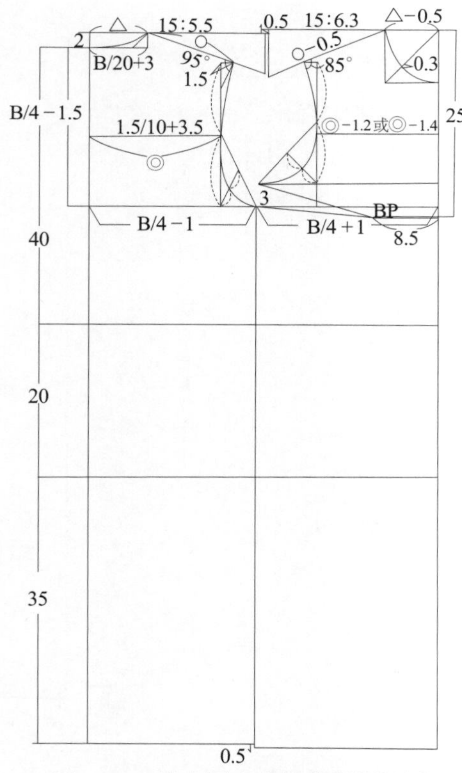

图4-1-2　连衣裙衣身基本型框架图

（四）连衣裙衣身基本型结构设计

（1）根据连衣裙基本型款式图，将框架图胸省转移至腋下省。按胸腰差合理分配腰省量。见图4-1-3。

（2）根据款式设计连衣裙基本型无领的造型。无领结构设计时，领口宽与领口深的变化呈反比例关系，因此领口开宽大于领口开深。无袖结构设计时，袖窿深与袖窿宽的变化呈反比例关系，因袖窿开宽，胸围线上提2 cm。调整胸省省尖位置，距离省尖4 cm处重新连接新的省道。见图4-1-4。

（3）根据腰省量与臀围线的交点延长下摆线，形成自然的下摆量。注意底摆与下摆相交作直角，保持侧缝线长度一致。见图4-1-5。

（4）在连衣裙衣身基本型结构设计基础上，绘制连衣裙衣身基本型轮廓。见图4-1-6。

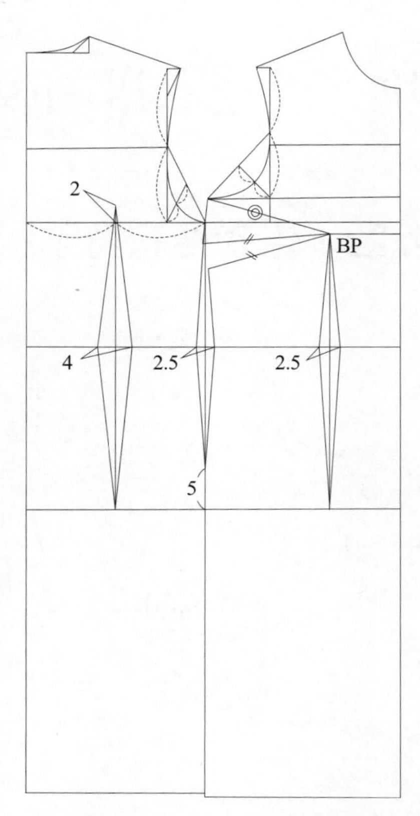

图4-1-3　连衣裙衣身基本型结构设计步骤一

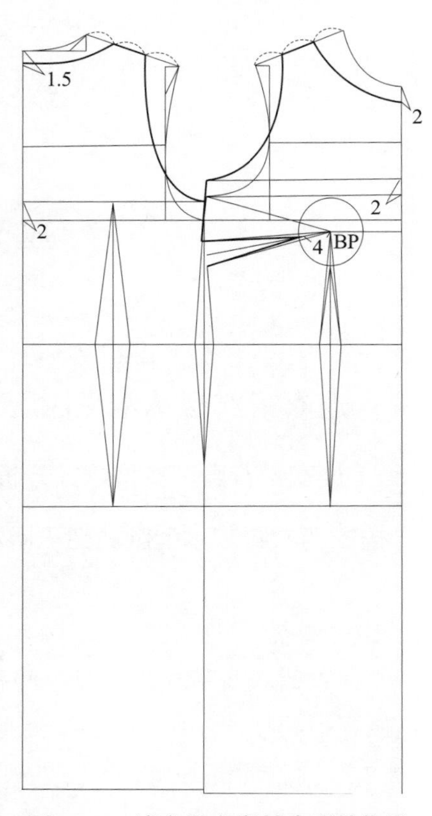

图4-1-4　连衣裙衣身基本型结构设计步骤二

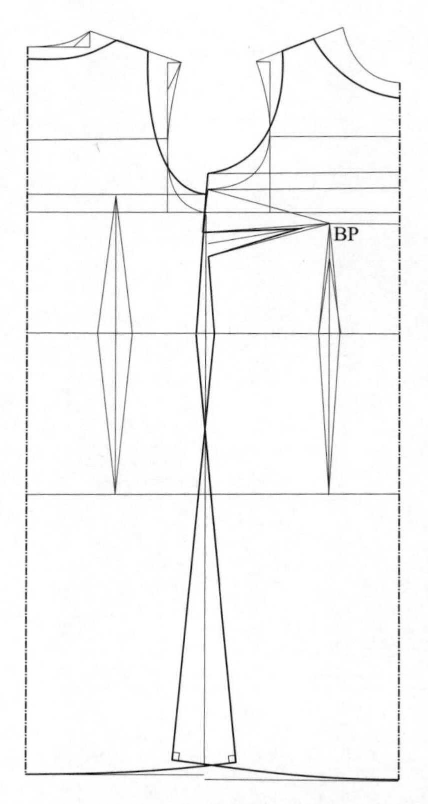

图4-1-5　连衣裙衣身基本型结构设计步骤三

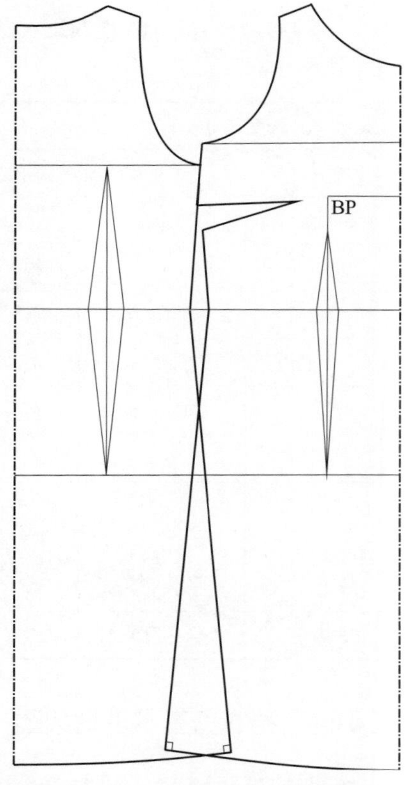

图4-1-6　连衣裙衣身基本型结构设计步骤四

（五）连衣裙衣身基本型试衣效果

1. 连衣裙衣身基本型展开

前、后裙片沿中心展开，在此基础上绘制前、后领口与袖窿贴片。见图4-1-7。

2. 连衣裙衣身基本型样版放缝

在样版放缝中，前、后中心线保持连折，底边放缝3 ~ 3.5 cm，领口放缝0.6 cm，袖窿放缝0.8 cm，其余部位均放缝1 cm。见图4-1-8。

3. 连衣裙衣身基本型3D试衣

根据连衣裙衣身基本型样版进行工艺缝制试样，从不同角度看成衣效果。连衣裙衣身基本型前身呈现收胸省和腰省的合体效果，侧身呈现前、后衣身平衡效果，后身呈现收后腰省的合体效果。见图4-1-9。

（六）实践题

根据穿着者的人体尺寸，设计连衣裙衣身基本型的规格尺寸。在此基础上，按照图4-1-10所示款式图进行结构设计。

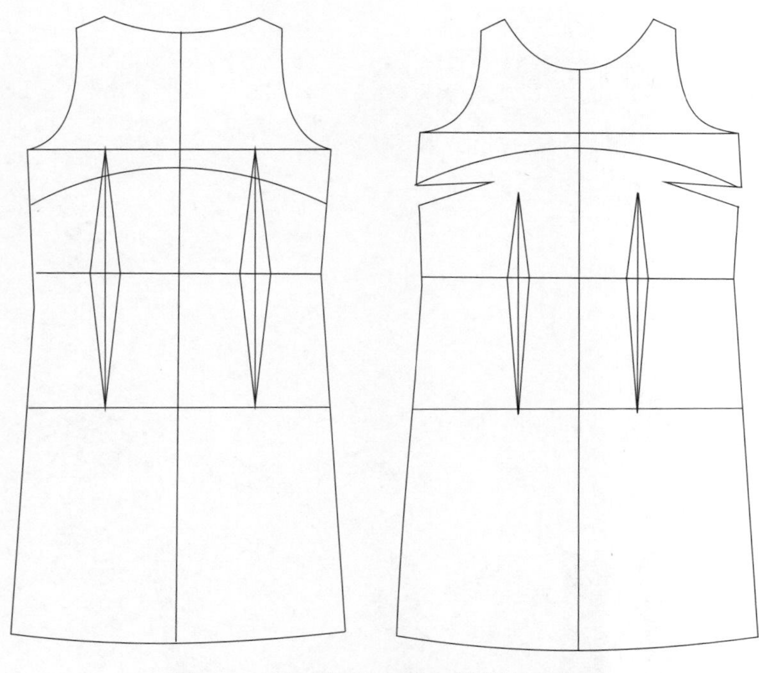

图4-1-7　连衣裙衣身基本型贴片示意图

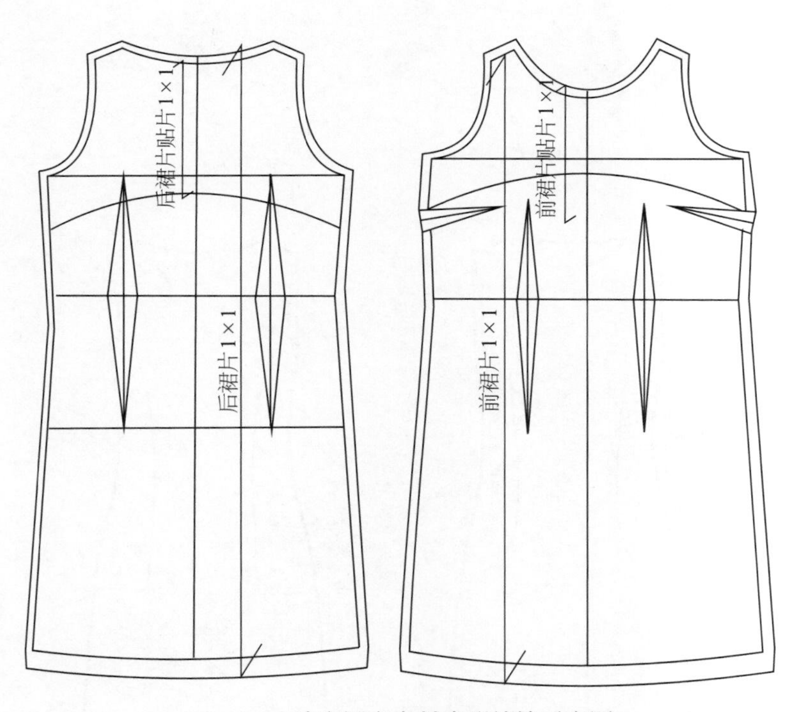

图4-1-8　连衣裙衣身基本型放缝示意图

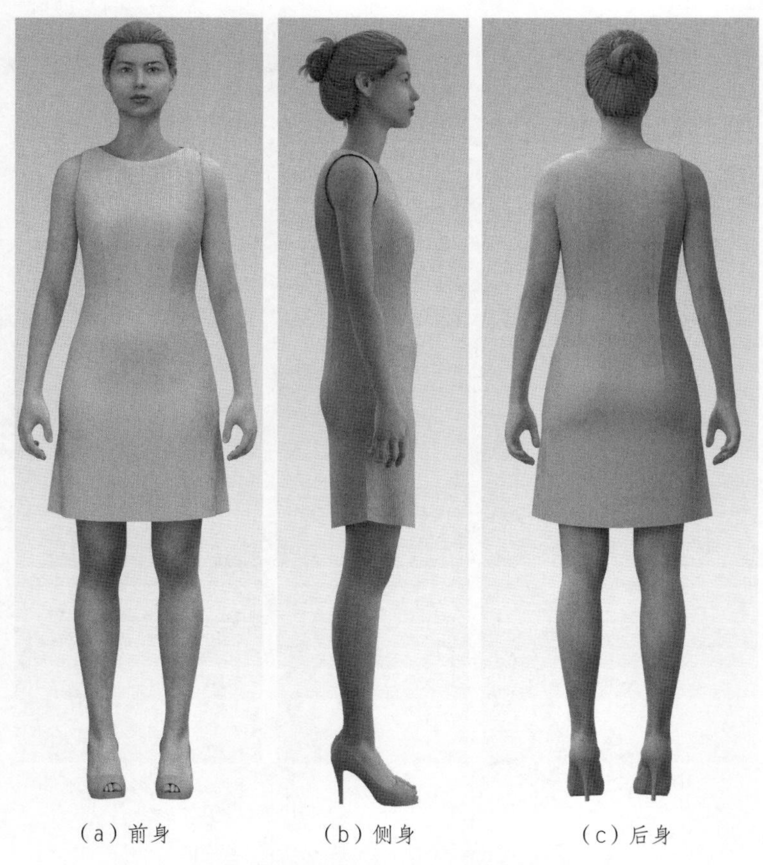

（a）前身　（b）侧身　（c）后身

图4-1-9　连衣裙衣身基本型试衣效果

（a）前身　（b）后身

图4-1-10　连衣裙衣身基本型实践题款式图

二、连衣裙衣身变化型制版

（一）连衣裙衣身变化型款式分析

1. 连衣裙衣身变化型款式图（图4-2-1）

2. 款式特点

连衣裙衣身变化款属于断腰式连衣裙，前身有变化褶裥，后身收腰省，右侧装隐形拉链。

（二）连衣裙衣身变化型结构设计

（1）在连衣裙衣身基本型的基础上绘制衣身变化型连衣裙款式，在基本型腰围线处断开处理，将胸省转移到腰省。见图4-2-2。

视频4-2
连衣裙衣身变化型
制版

（2）根据款式图在前裙片基本型的基础上设计褶裥的位置。在设计褶裥的起点与止点时，与省道建立联系，根据褶裥数量及位置，分配省量的大小。见图4-2-3。

（3）将不对称前衣片的省，按顺序转移到不同的褶裥处。见图4-2-4。

（4）将对称前衣片的腰省量都转移为腋下省，完成对称前衣片。见图4-2-5。

（5）将半身裙子的腰省量转移到褶裥处，完成半身裙结构设计。见图4-2-6。

（6）将后裙片在腰围处断开，下摆处略收摆量。见图4-2-7。

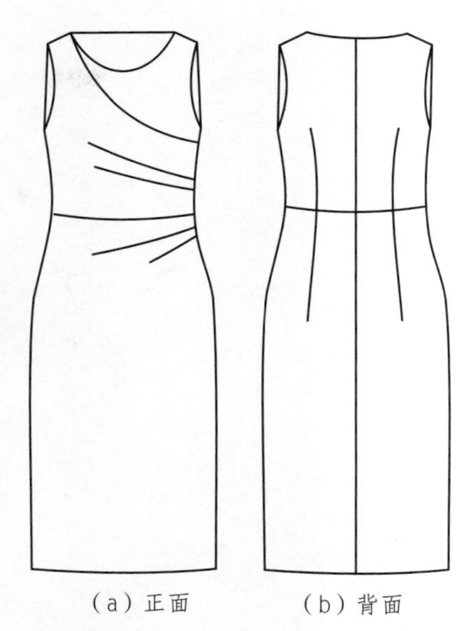

图4-2-1　连衣裙衣身变化型款式图

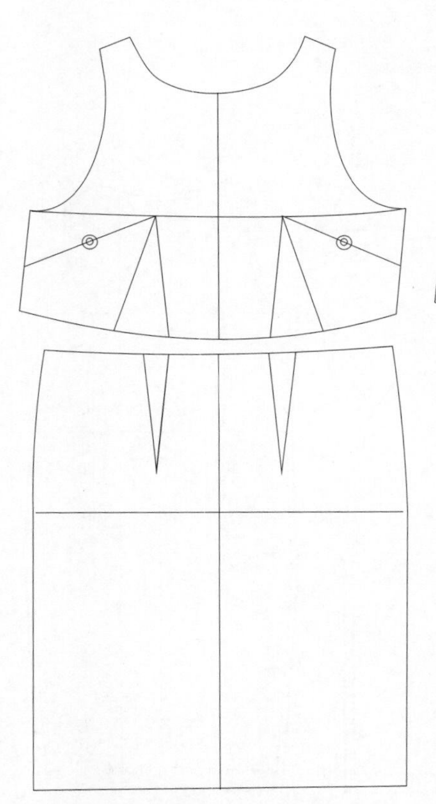
图4-2-2　连衣裙衣身变化型步骤一

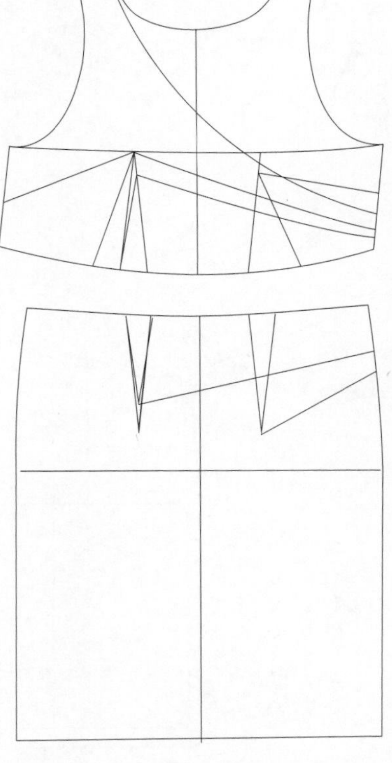
图4-2-3　连衣裙衣身变化型步骤二

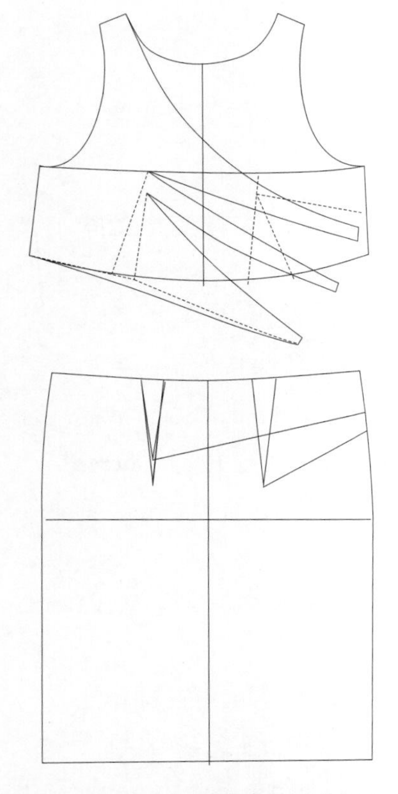
图4-2-4　连衣裙衣身变化型步骤三

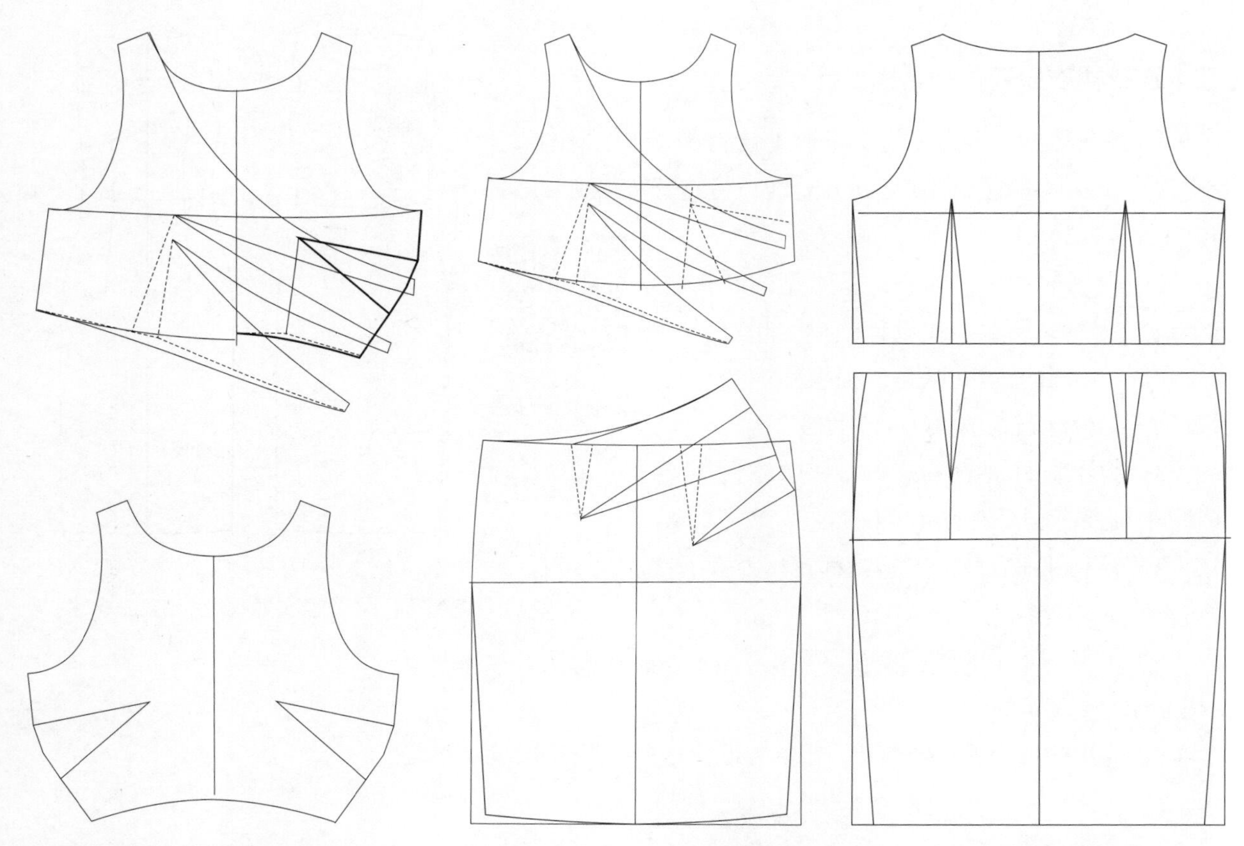

图4-2-5　连衣裙衣身变化型步骤四　图4-2-6　连衣裙衣身变化型步骤五　图4-2-7　连衣裙衣身变化型步骤六

（三）连衣裙衣身变化型试衣效果

1. 连衣裙衣身变化型样版放缝

在样版放缝中，前、后中心线保持连折，底边放缝3 ~ 3.5 cm，领口放缝0.6 cm，袖窿放缝0.8 cm，其余部位均放缝1 cm。见图4-2-8。

2. 连衣裙衣身变化型3D试衣

根据连衣裙衣身变化型样版进行工艺缝制试样，从不同角度看成衣效果。

图4-2-8　连衣裙衣身变化型放缝示意图

连衣裙衣身变化型前身为断腰式造型，衣身分两层，前身呈现不对称褶裥，裙身设计不对称褶裥；侧身呈现人体曲率造型；后身断腰处收腰省。见图4-2-9。

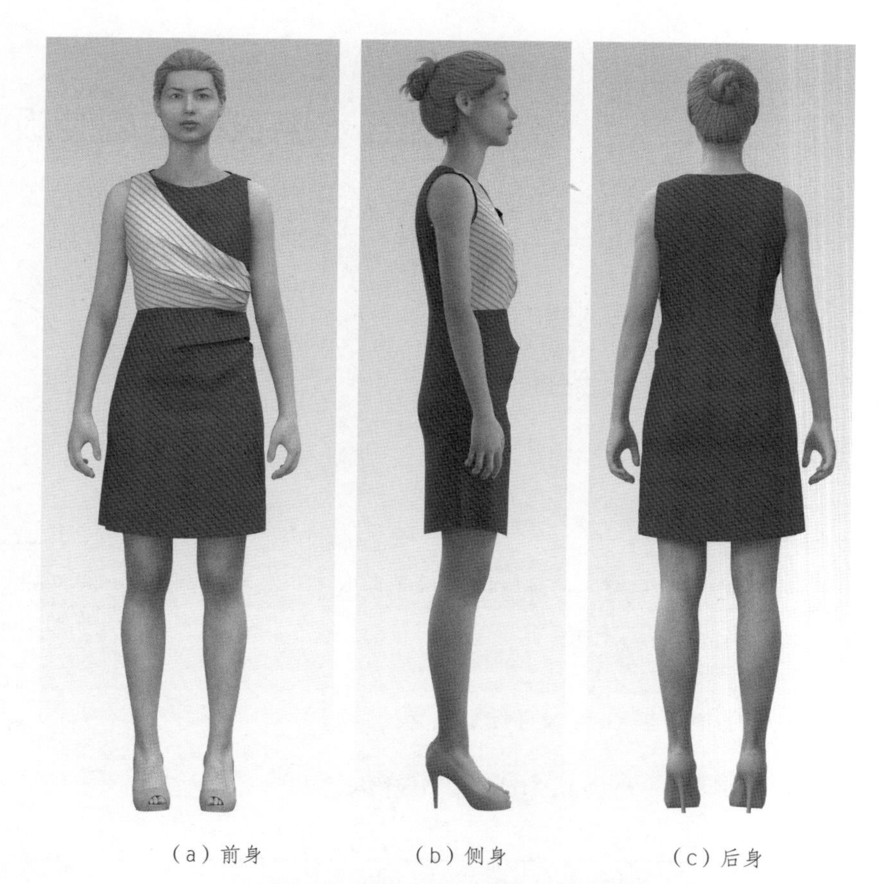

（a）前身　（b）侧身　（c）后身

图4-2-9　连衣裙衣身变化型试衣效果

（四）实践题

根据穿着者的人体尺寸，设计连衣裙衣身变化型的规格尺寸。在此基础上，按照图4-2-10所示的款式图进行结构设计。

（a）前身　（b）后身

图4-2-10　连衣裙衣身变化型实践题款式图

单元五　连衣裙袖型制版

一、短袖基本型制版

（一）短袖基本型款式分析

1. 短袖基本型款式图（图5-1-1）

视频5-1
短袖基本型制版

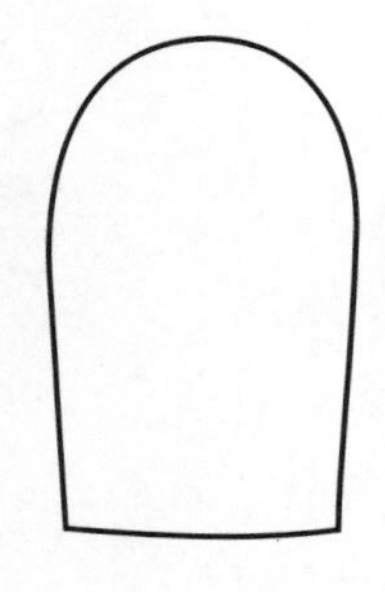

（a）前袖

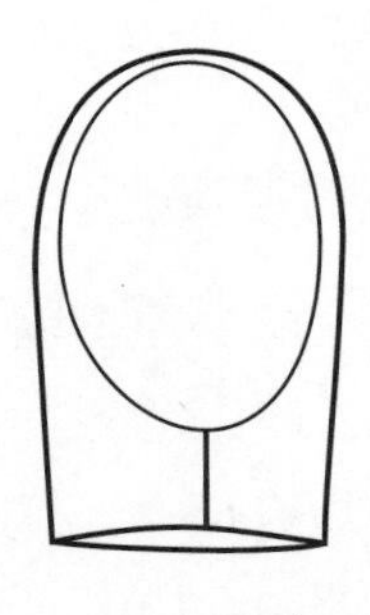

（b）后袖

图5-1-1　短袖基本型款式图

2. 款式特点

短袖基本型属于一片袖结构，袖口处略收，袖山处吃势均匀饱满。

（二）短袖基本型规格尺寸设计（表5-1-1）

表5-1-1　165/84A短袖基本型规格尺寸表

单位：cm

长度尺寸		围度尺寸	
臂长	52	臂围	27
袖肘长（EL）	32	胸围（B）	90
袖长（SL）	24	胸省量（X）	3
袖窿深平均值（D）	17.5	袖窿弧线（AH）	42
袖山高（SH）	14.5（吃势为1）	袖窿宽（R）	12
袖山斜线（L）	20.5（吃势为1）	袖肥（SW）	30①
—	—	袖口（CW）	27

注：袖子吃势量根据款式、面料、工艺等因素决定，短袖采用常用量1～1.5 cm。
　① 此处连衣裙基本型胸围松量为6 cm。

（三）短袖基本型框架图

（1）在连衣裙基本型基础上配置短袖基本型。见图5-1-2。

（2）根据袖窿尺寸及短袖规格尺寸设计框架。见图5-1-3。

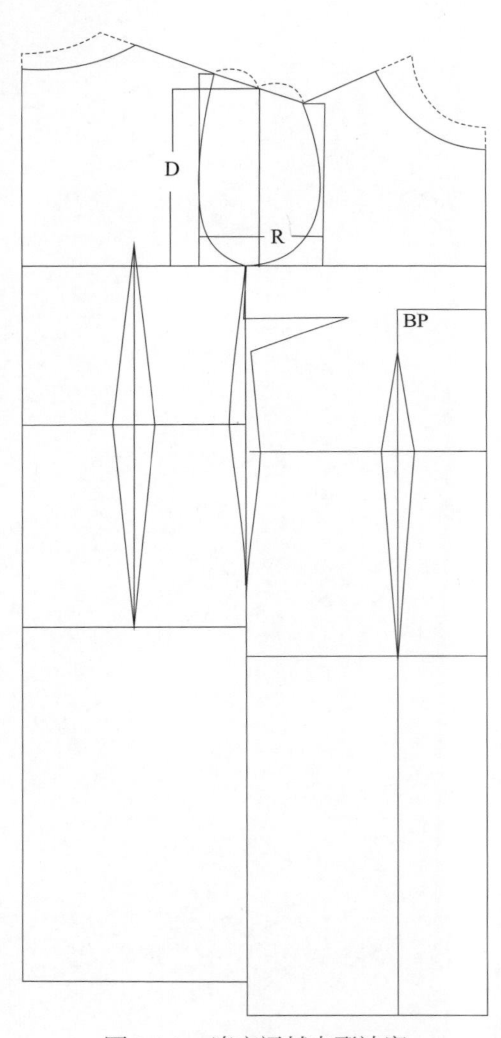

图5-1-2　连衣裙基本型袖窿

（四）短袖基本型结构设计

（1）在短袖基本型框架图基础上，作袖山弧线辅助线。见图5-1-4。

（2）依据袖山辅助线绘制袖山弧线。见图5-1-5。

（3）根据袖口尺寸绘制袖口线。见图5-1-6。

（4）校对袖山弧线与袖窿弧线的袖底吻合度及袖山吃势量。见图5-1-7。

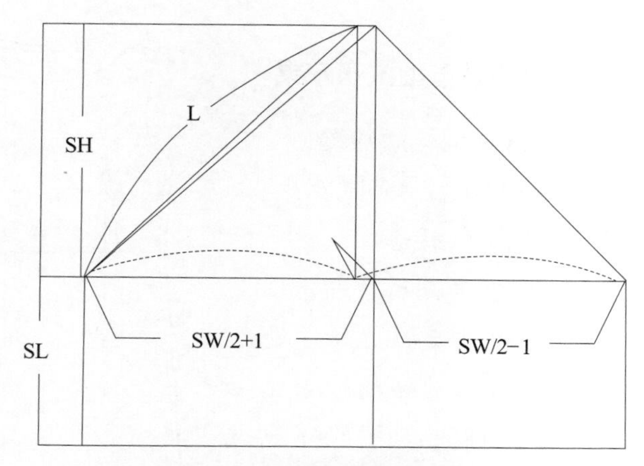

图5-1-3　短袖基本型框架图

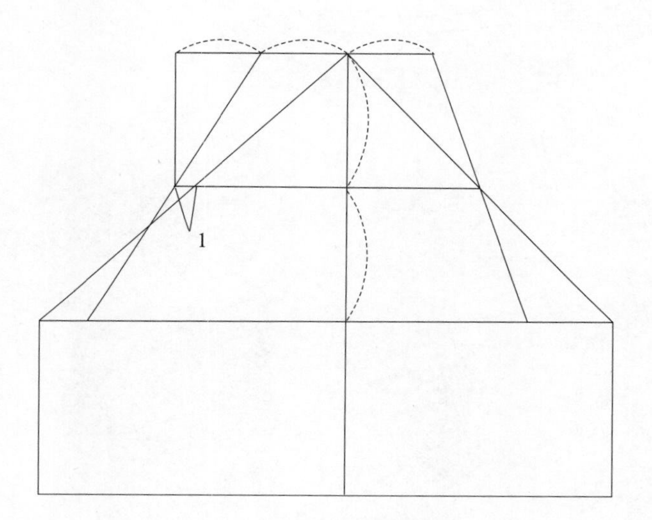

图5-1-4　短袖基本型结构设计步骤一

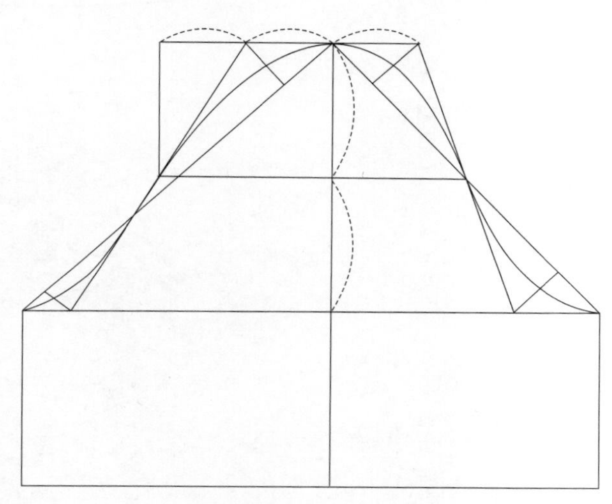
图5-1-5　短袖基本型结构设计步骤二

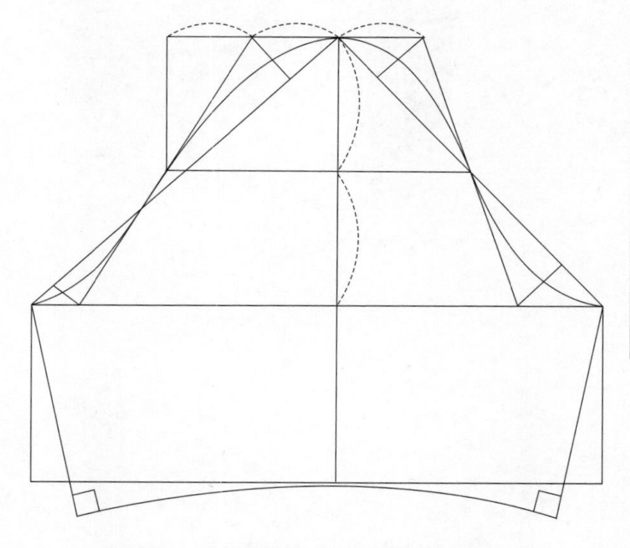
图5-1-6　短袖基本型结构设计步骤三

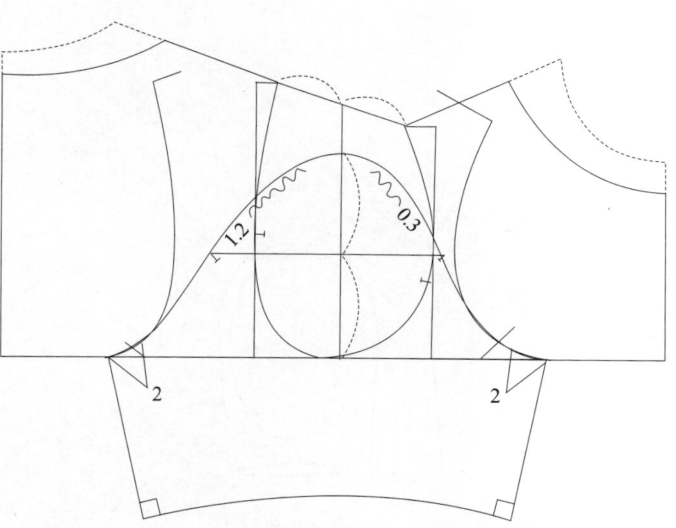

图5-1-7　短袖基本型结构设计步骤四

（五）短袖基本型试衣效果

1. 短袖基本型样版放缝

此处样版放缝包括衣身。袖口处呈弧线状态，放缝不宜过大。参考面料性能，袖口处放缝1 ~ 2 cm，领口处放缝0.6 cm，袖窿及袖山弧线处放缝0.8 cm。裙底摆放缝2 ~ 3 cm。其余部位均放缝1 cm。见图5-1-8。

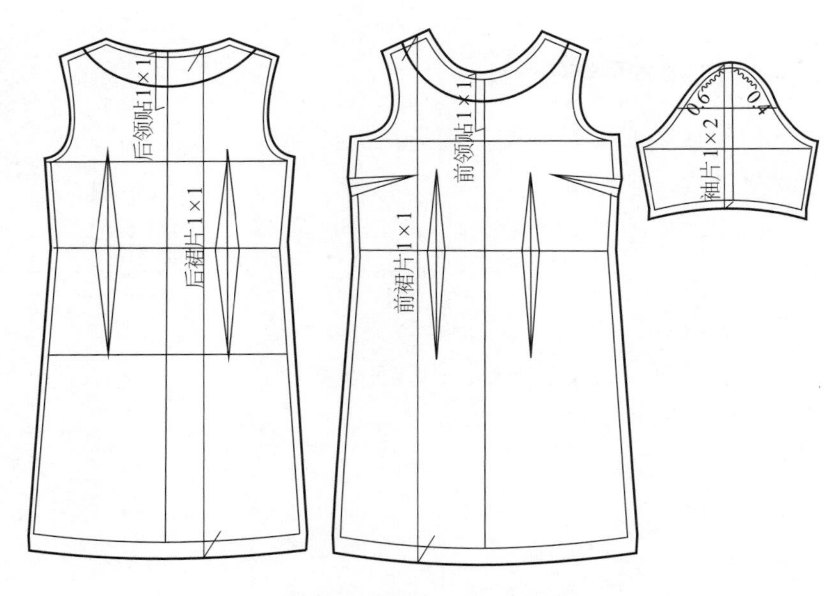

图5-1-8　短袖基本型放缝示意图

2. 短袖基本型3D试衣

根据短袖基本型样版进行工艺缝制试样，从不同角度看成衣效果。短袖基本型正面袖子角度适宜，侧面袖口呈倾斜状态，背面袖山吃势饱满。见图5-1-9。

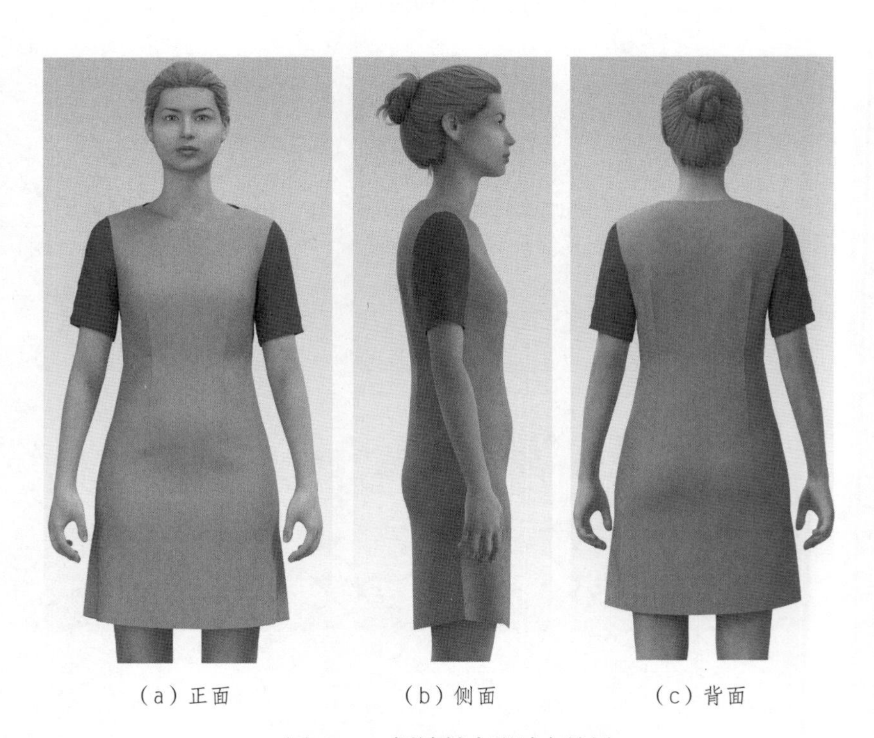

（a）正面　（b）侧面　（c）背面

图5-1-9　短袖基本型试衣效果

（六）实践题

根据165/84A号型规格尺寸，参考图5-1-10所示的款式图绘制短袖基本型结构。

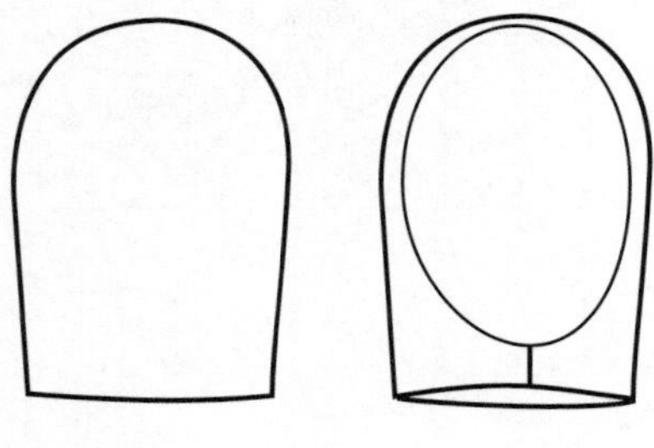

（a）前袖　（b）后袖

图5-1-10　短袖基本型实践题款式图

二、短袖袖山变化制版

（一）短袖袖山变化款式分析

1. 短袖袖山变化款式图（图5-2-1）

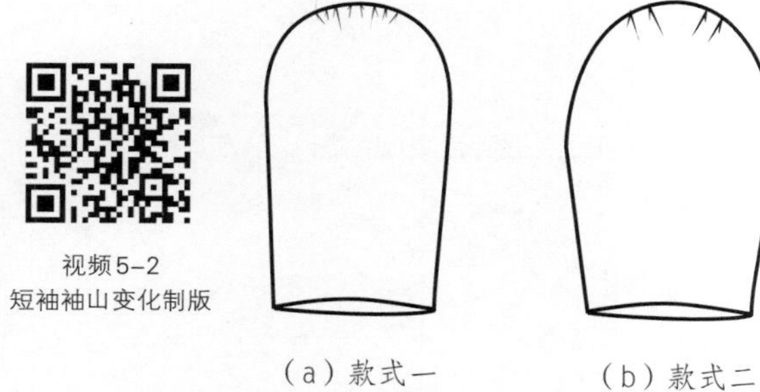

图5-2-1　短袖袖山变化款式图

2. 款式特点

短袖袖山变化款式属于泡泡袖。款式一的袖肥处比较宽松，袖山处设有褶裥。款式二的袖肥比较合体，袖山处设有褶裥。

（二）短袖袖山变化结构设计

1. 短袖袖山变化款式一结构设计

（1）在短袖基本型的结构上，进行袖山变化款式一的设计。确定袖山线与袖肥线交点，然后将交点以上部分袖山线三等分。见图5-2-2。

（2）沿袖肥线及袖山线三分之二处剪开，设计展开的抽褶量。见图5-2-3。

（3）调整展开的袖山弧线，得到袖山变化款式一的结构图。见图5-2-4。

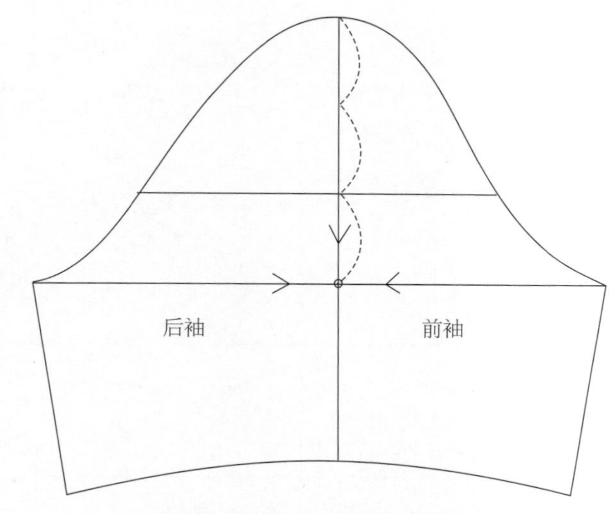

图5-2-2　袖山变化款式一结构设计步骤一

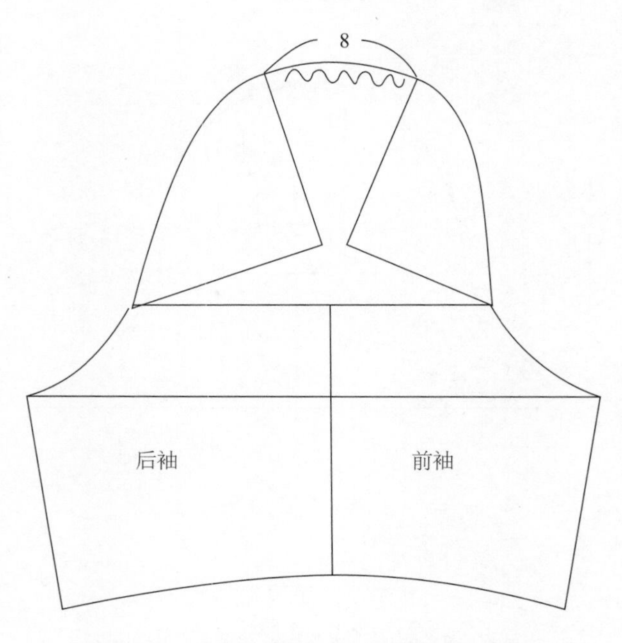

图5-2-3　袖山变化款式一结构设计步骤二

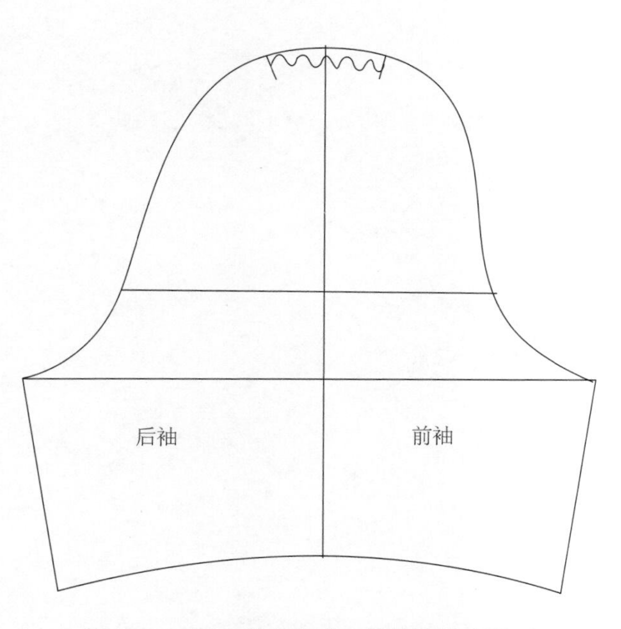

图5-2-4　袖山变化款式一结构设计步骤三

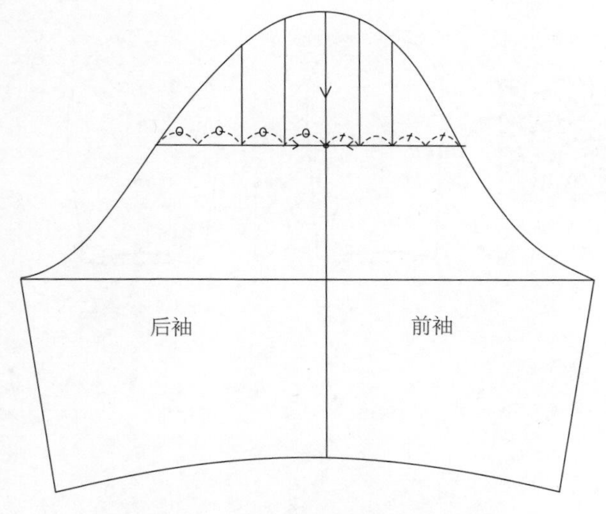

图5-2-5　袖山变化款式二结构设计步骤一

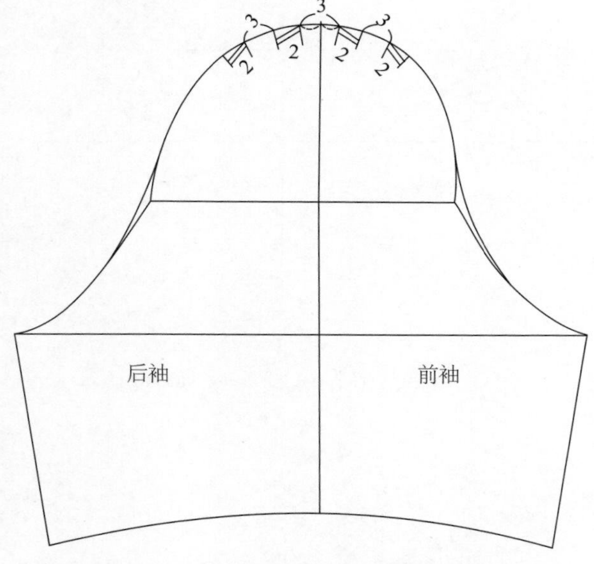

图5-2-6　袖山变化款式二结构设计步骤二

2. 短袖袖山变化款式二结构设计

（1）在短袖基本型的结构上，进行袖山变化款式二的设计。在袖山高1/2处作辅助线，设计袖山褶裥展开分割线的位置。见图5-2-5。

（2）根据分割线均匀展开袖山弧线的褶裥量，连接展开的袖山弧线。见图5-2-6。

（3）将袖山弧线调整画顺，在袖山处参考款式图，设置褶裥的省量及位置。见图5-2-7。

（三）短袖袖山变化试衣效果

1. 短袖袖山变化样版放缝

此处样版放缝包括衣身，右侧短袖为袖山变化款式一，左侧短袖为袖山变化款式二。袖口处呈弧线状态，缝份不宜过大。参考面料性能，袖口处放缝1 ～ 2 cm，领口处放缝0.6 cm，袖窿及袖山弧线处放缝0.8 cm；裙底摆放缝2 ～ 3 cm；其余部位均放缝1 cm。见图5-2-8。

2. 短袖袖山变化3D试衣

短袖袖山变化属于泡泡袖款式，根据样版进行工艺缝制试样，从不同角度看成衣效果。右侧短袖袖山变化采用抽碎褶，袖肥比较宽松，左侧短袖袖山变化采用抽褶，袖肥比较合体。见图5-2-9。

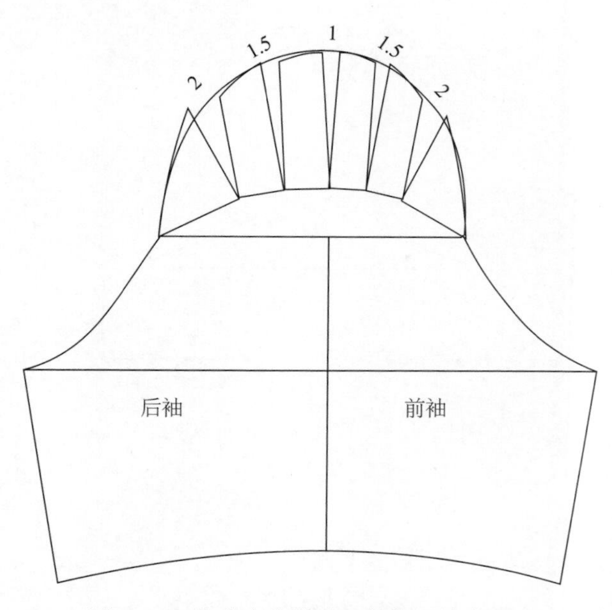

图5-2-7　袖山变化款式二结构设计步骤三

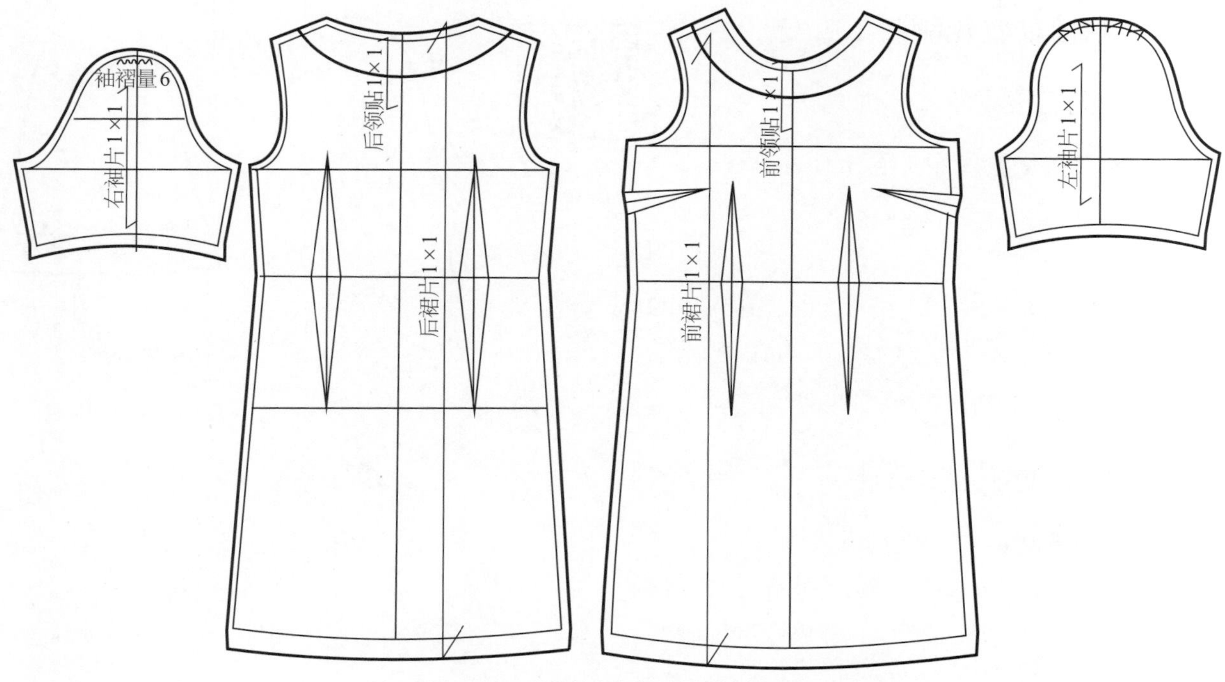

图5-2-8　短袖袖山变化放缝示意图

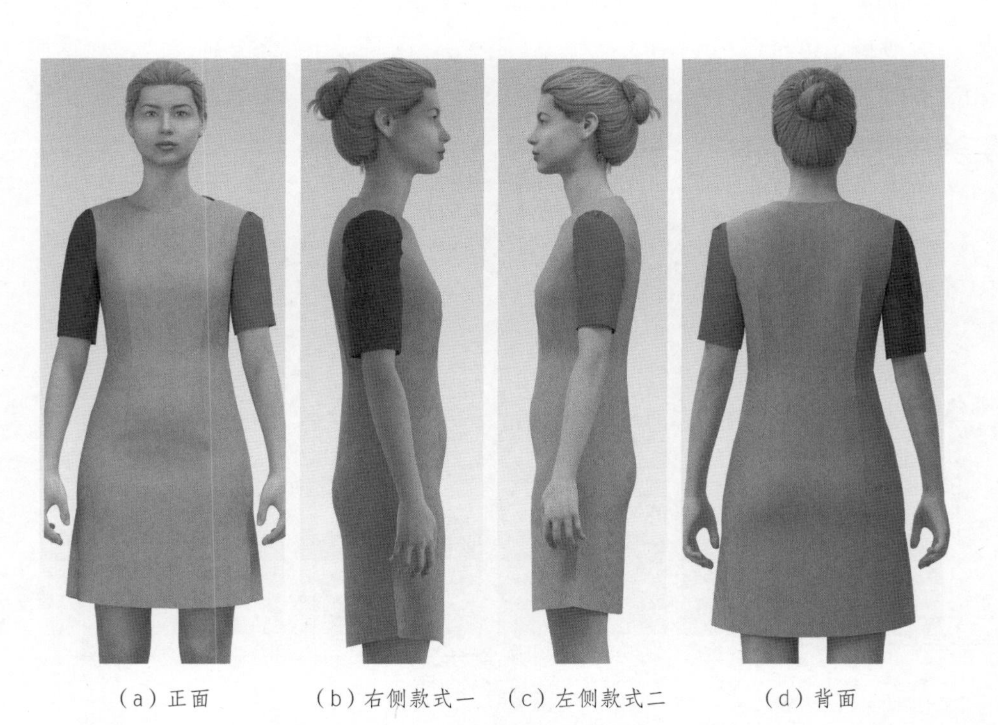

图5-2-9　短袖袖山变化试衣效果

（四）实践题

根据165/84A号型规格尺寸，参考图5-2-10所示的款式图绘制短袖袖山变化结构。

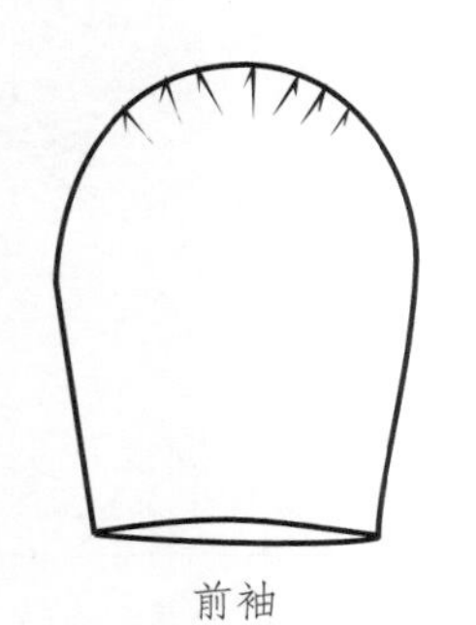

图5-2-10　短袖袖山变化实践题款式图

三、短袖袖口变化制版

（一）短袖袖口变化款式分析

视频5-3
短袖袖口变化制版

1. 短袖袖口变化款式图（图5-3-1）

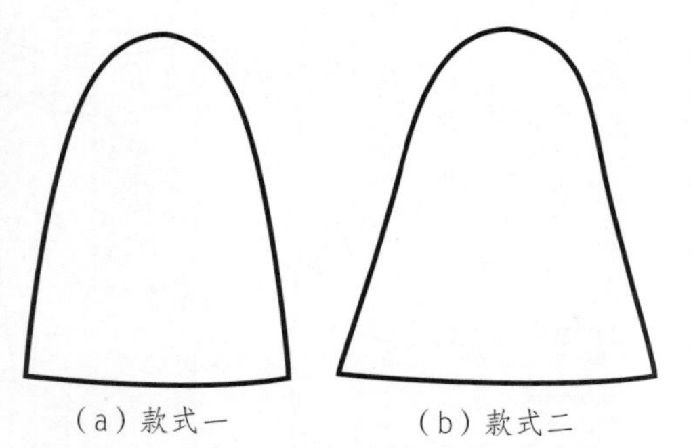
（a）款式一　（b）款式二

图5-3-1　短袖袖口变化款式图

2. 款式特点

短袖袖口变化款式属于喇叭袖。款式一的袖肥口处呈现微喇叭形态。款式二的袖肥比较宽松，袖口呈现大喇叭形态。

（二）短袖袖口变化结构设计

1. 短袖袖口变化款式一结构设计

（1）在短袖基本型的基础上进行袖口变化设计，确定袖山线与袖肥线的交点，沿袖肥线处进行展开设计袖口。见图5-3-2。

（2）袖口处展开量参考款式图及面料性能。见图5-3-3。

（3）将袖口线画顺，完成袖口变化款式一结构设计。见图5-3-4和图5-3-5。

2. 短袖袖口变化款式二结构设计

（1）在袖山高1/2处作辅助线，设计袖口展开分割线的位置。见图5-3-6。

（2）根据款式及面料性能设计袖口展开量，画顺袖口线及袖山弧线。见图5-3-7。

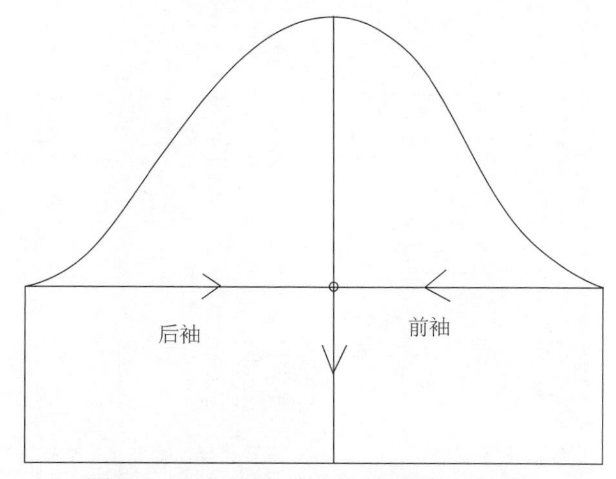

图5-3-2　袖口变化款式一结构设计步骤一

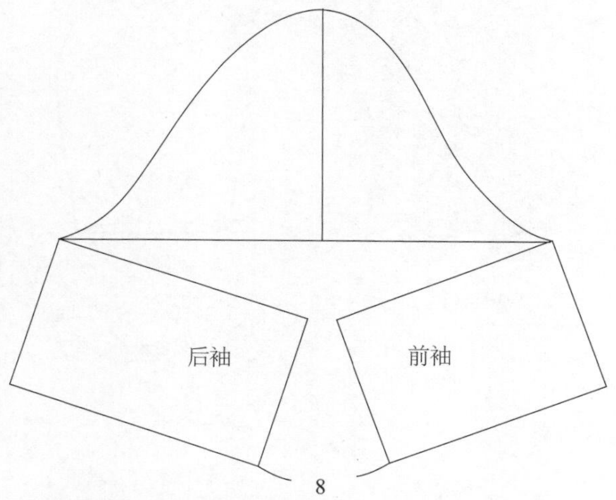

图5-3-3　袖口变化款式一结构设计步骤二

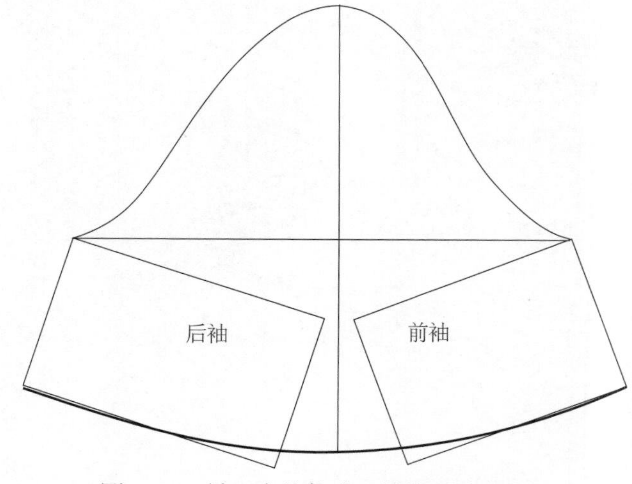

图5-3-4　袖口变化款式一结构设计步骤三

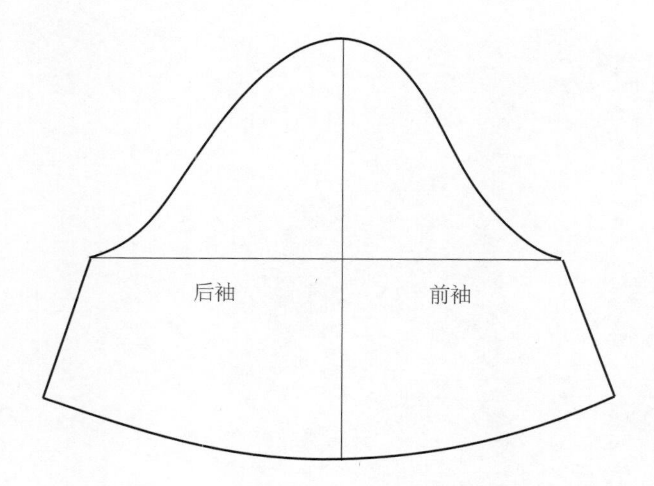

图5-3-5　袖口变化款式一结构设计步骤四

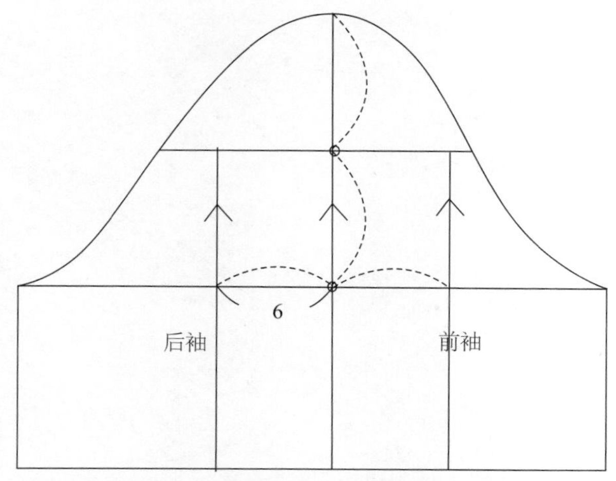

图5-3-6　袖口变化款式二结构设计步骤一

（三）短袖袖口变化试衣效果

1. 短袖袖口变化样版放缝

此处样版放缝包括衣身，右侧短袖为袖山变化款式一，左侧短袖为袖山变化款式二。袖口处呈弧线状态，放缝不宜过大。参考面料性能，袖口处放缝1 ～ 2 cm，领口处放缝0.6 cm，袖窿及袖口弧线处放缝0.8 cm；裙底摆放缝2 ～ 3 cm；其余部位均放缝1 cm。见图5-3-8。

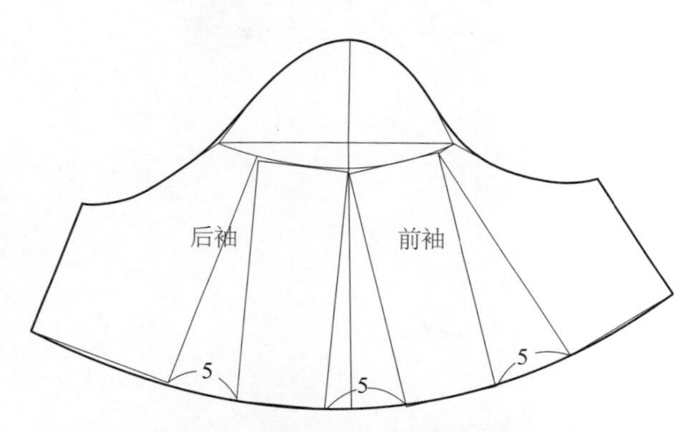

图5-3-7　袖口变化款式二结构设计步骤二

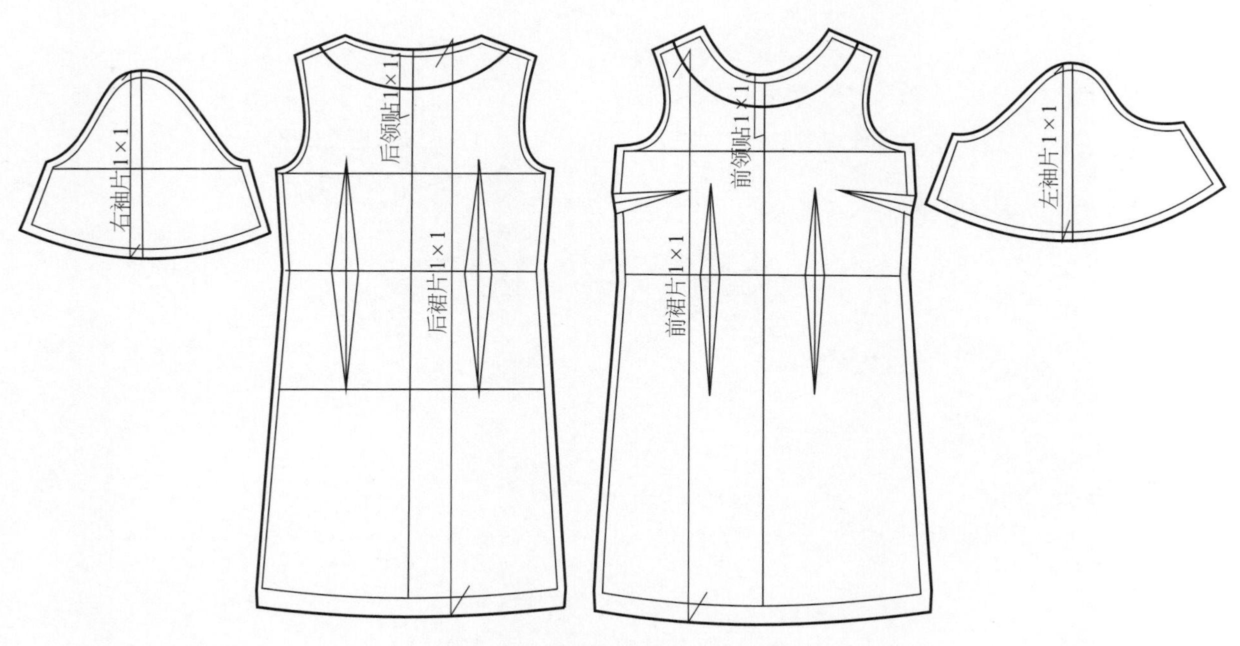

图5-3-8　短袖袖口变化放缝示意图

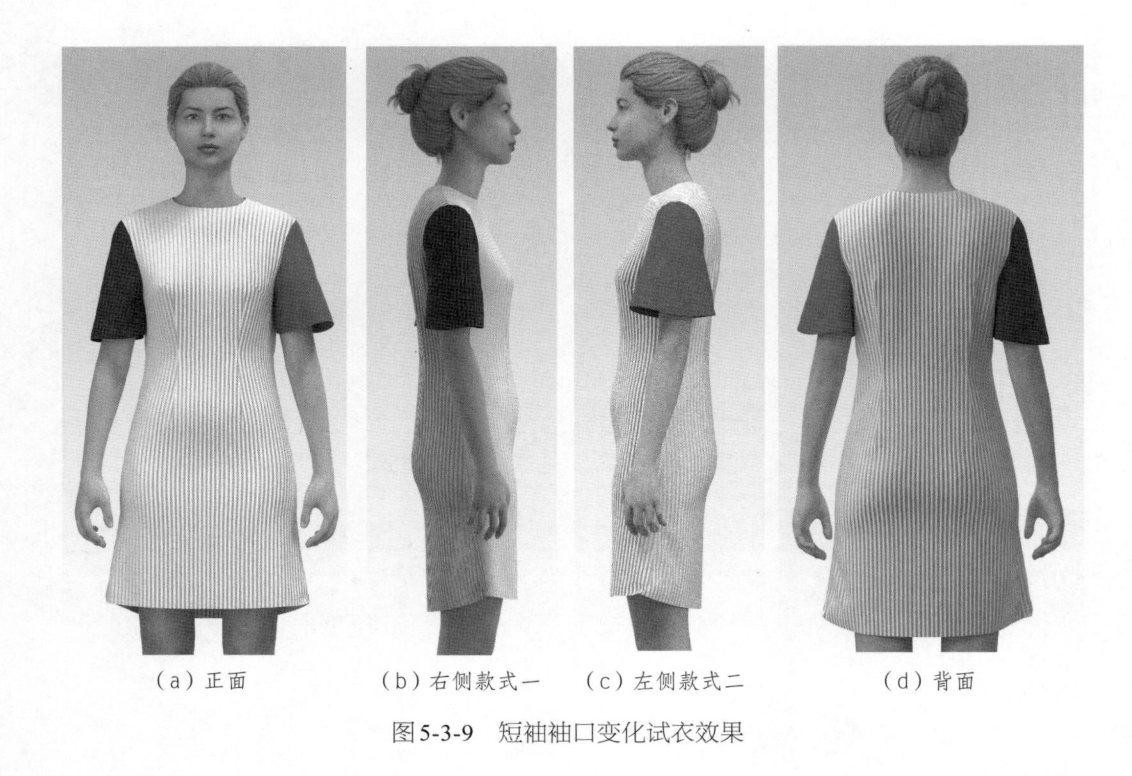

（a）正面　（b）右侧款式一　（c）左侧款式二　（d）背面

图5-3-9　短袖袖口变化试衣效果

2. 短袖袖口变化3D试衣

根据短袖袖口变化样版进行工艺缝制试样，从不同角度看成衣效果。左袖与右袖的展开量不同，呈现的喇叭状态不同。见图5-3-9。

（四）实践题

根据165/84A号型规格尺寸，参考图5-3-10所示的款式图绘制短袖袖口变化结构。

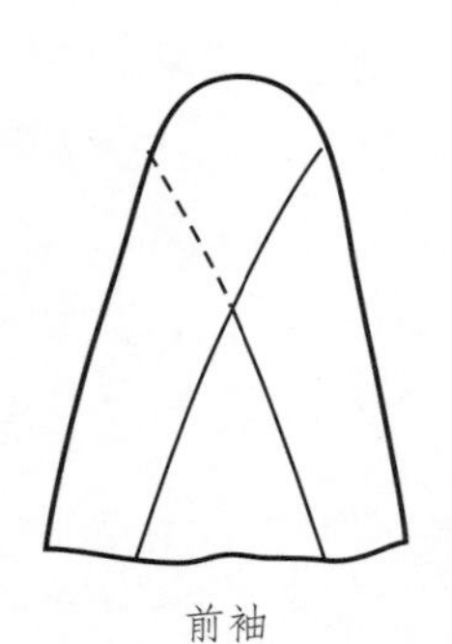

图5-3-10　短袖袖口变化实践题款式图

单元六　连衣裙领型制版

一、立领基本型制版

视频6–1
立领基本型制版

（一）立领基本型款式分析

1. 立领基本型款式图（图6–1–1）

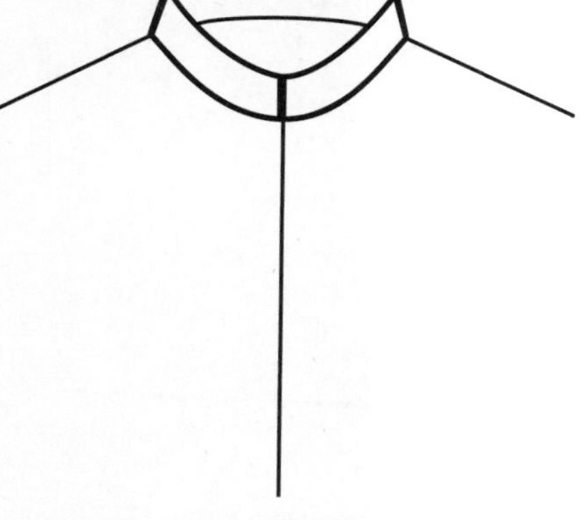
图6-1-1　立领基本型款式图

2. 款式特点

立领基本型属于关门领，领上口线小于领下口线，领子呈上小下大的形态。

（二）立领基本型线条名称（图6–1–2）

（三）立领基本型规格尺寸设计

在连衣裙衣身基本型的基础上配置立领，规格尺寸见图6-1-3和表6-1-1。

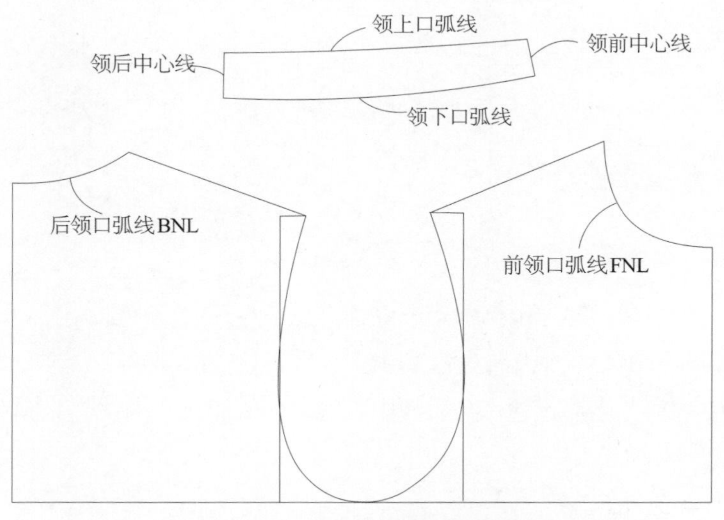

图6-1-2　立领基本型线条名称

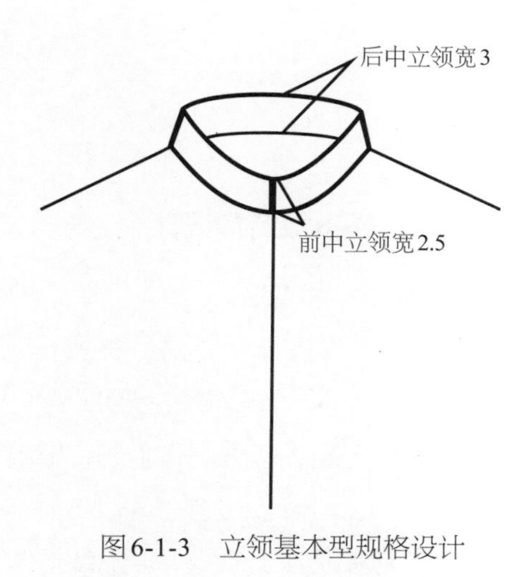

图6-1-3　立领基本型规格设计

表6–1–1　立领基本型规格尺寸表

单位：cm

号型	胸围（B）	胸省（X）	立领后中宽	立领前中宽
165/84A	90	3	3	2.5

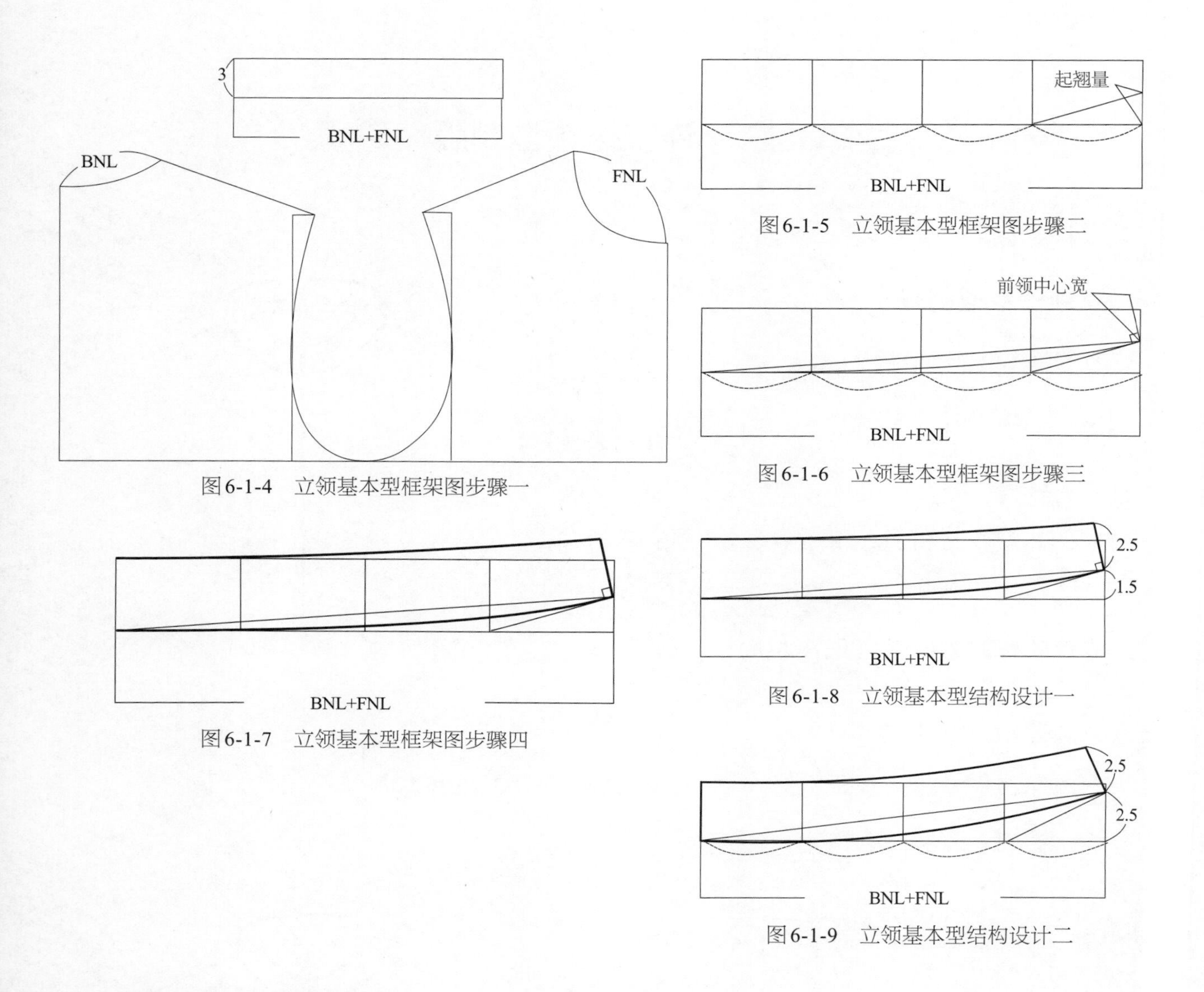

图6-1-4　立领基本型框架图步骤一

图6-1-5　立领基本型框架图步骤二

图6-1-6　立领基本型框架图步骤三

图6-1-7　立领基本型框架图步骤四

图6-1-8　立领基本型结构设计一

图6-1-9　立领基本型结构设计二

（四）立领基本型结构设计

1. 立领基本型框架图

（1）立领长等于前领弧线长加后领弧线长的和，领宽根据款式图设计。见图6-1-4。

（2）将立领长四等分，在四分之一处与前领中心线相交设置起翘量。见图6-1-5。

（3）在起翘线基础上作垂线，取前领中心宽。连接起翘点与后领中心线，作立领下口弧线。见图6-1-6。

（4）连接立领上口线，作弧线造型设计。见图6-1-7。

2. 立领基本型结构图设计

（1）立领起翘量取1.5 cm，前领中心宽取2.5 cm。见图6-1-8。

（2）立领起翘量取2.5 cm，前领中心宽取2.5 cm。见图6-1-9。

（3）分析不同起翘量与颈部贴合度的关系。将两款不同起翘量的领子放置到领口处，可以看到起翘量越大领子离人体颈部就越近，反之越远。起翘量的大小与颈部贴体度成正比关系。见图6-1-10。

（五）立领基本型试衣效果

1. 立领基本型样版放缝

此处样版放缝包括衣身，领子为起翘量1.5 cm的立领。在立领基本型样版放缝中，绱领弧线与领口弧线相一致，放缝0.6 cm，衣身底边放缝3 cm，其余部位均放缝1 cm。见图6-1-11。

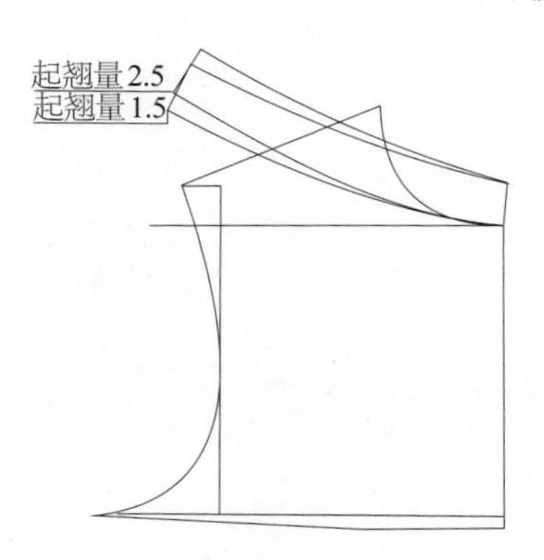

图6-1-10 立领起翘量与人体颈部的关系

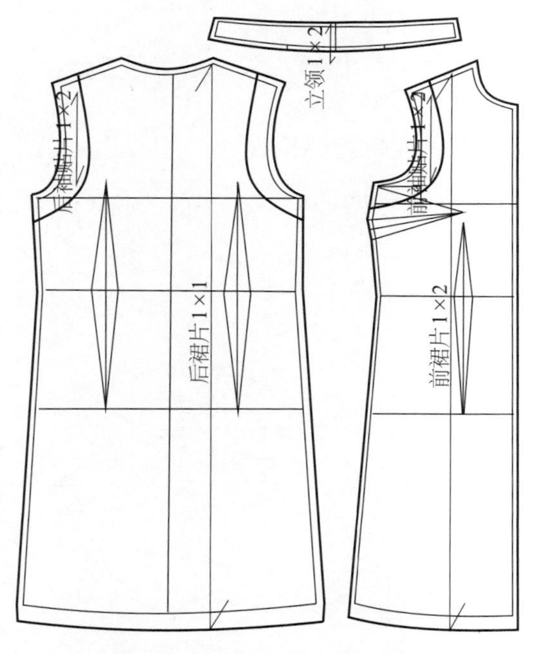

图6-1-11 立领基本型放缝示意图

2. 立领基本型3D试衣

根据立领样版进行工艺缝制试样，从不同角度看成衣效果。正面，立领领口弧线圆顺，左右对称；侧面，立领前后平衡；背面，立领领口弧线圆顺，贴合颈部。见图6-1-12。

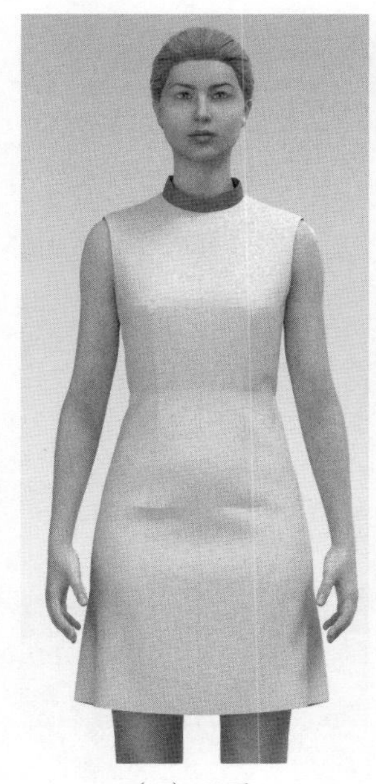

（a）正面

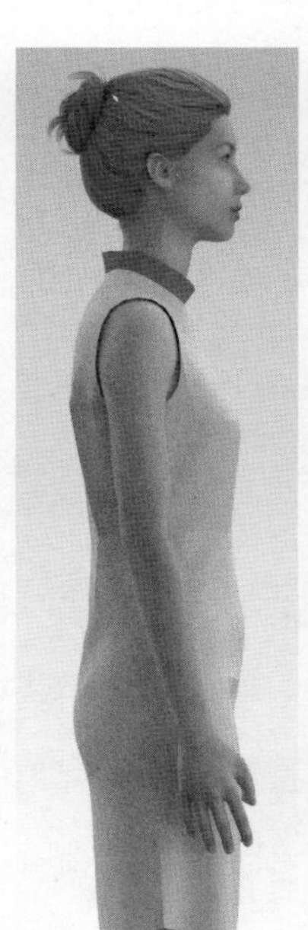

（b）侧面

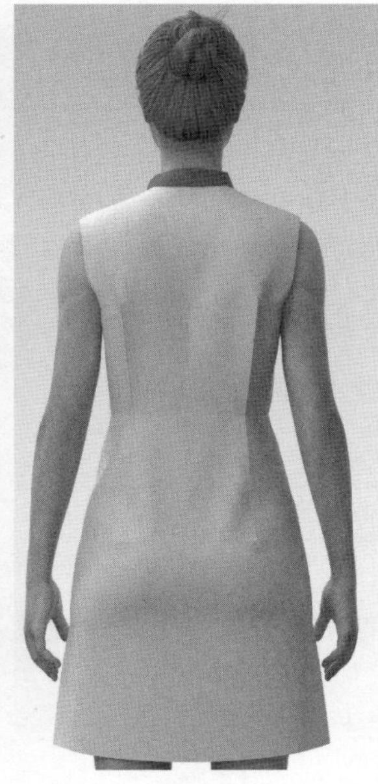

（c）背面

图6-1-12 立领基本型试衣效果

（六）实践题

根据165/84A号型规格尺寸，参考图6-1-13所示的款式图绘制立领基本型结构。

图6-1-13 立领基本型实践题款式图

二、立领变化型制版

（一）立领变化型款式分析

1. 立领变化型款式图（图6–2–1）

视频6–2
立领变化型制版

图6-2-1　立领变化型款式图

2. 款式特点

立领变化型属于连立领，将立领与方形领口分割线结构设计相结合，形成连立领造型设计。

（二）立领变化型结构设计

1. 立领变化型结构设计

（1）参照规格表6-1-1，在立领基本型结构基础上，根据款式图设计立领变化型结构。见图6-2-2。

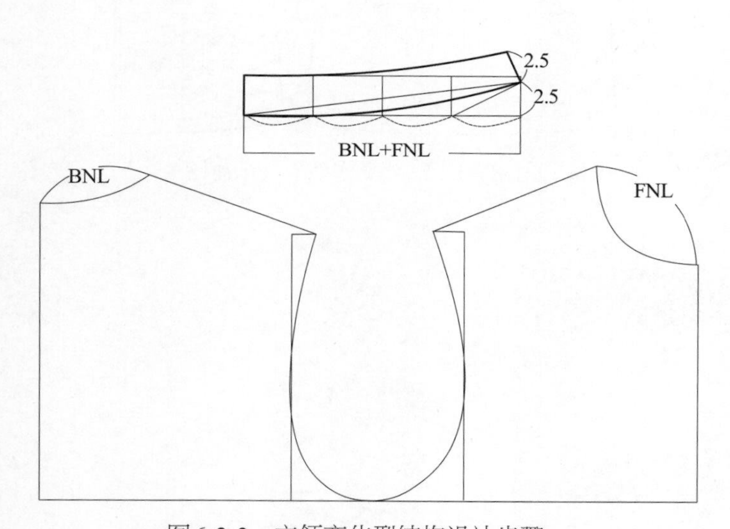

图6-2-2　立领变化型结构设计步骤一

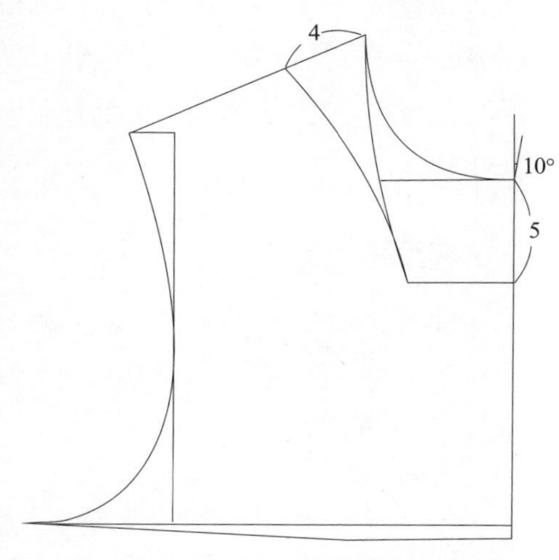

图6-2-3　立领变化型结构设计步骤二

（2）在前领口基本型的基础上，根据款式图绘制前领口的造型结构。见图6-2-3。

（3）将立领前中心线与角度线相重合，分割线与立领相交。调整好分割线与立领的结构线条。见图6-2-4。

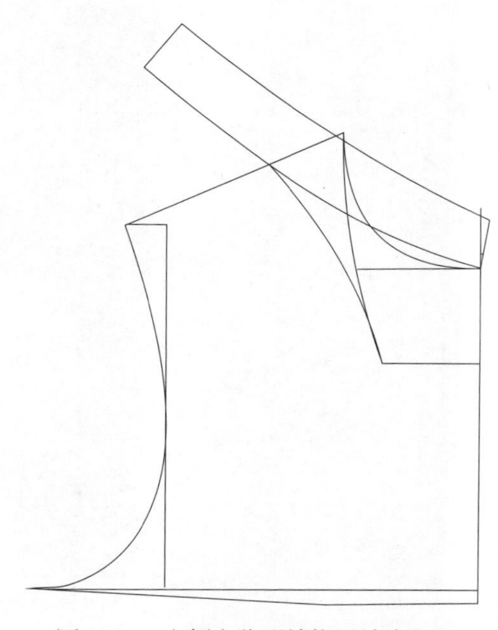

图6-2-4　立领变化型结构设计步骤三

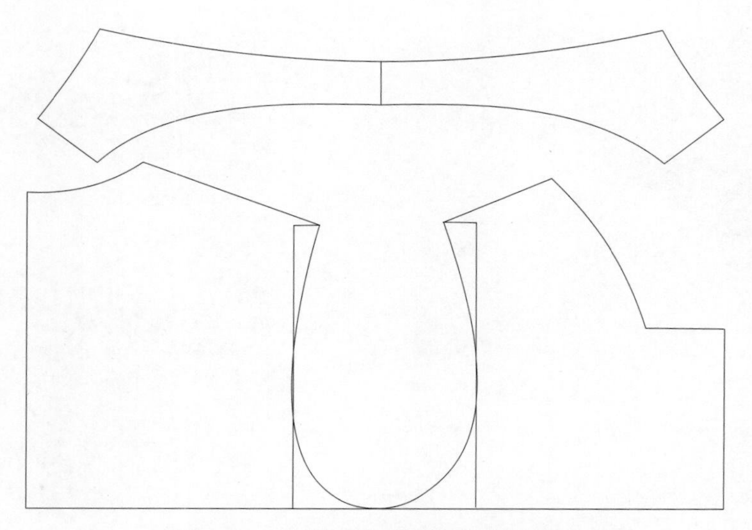

图6-2-5　立领变化型结构设计步骤四

（4）将立领与衣身分割线合并，形成连立领造型结构。见图6-2-5。

2. 立领变化型款式结构设计案例

（1）在立领变化型结构设计基础上，进行立领变化型款式结构设计案例分析。如将立领与衣身相连，形成连立领款式设计。见图6-2-6。

（2）也可将立领与领口相切，绘制成棒球服装的立领款式。见图6-2-7。

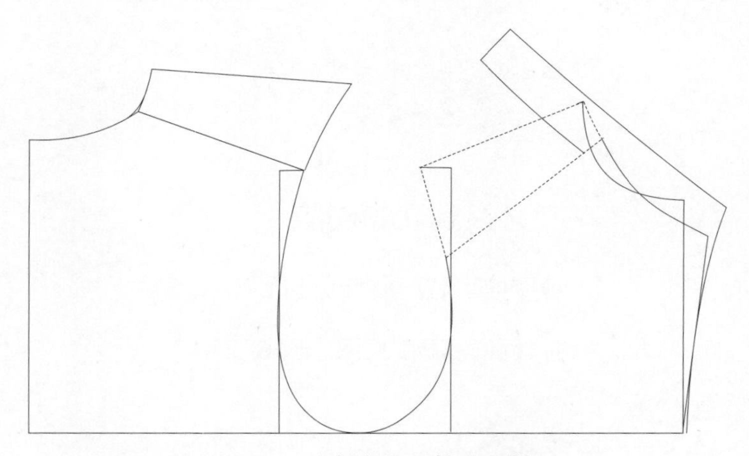

图6-2-6　立领变化型款式案例一

（三）立领变化型试衣效果

1. 立领变化型样版放缝

此处样版放缝包括衣身。在立领变化型样版放缝中，绱领弧线与领口弧线相一致，放缝0.6 cm，衣身底边放缝3 cm，其余部位均放缝1 cm。见图6-2-8。

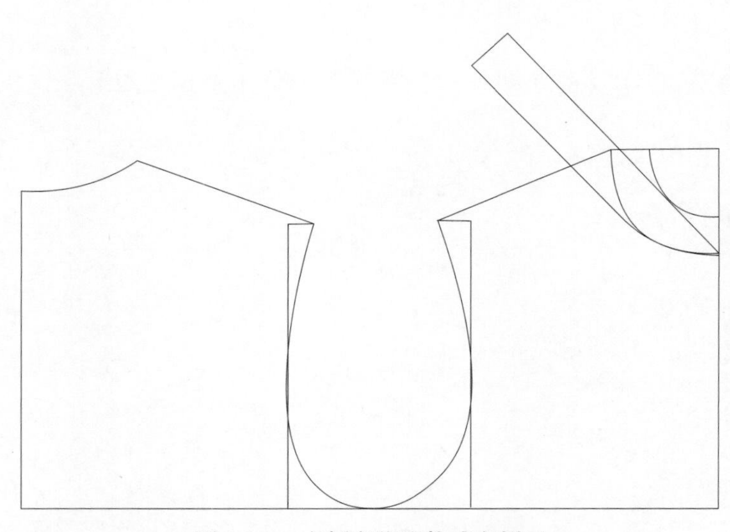

图6-2-7　立领变化型款式案例二

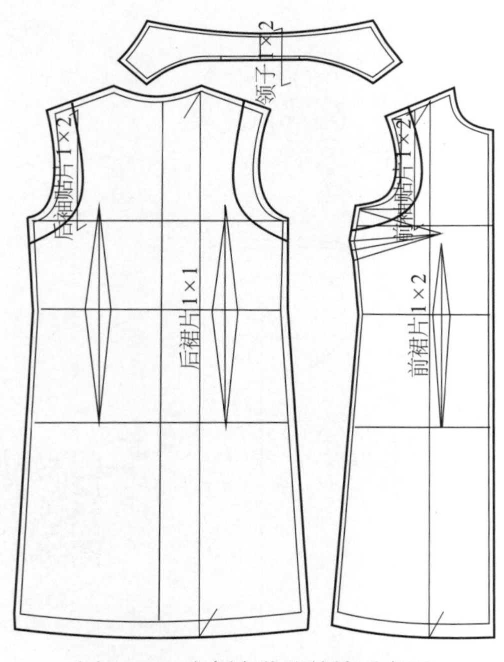

图6-2-8　立领变化型放缝示意图

2. 立领变化型3D试衣

根据立领样版进行工艺缝制试样，从不同角度看成衣效果。正面，立领变化型是方形领口；侧面，立领变化型前后平衡；背面，立领变化型造型与立领基本型一致。见图6-2-9。

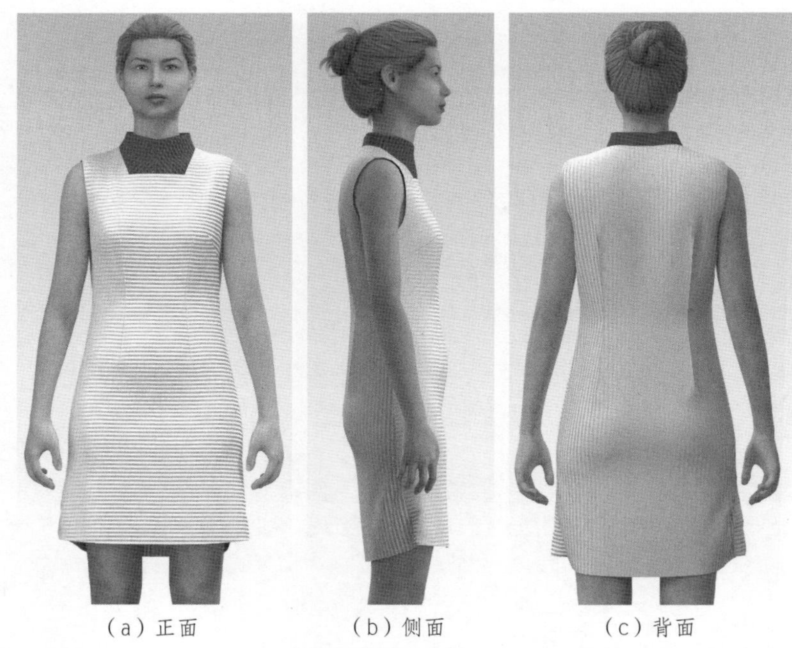

（a）正面　（b）侧面　（c）背面

图6-2-9　立领变化型试衣效果

（四）实践题

根据165/84A号型规格尺寸，参考图6-2-10所示的款式图绘制立领变化型结构。

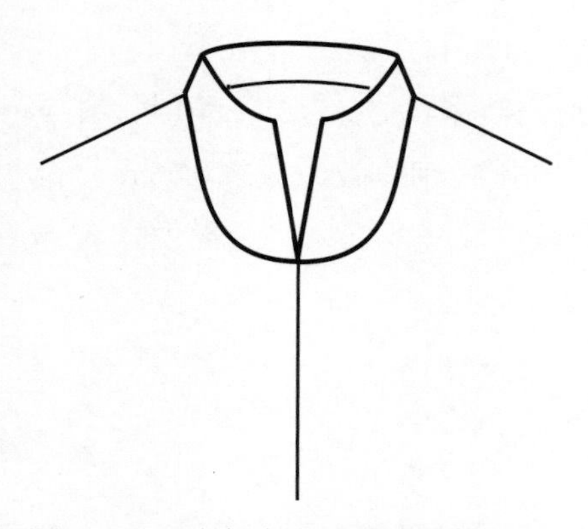

图6-2-10　立领变化型实践题款式图

三、衬衫翻立领制版

（一）衬衫翻立领款式分析

1. 衬衫翻立领款式图（图6-3-1）

视频6-3
衬衫翻立领制版

图6-3-1　衬衫翻立领款式图

2. 款式特点

衬衫翻立领是翻领与立领相结合的领型，是经典的衬衫领子款式。

（二）衬衫翻立领线条名称（图6-3-2）

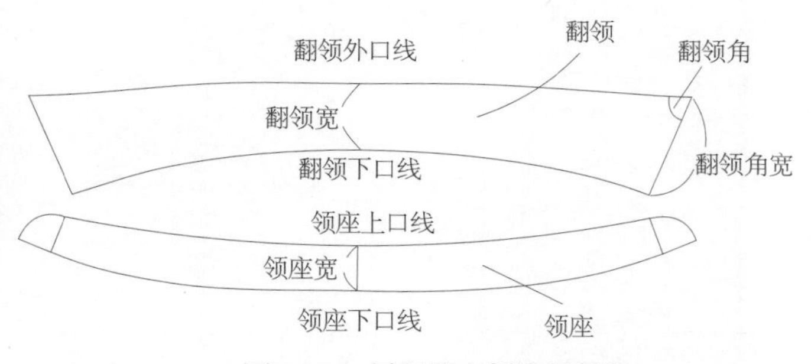

图6-3-2　衬衫翻立领线条名称

（三）衬衫翻立领规格尺寸设计

在连衣裙衣身基本型的基础上配置衬衫翻立领，规格设计见图6-3-3和表6-3-1。

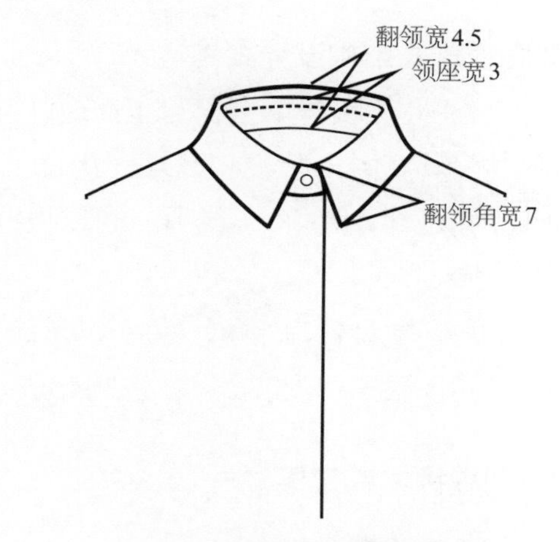

6-3-3　衬衫翻立领规格设计

表6-3-1　衬衫翻立领规格尺寸表

单位：cm

号型	胸围	翻领宽	领座宽	门襟宽	翻领角宽
165/84A	90	4.5	3	1.8	7

（四）衬衫翻立领结构设计

1. 衬衫翻立领结构设计

（1）在立领基本型基础上，绘制衬衫翻立领结构。见图6-3-4。

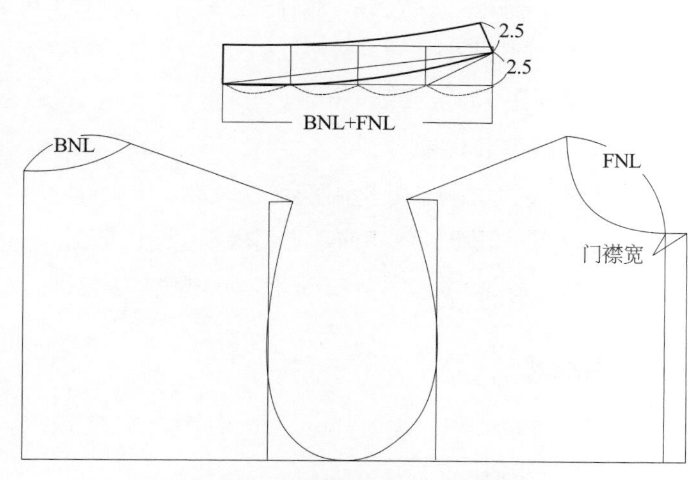

图6-3-4　衬衫翻立领结构设计步骤一

（2）在立领基本型基础上，延长领下口线来设计门襟宽的大小。根据款式尺寸进行绘制。见图6-3-5。

（3）延长后领中心线1.5 cm，作为翻立领宽。沿后领中心线量取后领弧长。见图6-3-6。

（4）在后领弧长辅助线处预设翻立领重叠量0.5 cm。根据面料及款式设计重叠量的大小。见图6-3-7。

（5）按照重叠量将翻立领外口线展开，翻立领下口线长度不变。形成翻立领结构的造型。见图6-3-8。

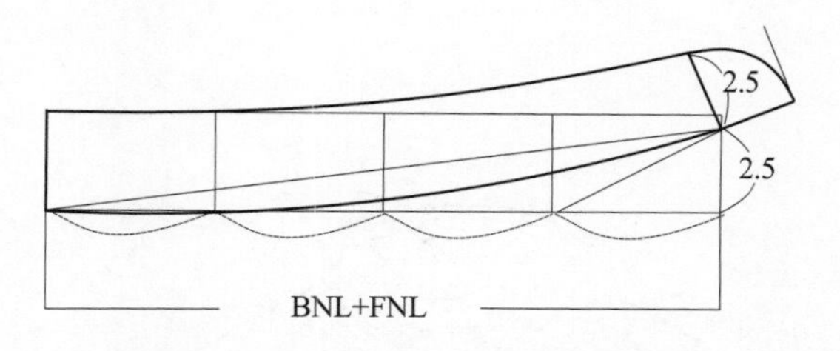

图6-3-5　衬衫翻立领结构设计步骤二

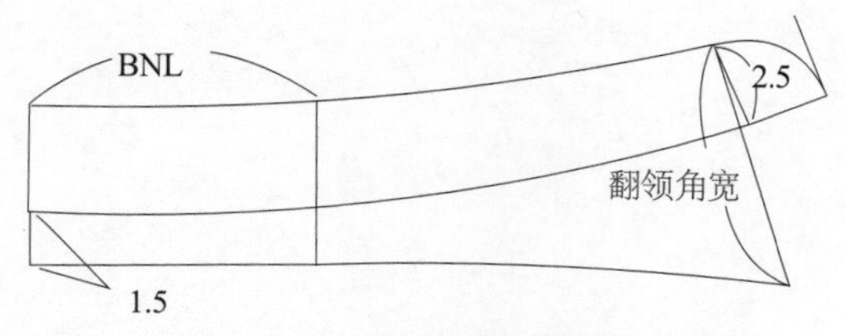

图6-3-6　衬衫翻立领结构设计步骤三

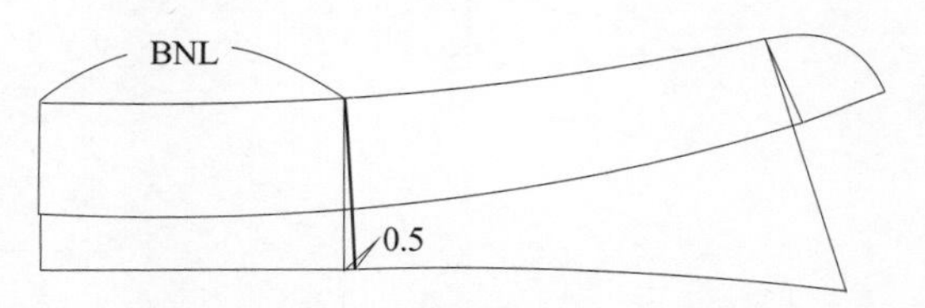

图6-3-7　衬衫翻立领结构设计步骤四

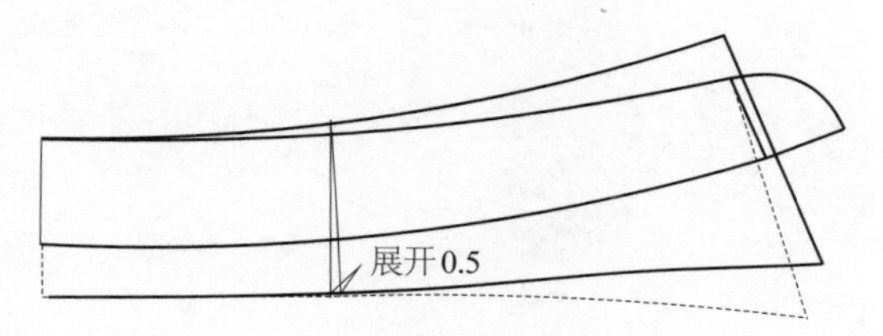

图6-3-8　衬衫翻立领结构设计步骤五

2. 衬衫翻立领款式结构设计案例

（1）在衬衫翻立领结构设计基础上，进行衬衫翻立领款式结构设计案例分析。如将领座前端设计为圆头，翻立领领角设计为圆角。规格尺寸可以根据款式自行设计。见图6-3-9。

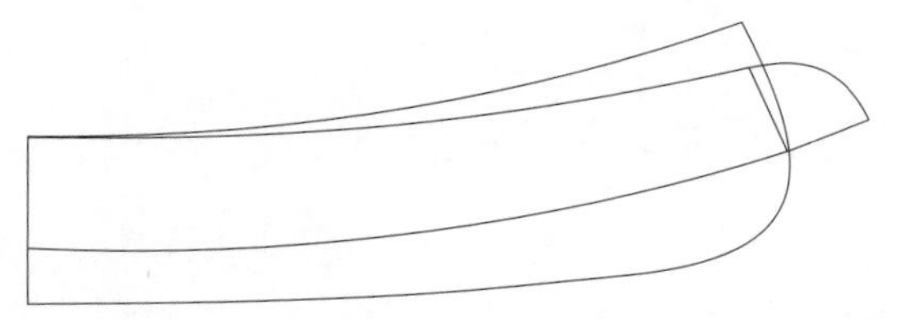
图6-3-9　衬衫翻立领款式案例一

（2）将领座前端设计为方角，翻立领设计为方领角。规格尺寸可以根据款式自行设计。见图6-3-10。

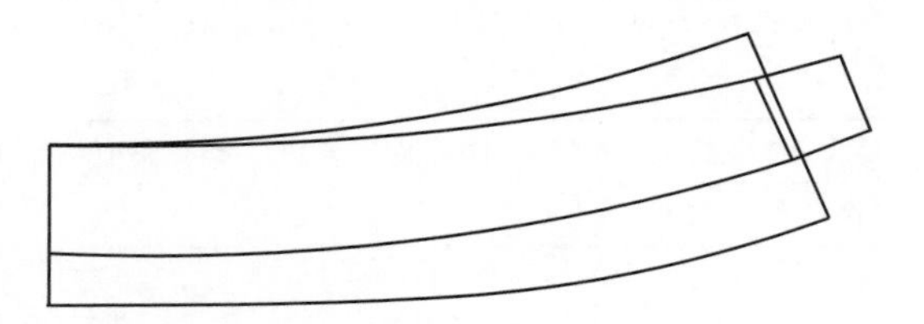
图6-3-10　衬衫翻立领款式案例二

（五）衬衫翻立领试衣效果

1. 衬衫翻立领样版放缝

此处样版放缝包括衣身。在样版放缝中，领座绱领弧线与领口弧线相一致，放缝0.6 cm，衣身底边放缝3 cm，其余部位均放缝1 cm。见图6-3-11。

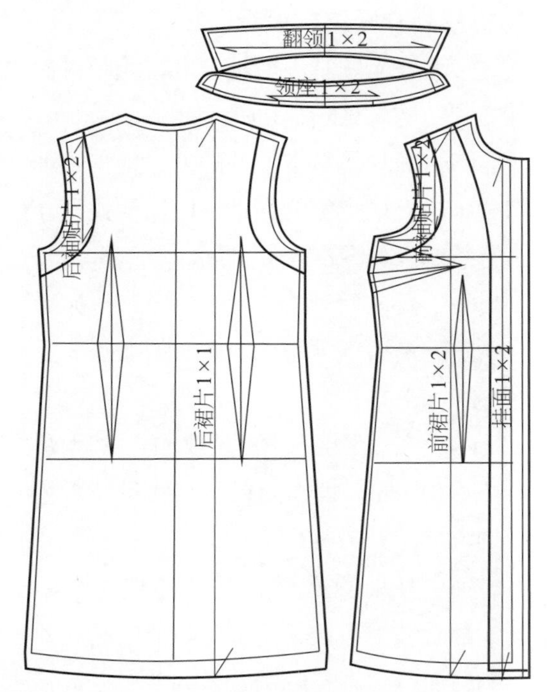

图6-3-11　衬衫翻立领放缝示意图

2. 衬衫翻立领3D试衣

根据衬衫翻立领样版进行工艺缝制试样，从不同角度看成衣效果。正面，领座前端与门襟相缝合；侧面，翻立领平服；背面，翻立领外口弧线流畅。见图6-3-12。

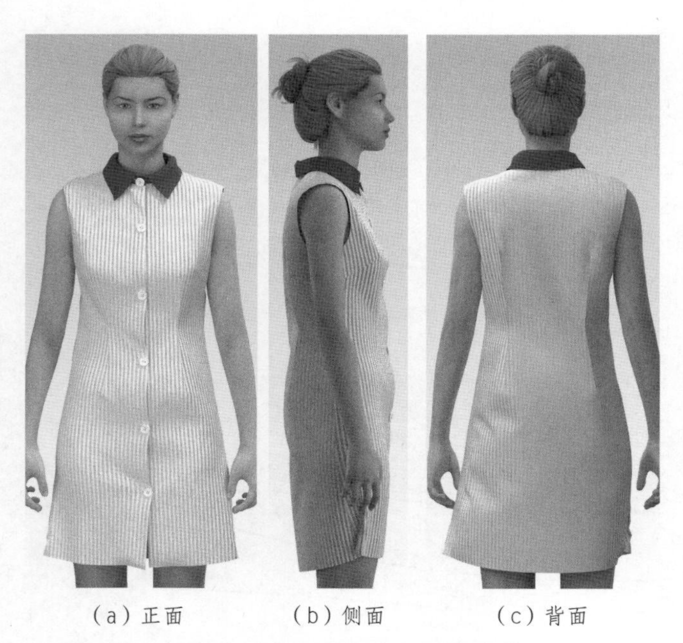
（a）正面　（b）侧面　（c）背面
图6-3-12　衬衫翻立领试衣效果

（六）实践题

根据165/84A号型规格尺寸，参考图6-3-13所示的款式图绘制衬衫翻立领结构。

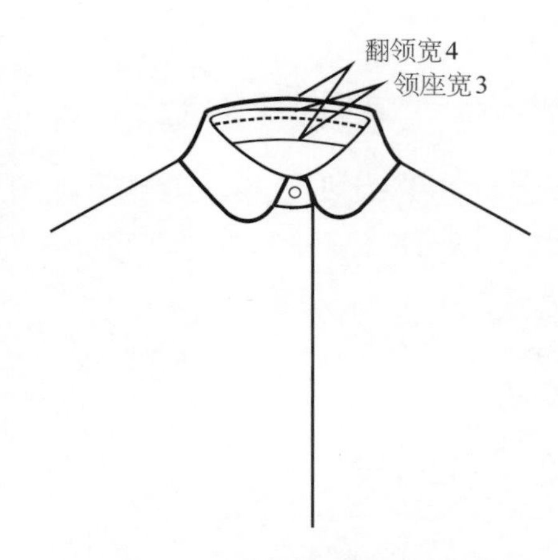

图6-3-13　衬衫翻立领实践题款式图

四、衬衫翻领制版

视频6-4
衬衫翻领制版

（一）衬衫翻领款式分析

1. 衬衫翻领款式图（图6-4-1）

图6-4-1　衬衫翻领款式图

2. 款式特点

衬衫翻领是女衬衫常用领型，领座与领面连在一起。

（二）衬衫翻领规格尺寸设计

在连衣裙衣身基本型的基础上配置衬衫翻领，规格设计见图6-4-2和表6-4-1。

表6-4-1　衬衫翻领规格尺寸表

单位：cm

号型	胸围	翻领宽	领座宽	门襟宽	翻领角宽
165/84A	90	4.5	3	1.8	7

图6-4-2　衬衫翻领规格设计

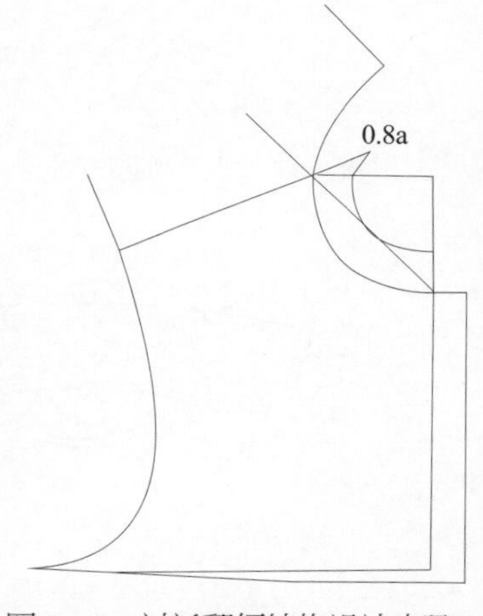

图6-4-3　衬衫翻领结构设计步骤一

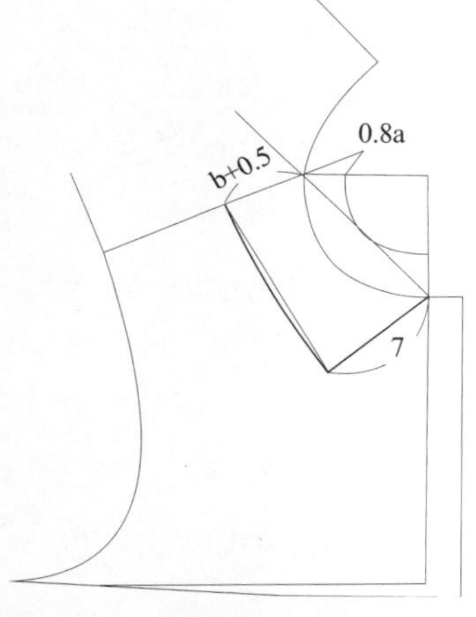

图6-4-4　衬衫翻领结构设计步骤二

（三）衬衫翻领结构设计

（1）沿肩斜线合并前、后领口弧线，在前领口弧线基础上绘制领基圆，和领口弧线间隔0.8a，沿绱领点作翻领切线。见图6-4-3。

（2）沿肩斜线从领口端点量取b+0.5 cm，作为设计点。根据设计点和领角宽绘制翻领造型。见图6-4-4。

（3）根据图示绘制翻领的外口弧线。见图6-4-5。

（4）绘制翻领对称造型结构，作翻驳线的平行线。见图6-4-6。

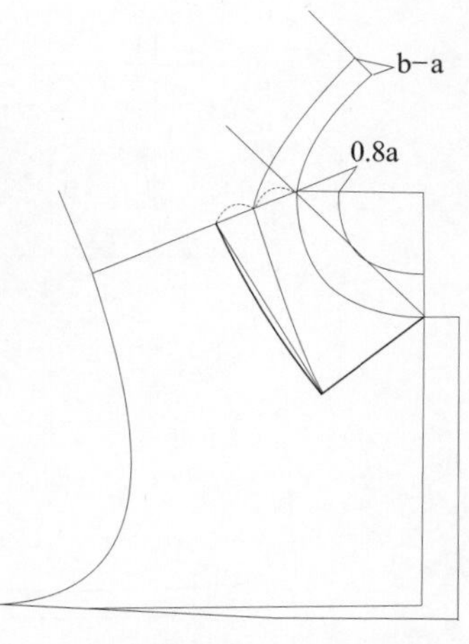

图6-4-5　衬衫翻领结构设计步骤三

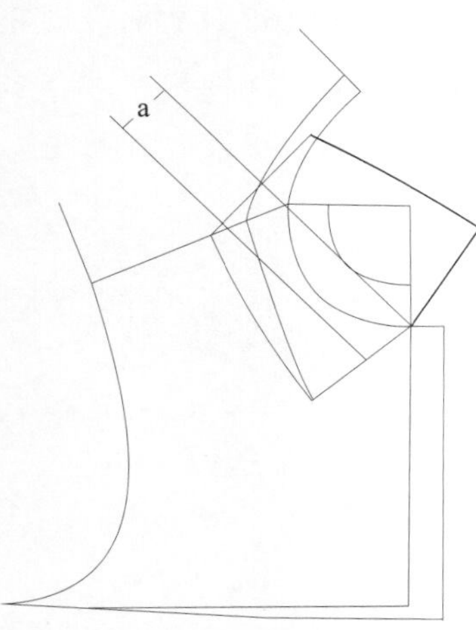

图6-4-6　衬衫翻领结构设计步骤四

（5）根据n_2与n_1的差绘制翻领松度圆，作后翻领的造型结构。见图6-4-7。

（6）绘制翻领结构造型线。见图6-4-8。

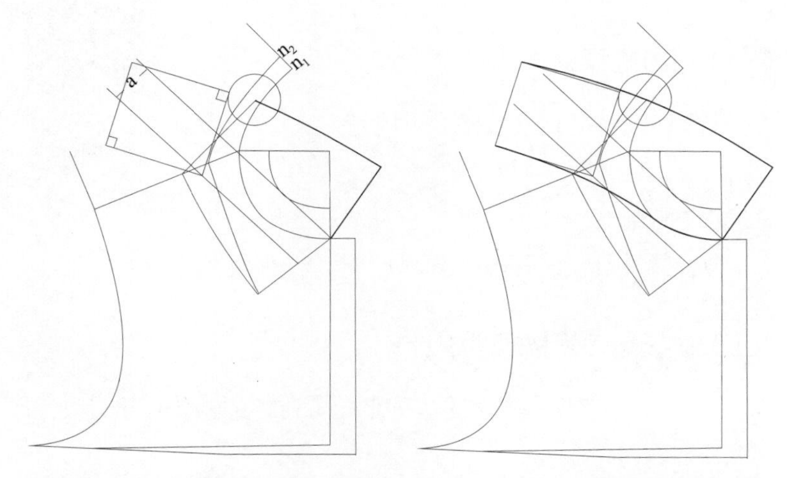

图6-4-7　衬衫翻领结构设计步骤五　图6-4-8　衬衫翻领结构设计步骤六

（四）衬衫翻领试衣效果

1. 衬衫翻领样版放缝

（1）衬衫翻领领面制作。见图6-4-9和图6-4-10。

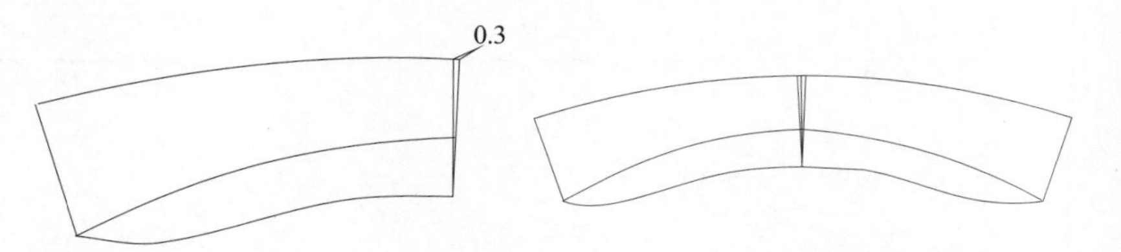

图6-4-9　衬衫翻领领面制作步骤一　图6-4-10　衬衫翻领领面制作步骤二

（2）衬衫翻领样版放缝。此处样版放缝包括衣身。在样版放缝中，绱领弧线与领口弧线相一致，放缝0.6 cm，衣身底边放缝3 cm，其余部位均放缝1 cm。见图6-4-11。

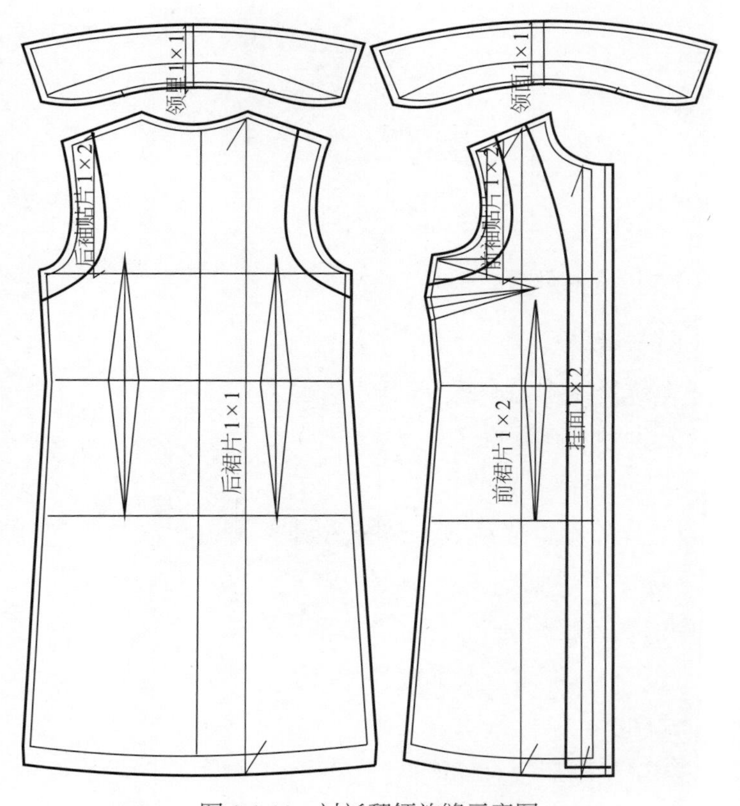

图6-4-11　衬衫翻领放缝示意图

2. 衬衫翻领3D试衣

根据衬衫翻领样版进行工艺缝制试样，从不同角度看成衣效果。正面，翻领的绱领点在中心线处；侧面，翻领外口伏贴；背面，翻领外口弧线流畅。见图6-4-12。

（五）实践题

根据165/84A号型规格尺寸，参考图6-4-13所示的款式图绘制衬衫翻领结构。

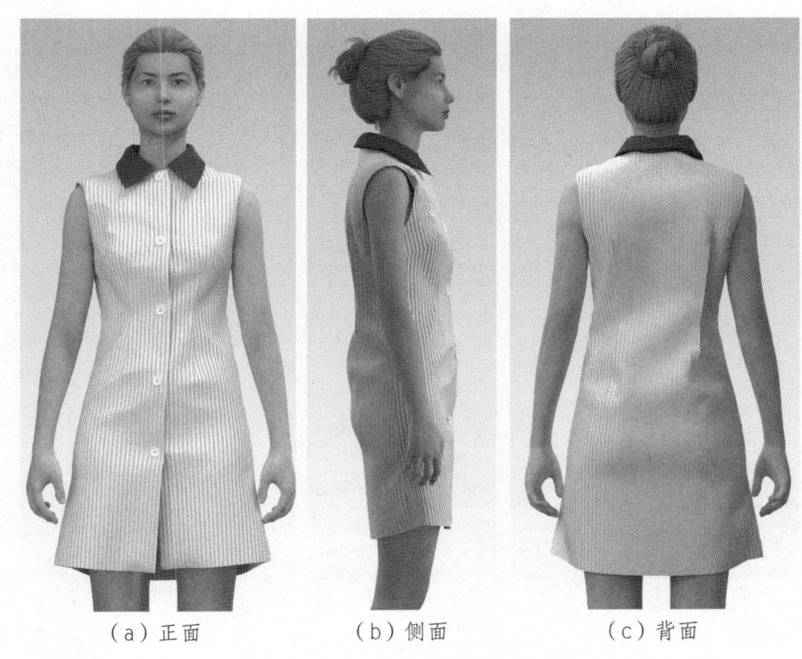

图6-4-12　衬衫翻领试衣效果

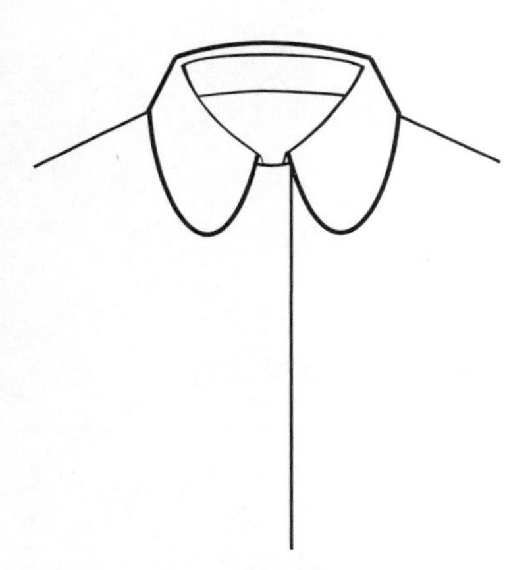
图6-4-13　衬衫翻领实践题款式图

五、变化翻领制版

（一）变化翻领款式分析

1. 变化翻领款式图（图6-5-1）

视频6-5
变化翻领制版

图6-5-1　变化翻领款式图

2. 款式特点

变化翻领的领座与领面相连，领座线根据领口进行设计，形成“V”字领口造型线，呈燕型领角造型。

（二）变化翻领规格尺寸设计

在连衣裙衣身基本型的基础上配置变化翻领，规格见图6-5-2和表6-5-1。

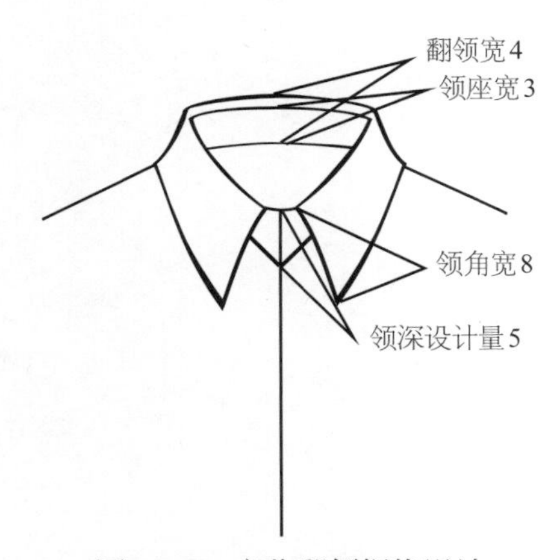

图6-5-2　变化翻领规格设计

表6-5-1　变化翻领规格尺寸表

单位：cm

号型	胸围	翻领宽	领座宽	领深设计量	翻领角宽
165/84A	90	4	3	5	8

（三）变化翻领结构设计

1. 变化翻领框架图

（1）根据款式图设计领深的大小。见图6-5-3。

（2）根据设计点和领角宽设计翻领造型结构。见图6-5-4。

（3）根据图示设计翻领外口弧线。见图6-5-5。

2. 变化翻领结构设计

（1）在翻驳线的平行线上取与前领口弧线等长的点。见图6-5-6。

（2）根据图示作翻领松度圆切线。见图6-5-7。

（3）作切线的后领弧长垂线，设计后领结构造型辅助线。见图6-5-8。

（4）在后领框架基础上，绘制变化翻领的结构。见图6-5-9。

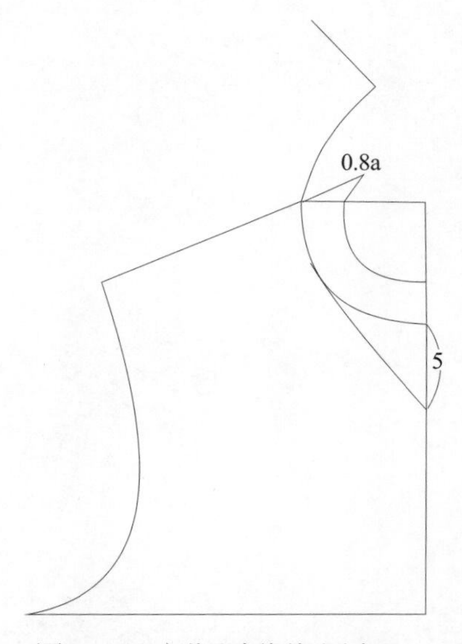

图6-5-3　变化翻领框架图步骤一

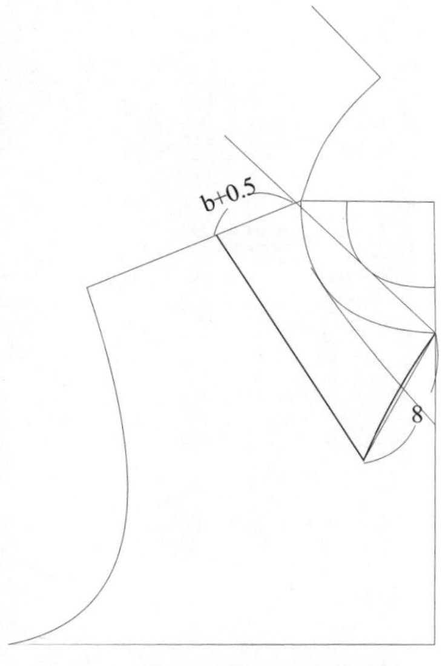

图6-5-4　变化翻领框架图步骤二

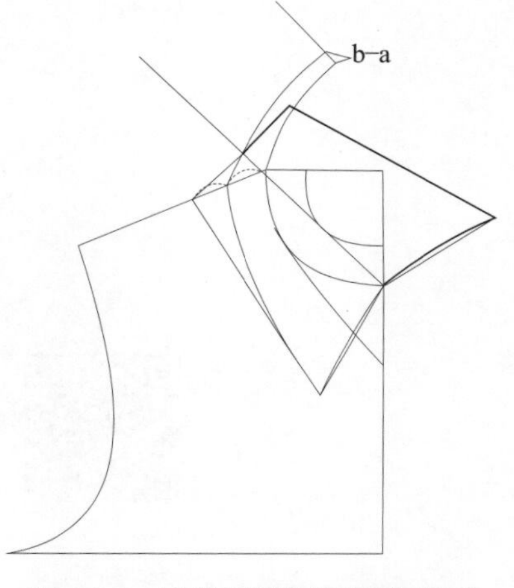

图6-5-5　变化翻领框架图步骤三

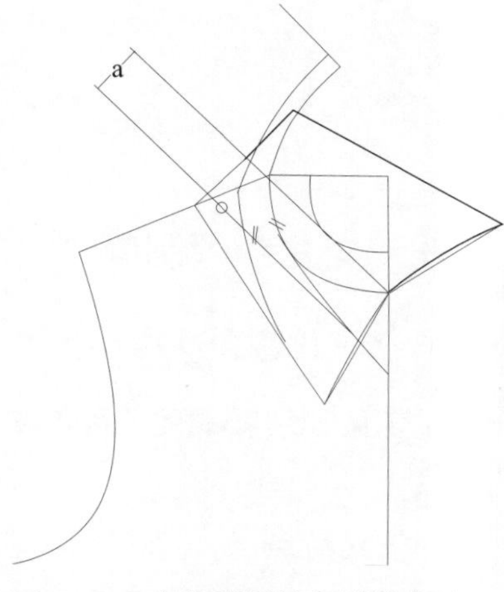

图6-5-6　变化翻领结构设计步骤一

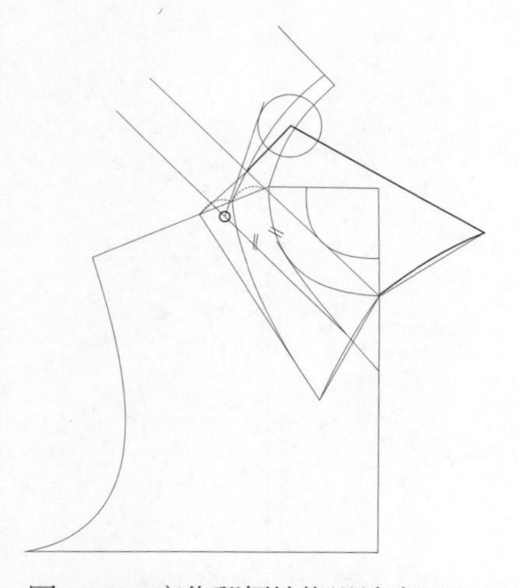
图6-5-7　变化翻领结构设计步骤二

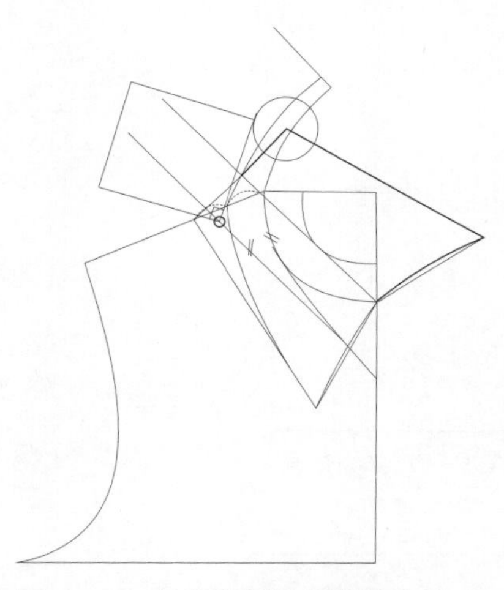
图6-5-8　变化翻领结构设计步骤三

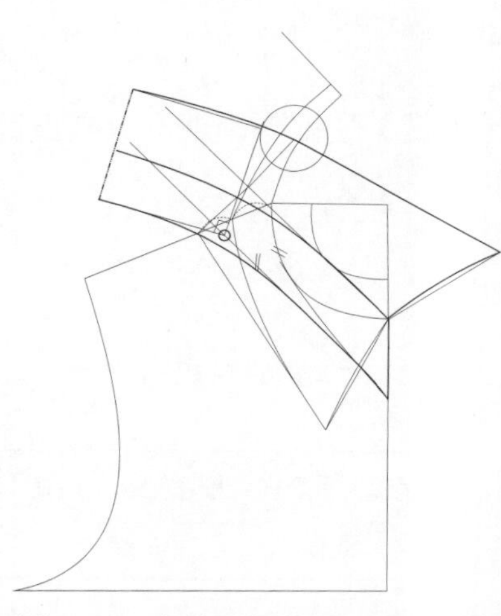
图6-5-9　变化翻领结构设计步骤四

（四）变化翻领试衣效果

1. 变化翻领样版放缝

此处样版放缝包括衣身。在变化翻领样版放缝中，绱领弧线与领口弧线相一致，放缝0.6 cm，衣身底边放缝3 cm，其余部位均放缝1 cm。见图6-5-10。

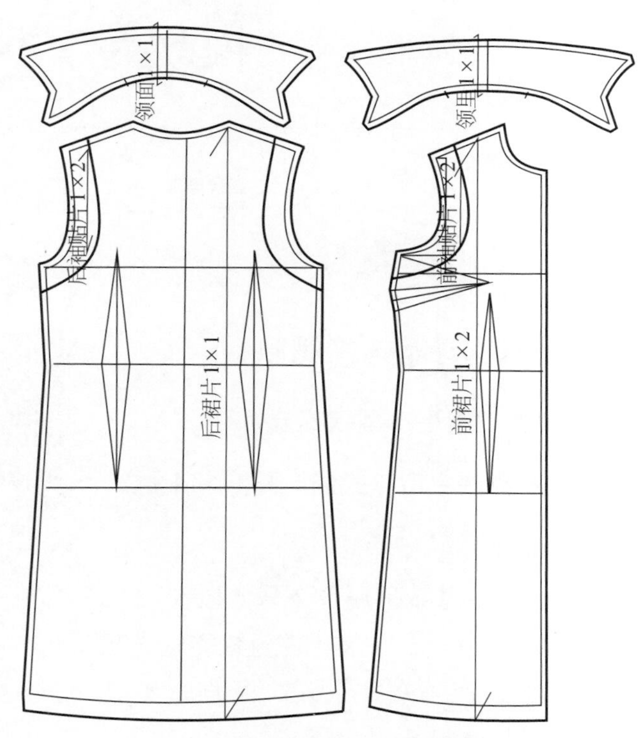

图6-5-10　变化翻领放缝示意图

2. 变化翻领3D试衣

根据变化翻领样版进行工艺缝制试样，从不同角度看成衣效果。正面，翻领的绱领点在中心线处；侧面，翻领外口伏贴；背面，翻领外口弧线流畅。见图6-5-11。

（五）实践题

根据165/84A号型规格尺寸，参考图6-5-12所示的款式图绘制变化翻领结构。

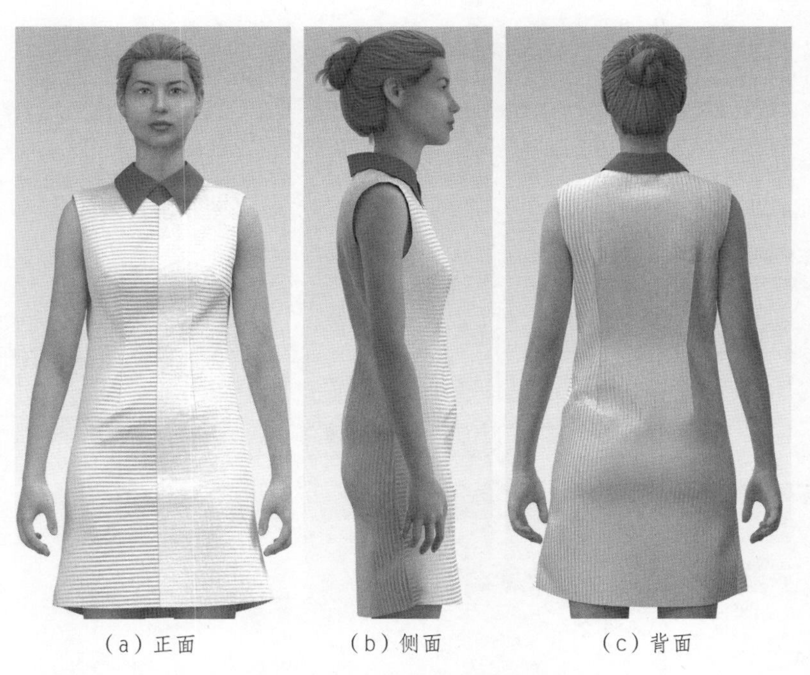

（a）正面　（b）侧面　（c）背面

图6-5-11　变化翻领试衣效果

图6-5-12　变化翻领实践题款式图

模块三　风衣制版

单元七　风衣衣身制版

一、风衣衣身基本型制版

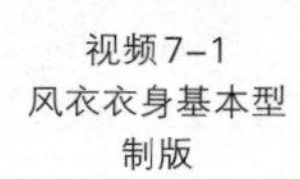
视频7-1
风衣衣身基本型
制版

（一）风衣衣身基本型款式分析

1. 风衣衣身基本型款式图（图7-1-1）

（a）前身　　（b）后身

图7-1-1　风衣衣身基本型款式图

2. 款式特点

风衣衣身基本型属于合体型风衣，设有双门襟两排扣。前衣身靠近袖窿处有侧缝线，分割线处有插袋。后衣身设有背缝，下摆处有长开衩。

（二）风衣衣身基本型规格尺寸设计（表7-1-1）

表7-1-1　165/84A风衣衣身基本型规格尺寸表

单位：cm

长度尺寸		围度尺寸	
胸省量（X）	2.5	胸围（B）	100
后领深	2.3	后领宽	B/20+3
后腰节长	40	前领宽和前领深	后领宽−0.5
后衣长	90	后背宽	1.5B/10+3.5
袖窿深	B/4-1.5	冲肩量	1.8
前片上抬量	0.25	前、后胸围	B/4
前片降低量	0.75	后胸宽-前胸宽	1.2 ~ 1.4
落肩量辅助直角边长	15:5.5 和 15:6.3	后小肩-前小肩	0.5
BP 点高	（号＋型）/10	BP 点宽	B/10−0.5
后开衩高	HL 往下量取 13 ~ 15	门襟宽	6

（三）风衣衣身基本型结构设计

1. 风衣衣身基本型框架图

根据尺寸规格表，绘制165/84A号型风衣衣身基本型框架。见图7-1-2。

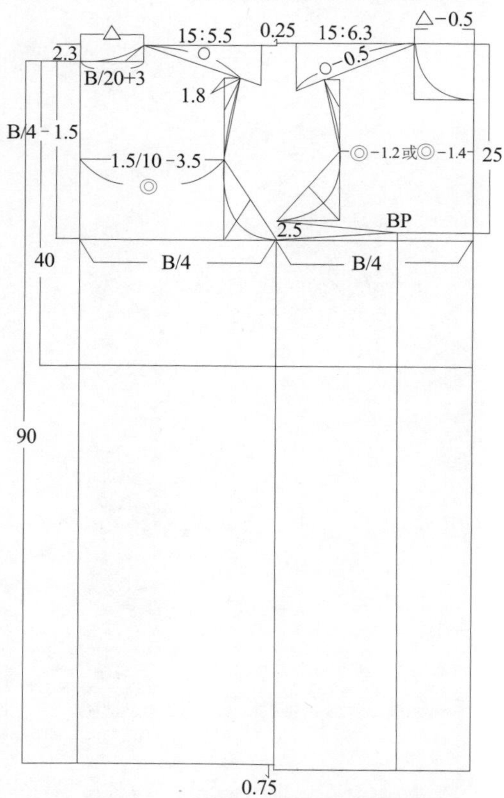

图7-1-2　风衣衣身基本型框架图

2. 风衣衣身基本型结构设计

（1）在风衣框架基础上，根据款式设计领口线及门襟线。见图7-1-3。

（2）根据款式设计分割线，并将省道合理地转移到分割线处。见图7-1-4。

（3）根据款式进行下摆处理，注意前、后下摆量设置要平衡。见图7-1-5。

（4）袋位设计一般在腰节线附近，功能型口袋袋口宽一般取14 ~ 15 cm。功能型后开衩长度取至腰围线下13 ~ 15 cm，宽度与底摆放缝宽一致，一般为3 ~ 5 cm，方便工艺制作。见图7-1-6。

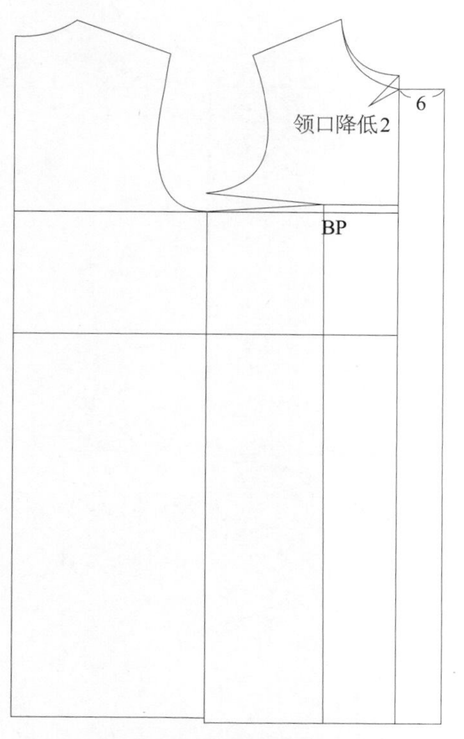

图7-1-3　风衣衣身基本型结构设计步骤一

（四）风衣衣身基本型试衣效果

1. 袋布样版制作（图7–1–7）

2. 衣身面料样版放缝

领口放缝0.6 cm，袖窿放缝0.8 cm，衣身底边放缝4 ~ 5 cm，挂面底边放缝2 ~ 2.5 cm，其余部位均放缝1 cm。见图7-1-8。

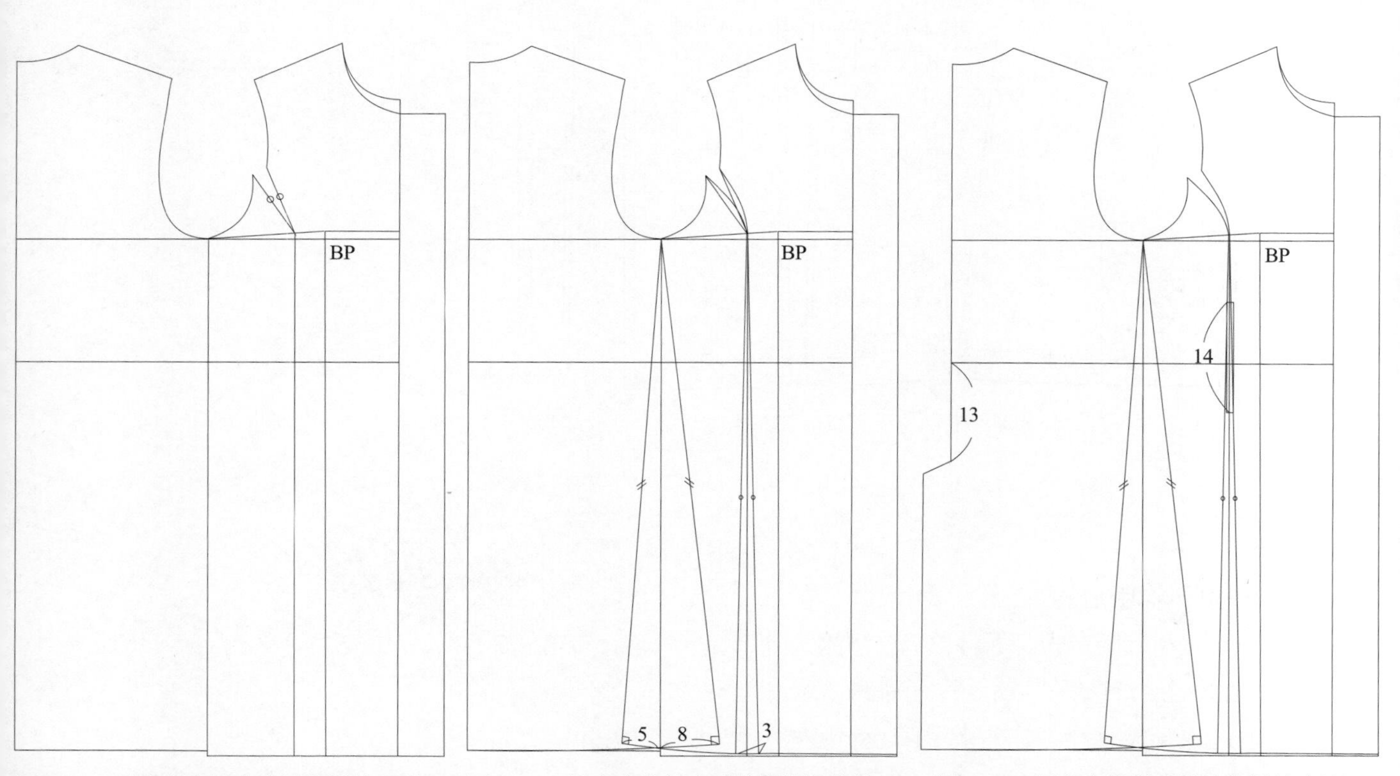

图7-1-4　风衣衣身基本型结构设计步骤二　图7-1-5　风衣衣身基本型结构设计步骤三　图7-1-6　风衣衣身基本型结构设计步骤四

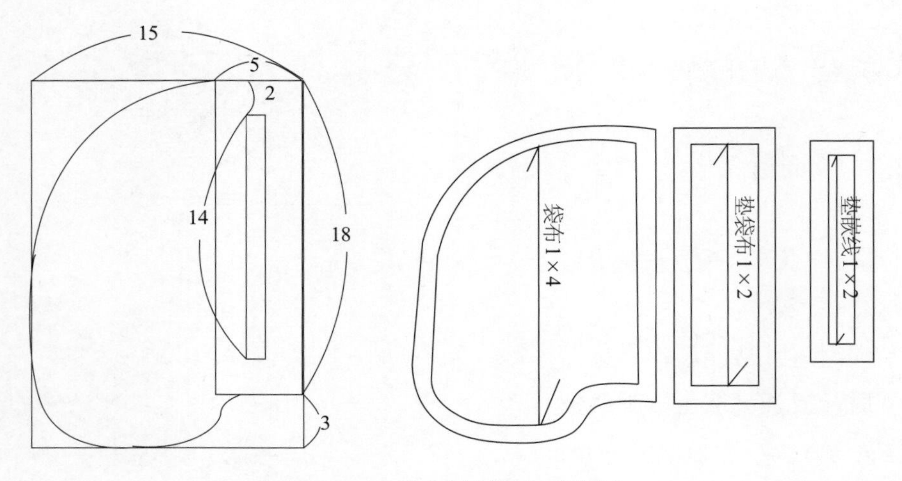

图7-1-7　袋布样版制作示意图

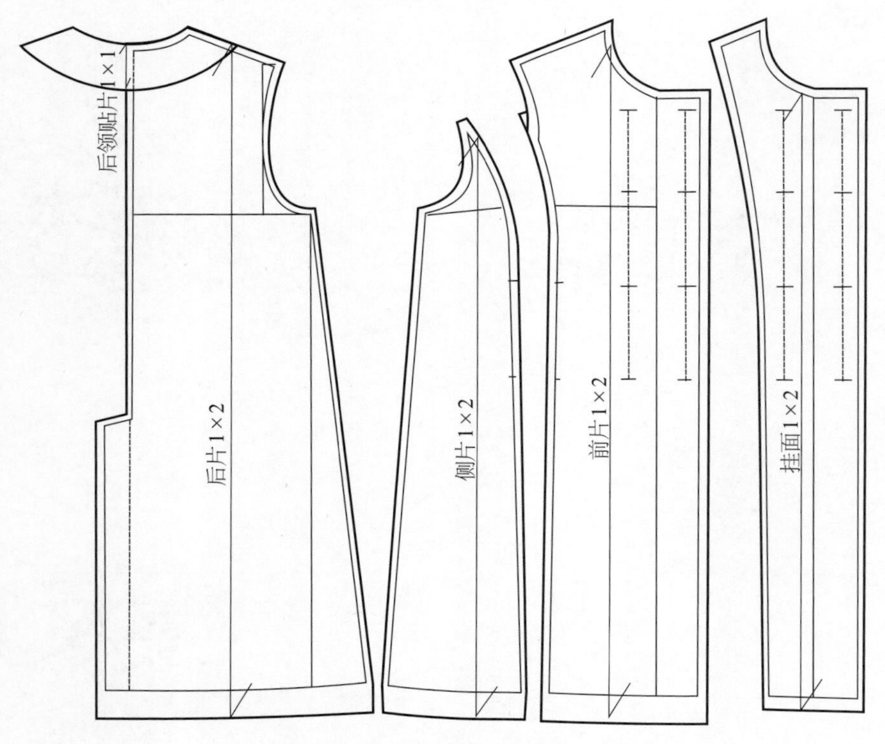

图7-1-8　风衣衣身面料放缝示意图

3. 衣身里料样版放缝

衣身里料制版在衣身面料放缝样版的基础上加放缝份，参考图7-1-9，底边放缝比衣身底边放缝短，一般取衣身底边放缝的一半，其余部位放缝均比衣身放缝大。因衣身后中设有开衩，所以开衩对应的里布要减少一个开衩量。

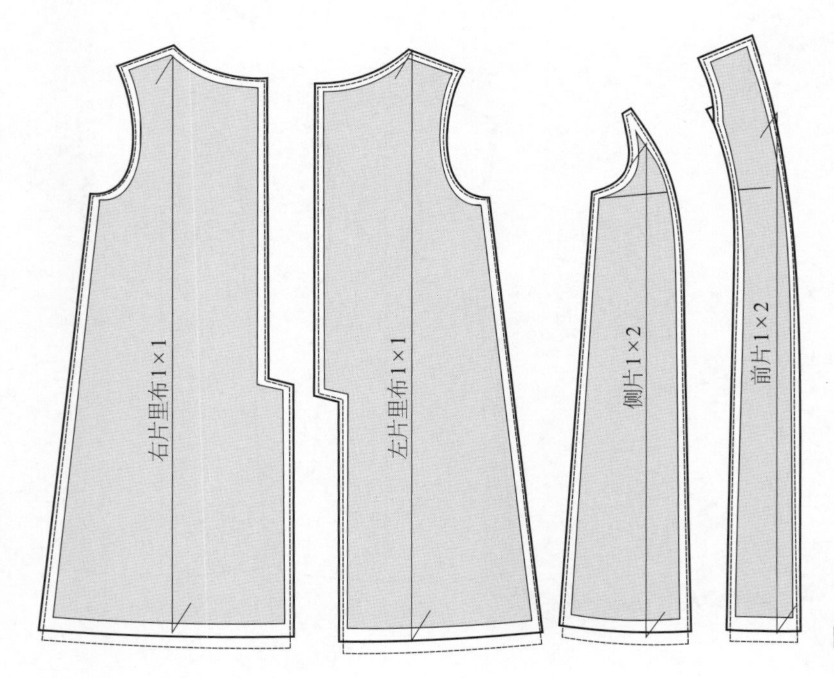

图7-1-9　风衣衣身里料放缝示意图

4. 风衣衣身基本型3D试衣

根据风衣衣身基本型样版进行工艺缝制试样，从不同角度看成衣效果。前身呈现双排扣设计，侧身呈现前、后衣身平衡，后身的胸围放松量适宜。见图7-1-10。

（五）实践题

根据穿着者的人体尺寸，设计风衣衣身基本型的规格尺寸。在此基础上，按照图7-1-11所示款式图进行结构设计。

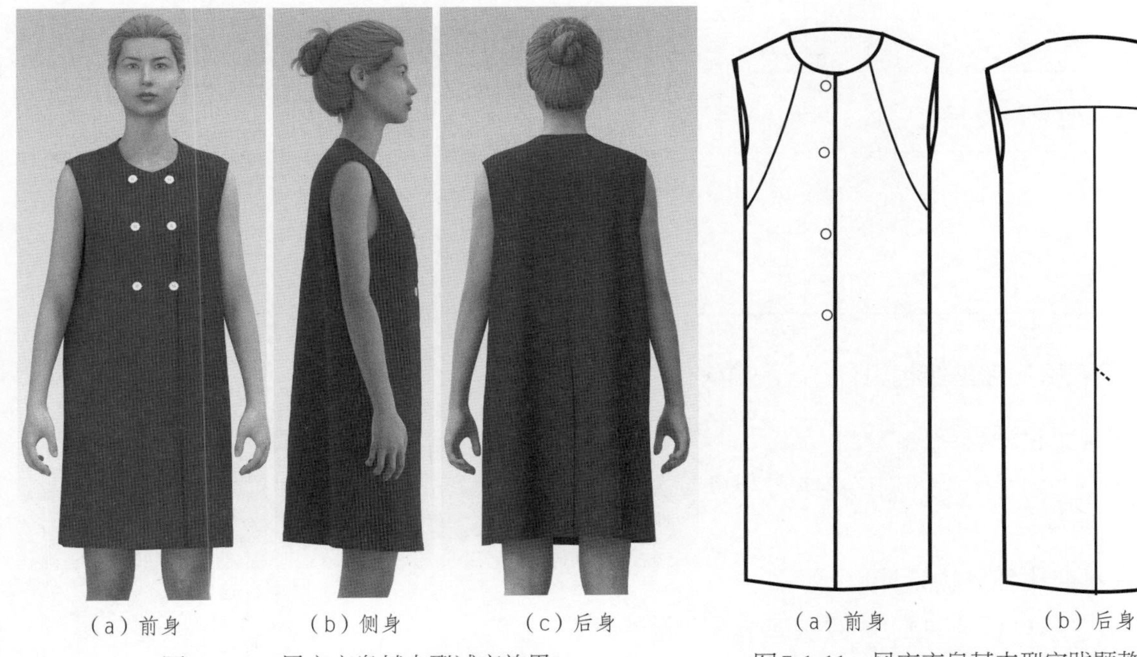

图7-1-10　风衣衣身基本型试衣效果

图7-1-11　风衣衣身基本型实践题款式图

二、风衣衣身变化型制版

（一）风衣衣身变化型款式分析

1. 风衣衣身变化型款式图（图7-2-1）

视频7-2
风衣衣身变化型制版

图7-2-1 风衣衣身变化型款式图

2. 款式特点

风衣衣身变化型属于宽松型，设有双门襟两排扣。前衣身设有装饰性的前幅与斜插袋，后衣身设有背缝与后幅，下摆处有长开衩。

（二）风衣衣身变化型规格尺寸设计（表7-2-1）

表7-2-1 165/84A风衣衣身变化型规格尺寸表

单位：cm

长度尺寸		围度尺寸	
胸省量（X）	1.5	胸围（B）	110
后领深	2.3	后领宽	B/20+3
后腰节长	40	前领宽和前领深	后领宽−0.5
后衣长	100	后背宽	1.5B/10+3.5
袖窿深	B/4-1.5	冲肩量	1.8
前片上抬量	0.25	前、后胸围	B/4
前片降低量	0.75	后胸宽−前胸宽	1.2 ~ 1.4
落肩量辅助直角边长	15:5.5 和 15:6.3	后小肩−前小肩	0.5
BP 点高	（号＋型）/10	BP 点宽	B/10−0.5
后开衩高	HL 往下量取 13 ~ 15	门襟宽	10

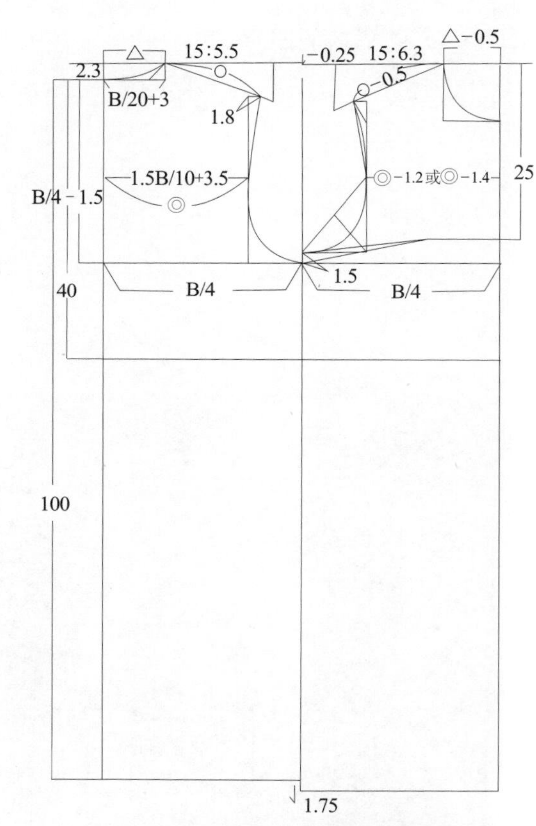

图7-2-2 风衣衣身变化型框架图

（三）风衣衣身变化型结构设计

1. 风衣衣身变化型框架图

根据尺寸规格表，绘制165/84A号型风衣衣身变化型框架。见图7-2-2。

2. 风衣衣身变化型结构设计

（1）在风衣框架基础上，将省道转移到袖窿处。根据款式设计领口线及门襟线。见图7-2-3。

（2）根据款式设计下摆量，注意保持前、后侧缝相等。参考款式设计后开衩的大小，开始位置在腰围线下13 ～ 15 cm处。见图7-2-4。

（3）根据款式设计前幅和后幅，绘制斜插袋位置及大小。见图7-2-5。

（4）根据扣子直径和厚度设置双排的扣位，在衣身结构上绘制挂面及后领贴。见图7-2-6。

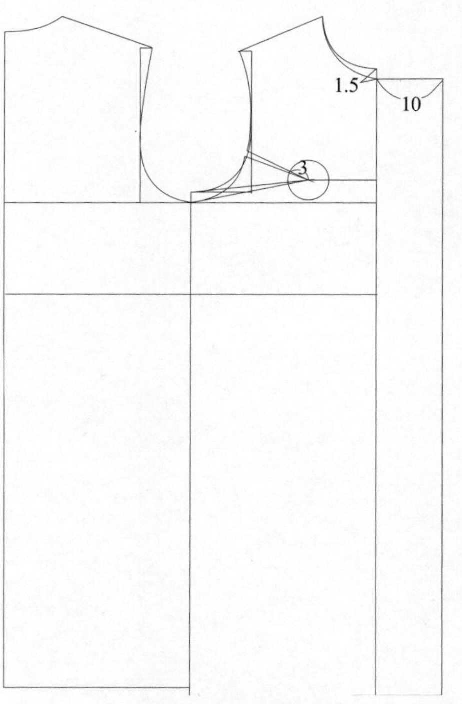

图7-2-3　风衣衣身变化型结构设计步骤一

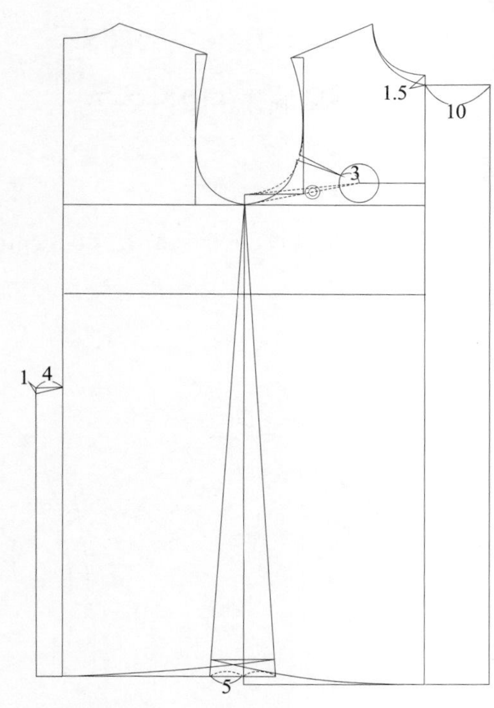

图7-2-4　风衣衣身变化型结构设计步骤二

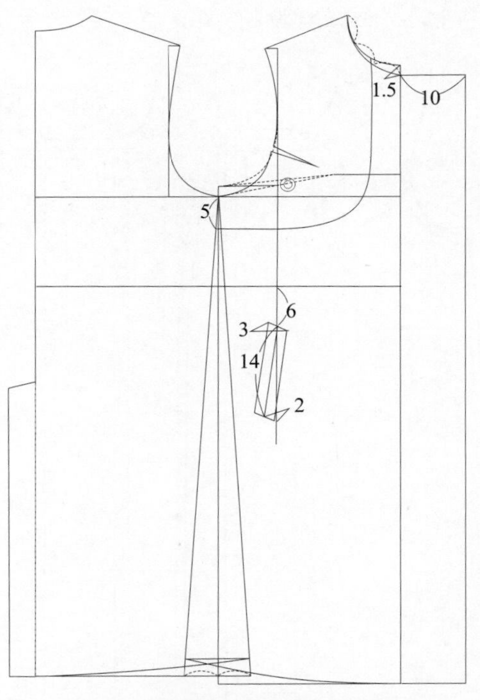

图7-2-5　风衣衣身变化型结构设计步骤三

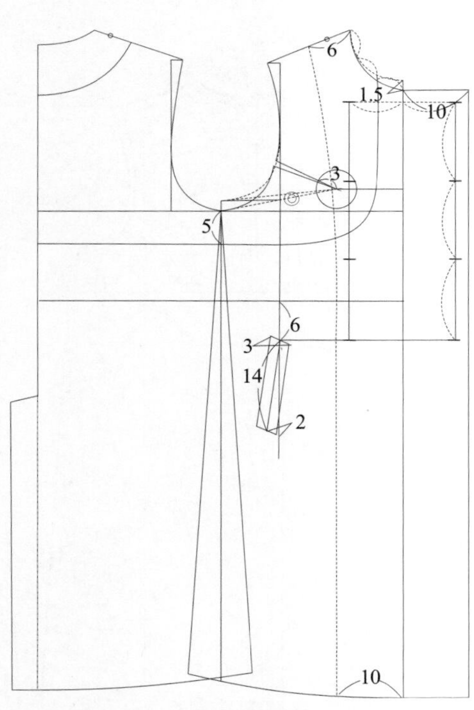

图7-2-6　风衣衣身变化型结构设计步骤四

（四）风衣衣身变化型试衣效果

1. 袋布样版制作（图7–2–7）

2. 衣身样版放缝

前、后幅与衣身领口放缝0.6 cm，前、后幅与衣身袖窿放缝0.8 cm，衣身底边放缝4 ~ 5 cm，挂面底边放缝2 ~ 2.5 cm，其余部位均放缝1 cm。见图7-2-8。

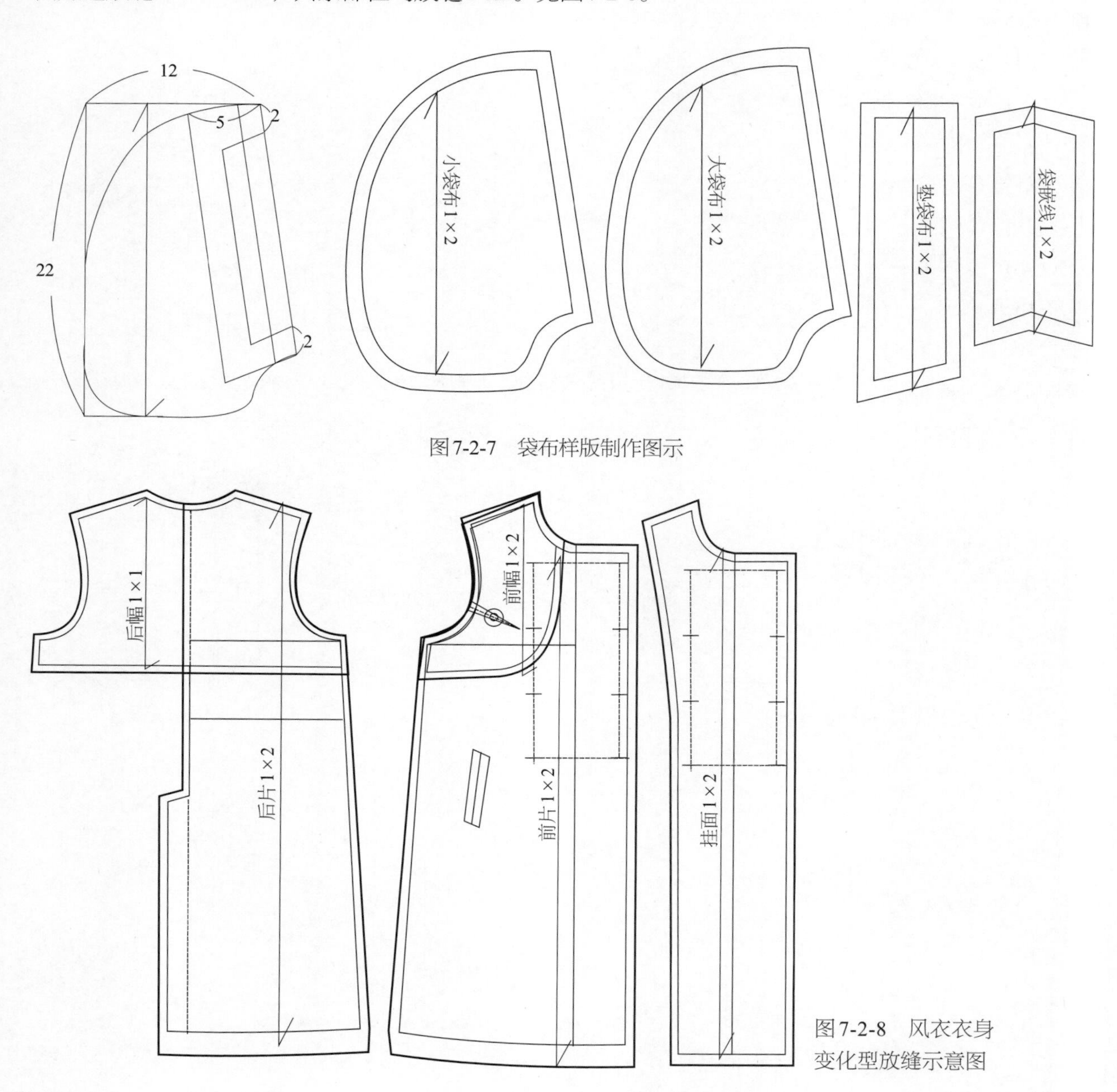

图7-2-7　袋布样版制作图示

图7-2-8　风衣衣身变化型放缝示意图

3. 风衣衣身变化型3D试衣

根据风衣衣身变化型样版进行工艺缝制试样，从不同角度看成衣效果。前身呈现双排扣设计，有前幅；从侧身看，前、后衣身平衡；后身设有后幅和开衩，胸围放松量适宜。见图7-2-9。

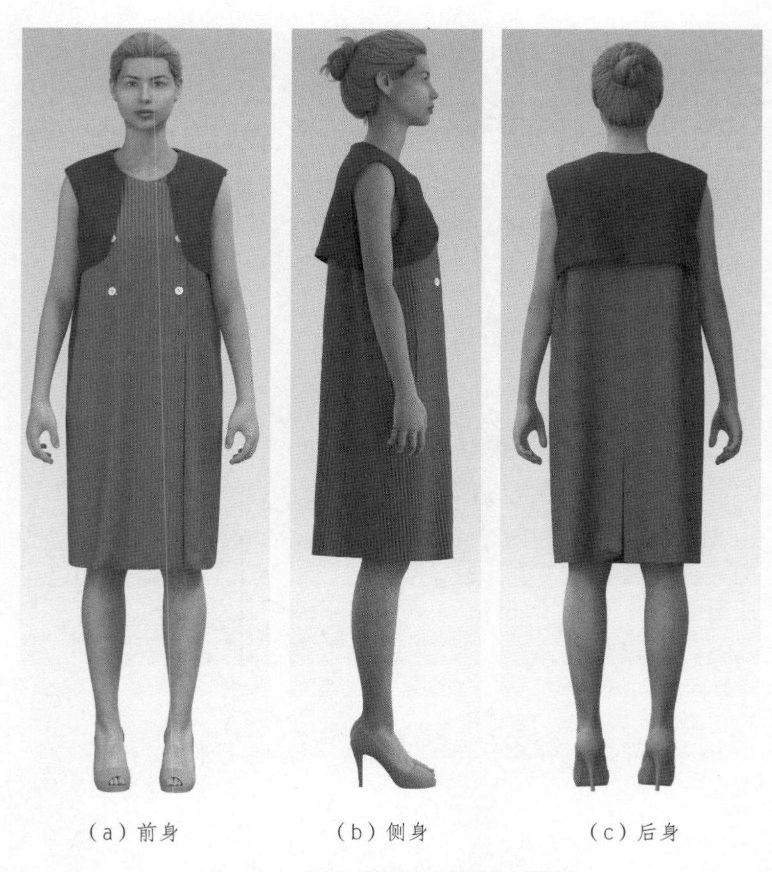

（a）前身　（b）侧身　（c）后身

图7-2-9　风衣衣身变化型试衣效果

（五）实践题

根据穿着者的人体尺寸，设计风衣衣身变化型的规格尺寸。在此基础上，按照图7-2-10所示款式图进行结构设计。

（a）前身　（b）后身

图7-2-10　风衣衣身变化型实践题款式图

单元八　风衣袖子制版

一、插肩袖基本型制版

视频8-1
插肩袖基本型制版

（一）插肩袖基本型款式分析

1. 插肩袖基本型款式图（图8-1-1）

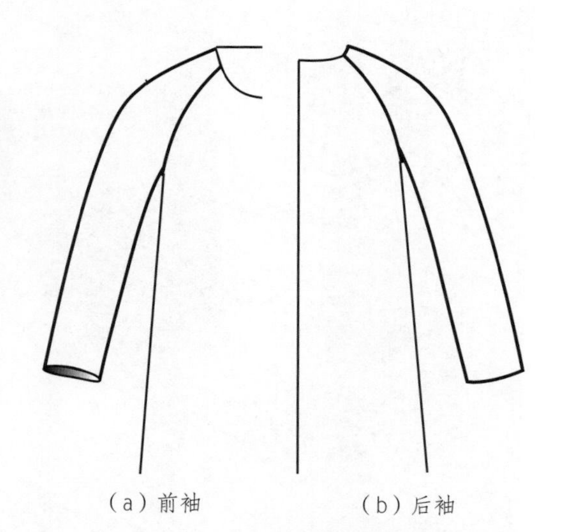
（a）前袖　　（b）后袖

图8-1-1　插肩袖基本型款式图

2. 款式特点

插肩袖基本型属于较合体插肩袖，在设计时将袖子结构与肩部相连，形成插肩袖。

（二）插肩袖基本型结构设计

1. 插肩袖基本型规格尺寸

参考165/84A风衣衣身基本型（图8-1-2）的袖窿规格尺寸，得到插肩袖基本型的规格尺寸（表8-1-1）。

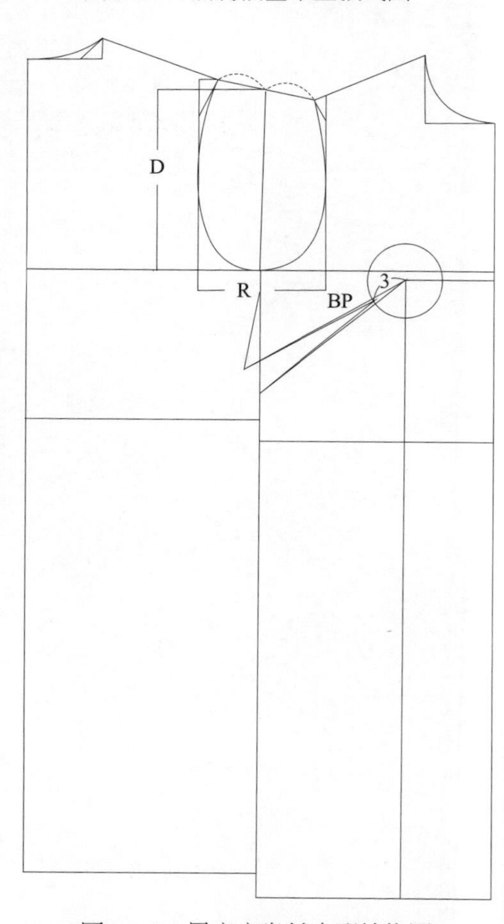

图8-1-2　风衣衣身基本型结构图

表8-1-1　165/84A插肩袖基本型规格尺寸表

单位：cm

长度尺寸		围度尺寸	
臂长	52	臂围	27
袖肘长（EL）	32	胸围（B）	100
袖长（SL）	56	胸省量（X）	2.5
袖窿深平均值(D)	20	袖窿弧线（AH）	48
袖山高（SH）	15(吃势0)	袖窿宽（R）	13.5
袖山斜线（L）	23	袖肥（SW）	35①
—	—	袖口（CW）	27

注：袖子吃势量根据款式、面料、工艺等因素决定，插肩袖采用常用量0 ~ 1 cm。

① 此处风衣基本型胸围松量为16 cm。

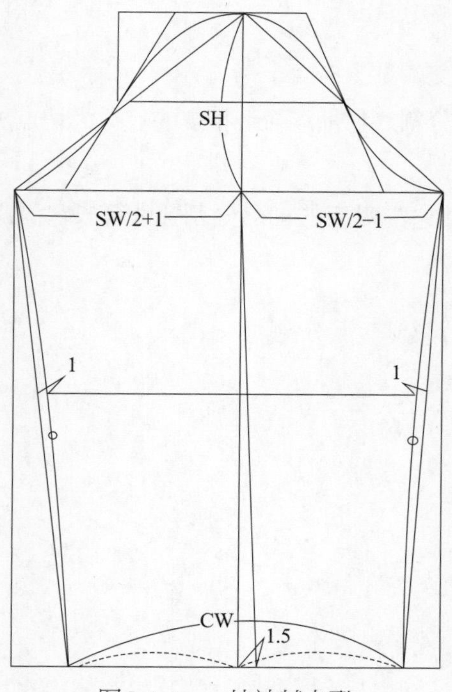

图8-1-3　一片袖基本型

2. 插肩袖基本型框架图

（1）根据尺寸规格绘制一片袖基本型。见图8-1-3。

（2）校正袖窿弧线与袖山弧线的吻合度与吃势量的准确性。见图8-1-4。

（3）进行插肩袖角度设计。上平线与袖中线的夹角称为插肩袖的角度。插肩袖常用角度为60°、45°和30°，图示中，角度越大袖子与衣身余量越少，代表袖子活动量越小，角度越小袖子与衣身余量越大，代表袖子活动量越大。45°是常用的插肩袖角度，袖子活动松量适宜，属于较合体插肩袖。60°是合体插肩袖型，30°是宽松插肩袖型。见图8-1-5。

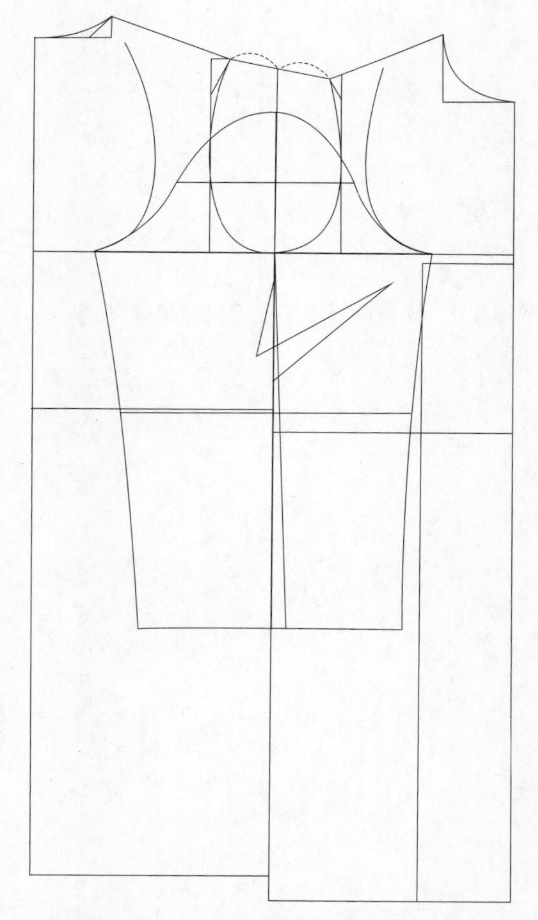
图8-1-4　校正袖窿弧线与袖山弧线

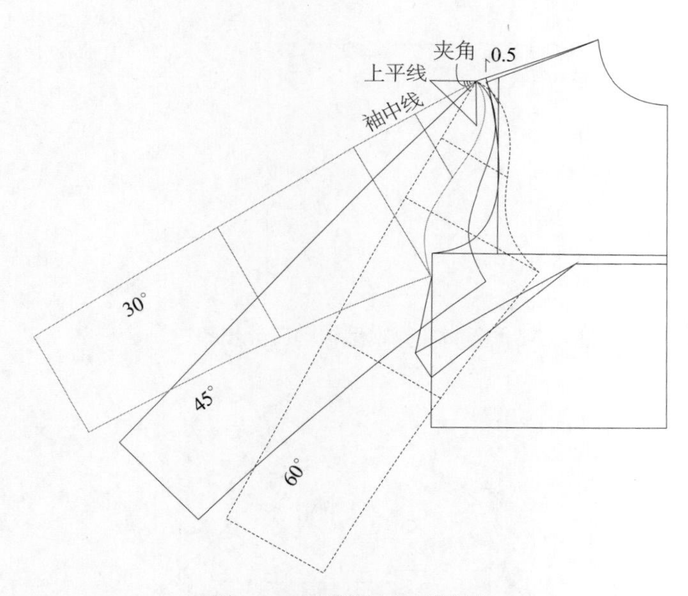

图8-1-5　插肩袖角度设计

3. 插肩袖基本型结构设计

（1）在袖窿处设计插肩袖角度，根据角度将袖子与袖窿相交。见图8-1-6。

（2）根据款式设计袖窿分割线的位置，确定切点（此处将分割线与袖窿弧线相交的点称为切点）。见图8-1-7。

（3）绘制袖窿分割线，然后调整切点以下的袖窿弧线，使之与对应的袖窿分割弧线等长。见图8-1-8。

（4）确定插肩袖与衣身绱袖对位点。见图8-1-9。

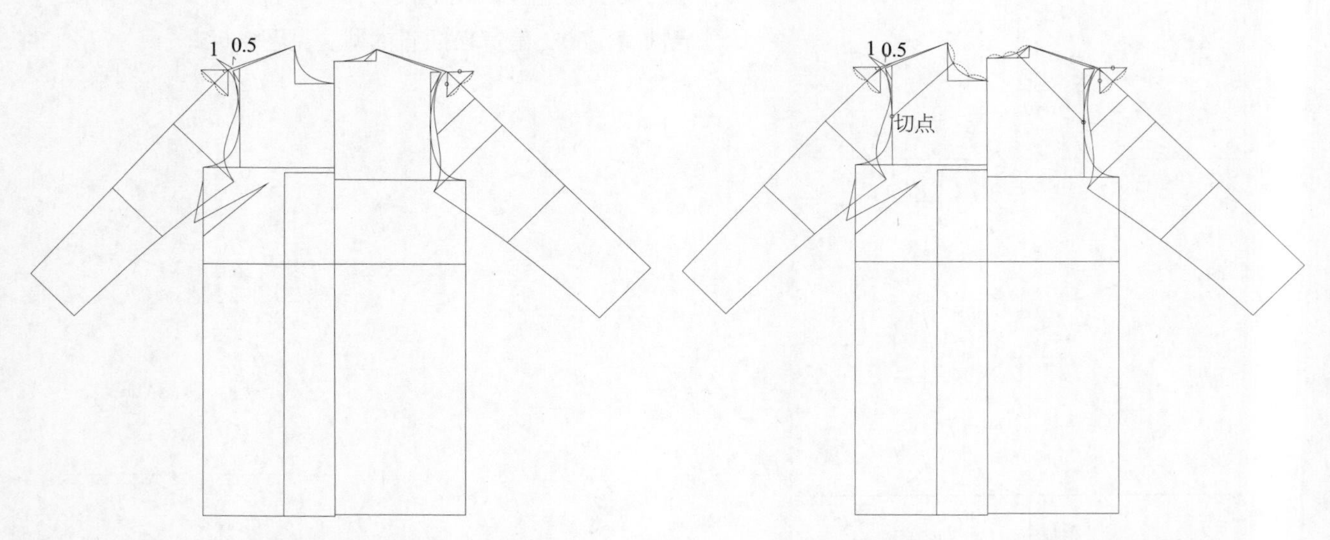

图8-1-6　插肩袖基本型结构设计步骤一

图8-1-7　插肩袖基本型结构设计步骤二

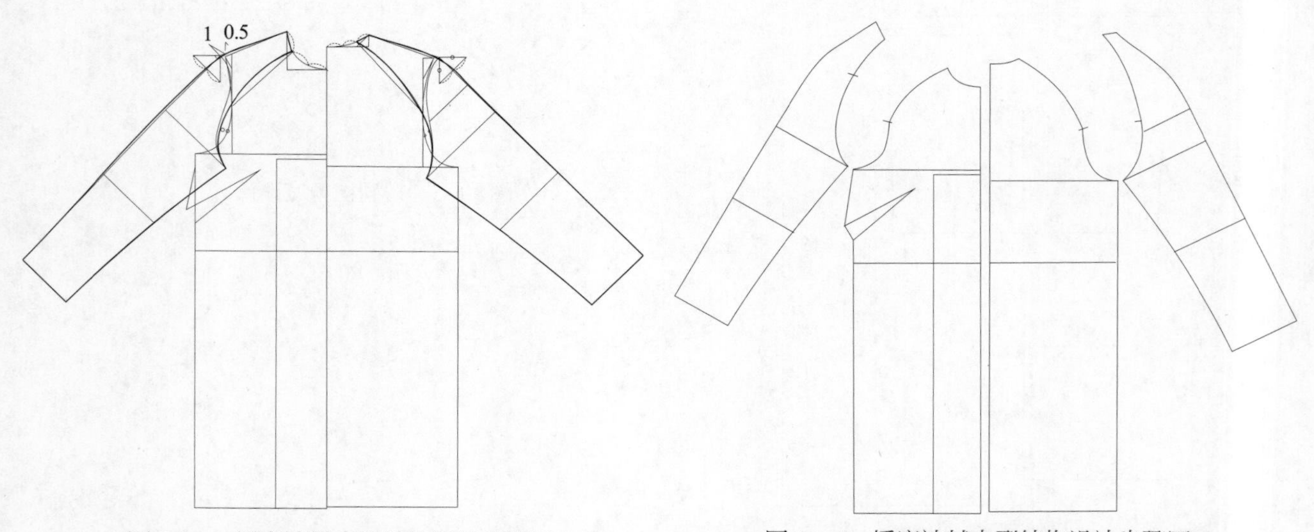

图8-1-8　插肩袖基本型结构设计步骤三

图8-1-9　插肩袖基本型结构设计步骤四

（三）插肩袖试衣效果

1. 插肩袖基本型样版放缝

此处样版放缝包括衣身。领口放缝0.6 cm，袖窿放缝0.8 cm，衣身与袖口底边放缝3 ~ 4 cm，其余部位均放缝1 cm。见图8-1-10。

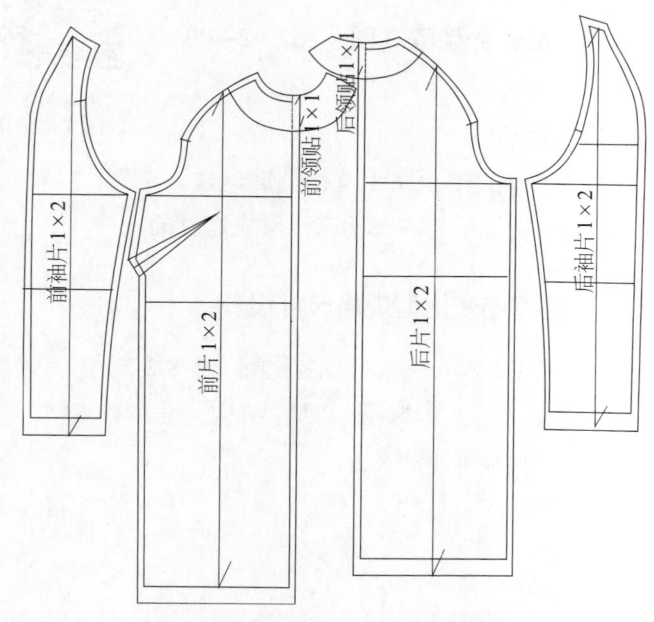

图8-1-10　插肩袖基本型样版放缝

2. 插肩袖基本型3D试衣

根据插肩袖基本型样版进行工艺缝制试样，从不同角度看成衣效果。插肩袖基本型结构设计采用45° 角，袖子正面无不良褶皱；侧面，肩部与袖子线条流畅；背面，无不良褶皱。见图8-1-11。

（四）实践题

根据穿着者的人体尺寸，设计插肩袖基本型的规格尺寸。在此基础上，按照图8-1-12所示款式图进行结构设计。

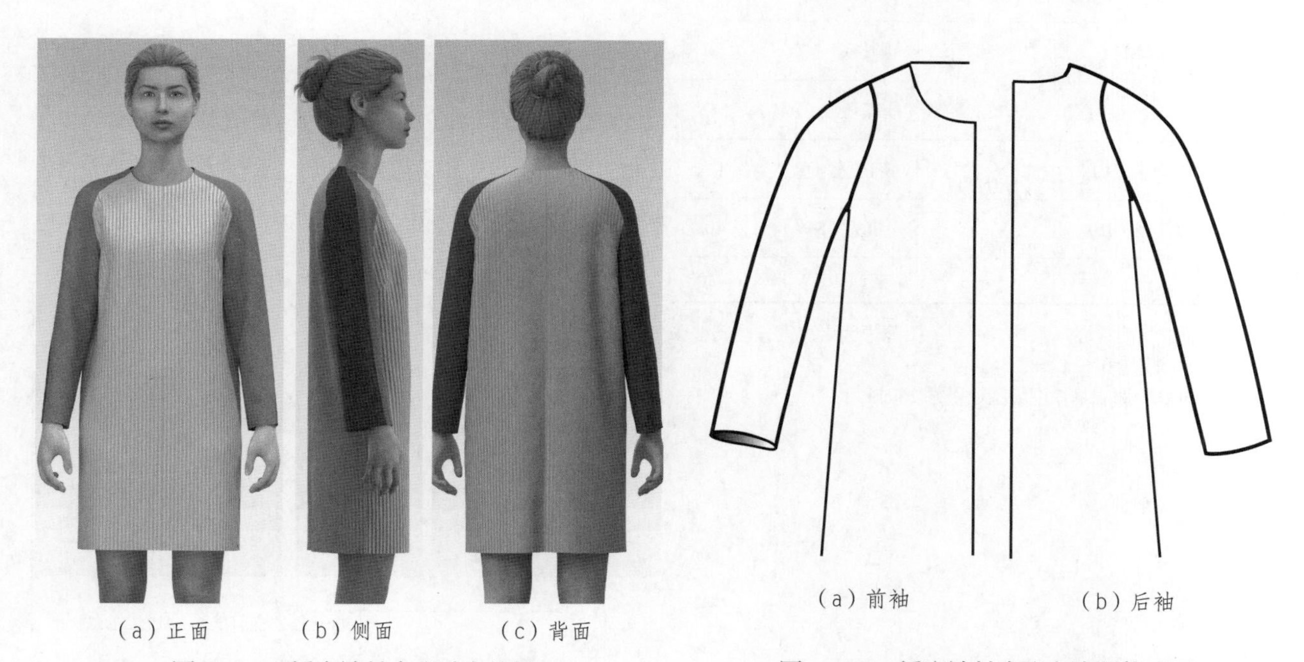

（a）正面　（b）侧面　（c）背面

图8-1-11　插肩袖基本型试衣效果

（a）前袖　（b）后袖

图8-1-12　插肩袖基本型实践题款式图

二、插肩袖变化型制版

（一）插肩袖变化型款式分析

视频8–2
插肩袖变化型制版

1. 插肩袖变化型款式图（图8–2–1）

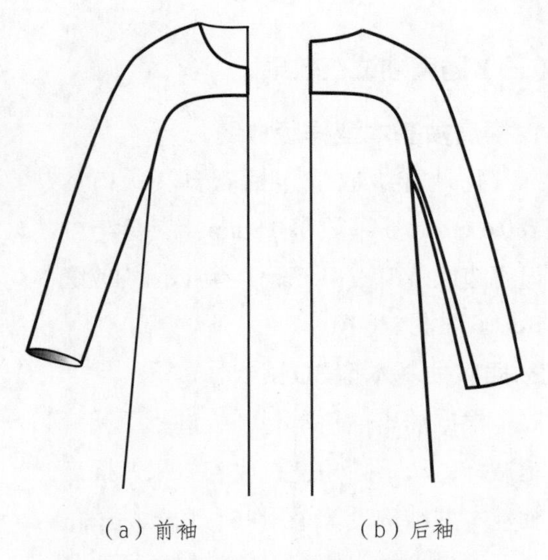

（a）前袖　　（b）后袖

图8-2-1　插肩袖变化型款式图

2. 款式特点

插肩袖变化型属于宽松型插肩袖，在设计时将袖子与衣身相连，形成连身袖。

（二）插肩袖变化型规格尺寸设计

参考165/84A风衣衣身变化型（图8-2-2）的袖窿规格尺寸，绘制插肩袖的结构。插肩袖变化型的规格尺寸见表8-2-1。

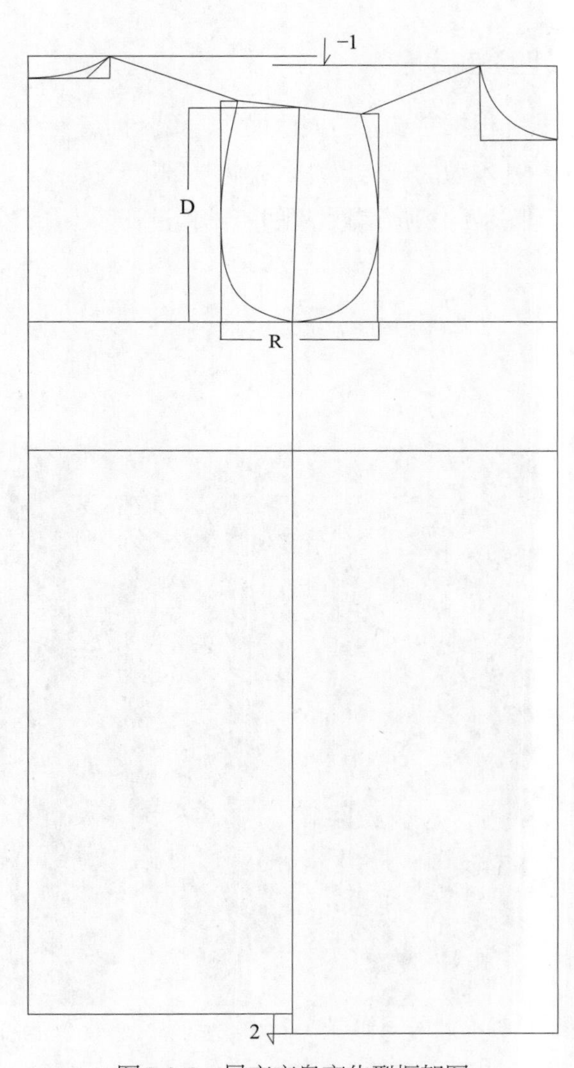

图8-2-2　风衣衣身变化型框架图

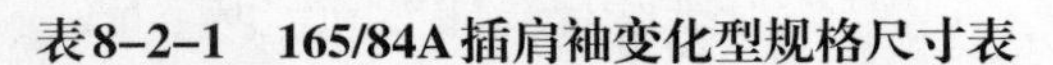

表8–2–1　165/84A插肩袖变化型规格尺寸表

单位：cm

长度尺寸		围度尺寸	
臂长	52	臂围	27
袖肘长（EL）	32	胸围（B）	110
袖长（SL）	56	胸省量（X）	0
袖窿深平均值(D)	23	袖窿弧线（AH）	55
袖山高（SH）	18（吃势为0）	袖窿宽（R）	16.5
袖山斜线（L）	26（吃势为0）	袖肥（SW）	40①
—	—	袖口（CW）	30

注：袖子吃势量根据款式、面料、工艺等因素决定，插肩袖采用常用量0 ~ 1 cm。

① 此处风衣基本型胸围松量为26 cm。

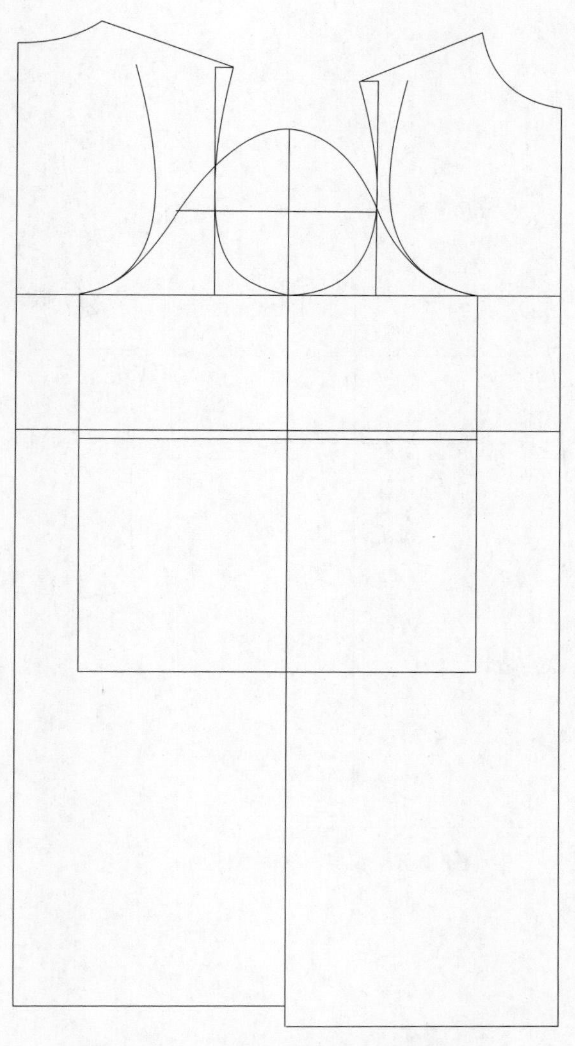

图8-2-3 校正袖山弧线与袖窿弧线

（三）插肩袖变化型结构设计

1. 插肩袖框架图

（1）根据规格表绘制一片袖基本框架。校正袖山弧线与袖窿弧线的吻合度。见图8-2-3。

（2）根据尺寸规格绘制一片袖变化型结构。见图8-2-4和图8-2-5。

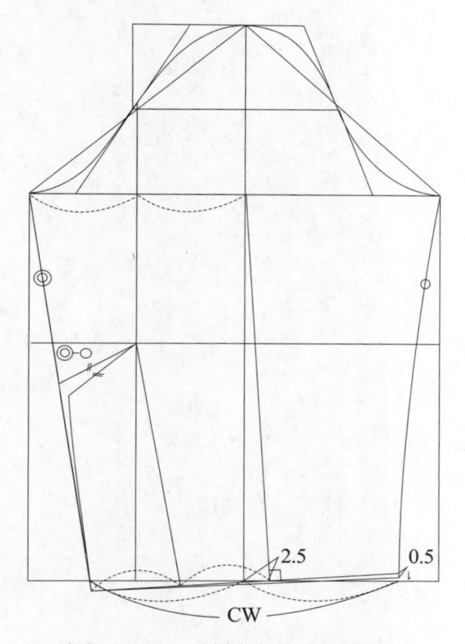

图8-2-4 一片袖变化型步骤一

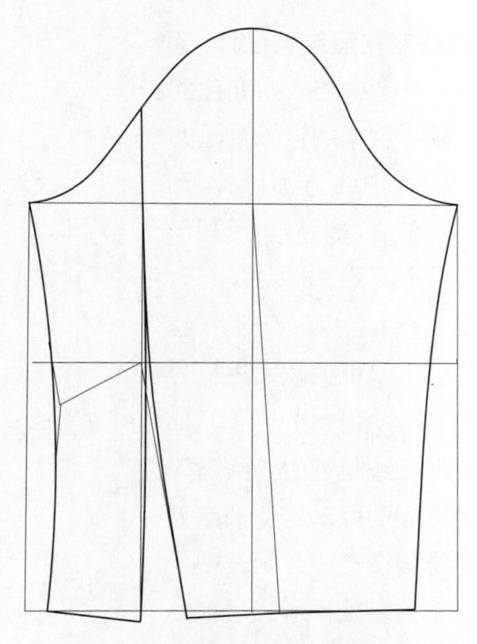

图8-2-5 一片袖变化型步骤二

（3）在延伸肩斜线基础上，间隔2 cm，在袖中线10 cm处作一垂线段，在垂线段上取不同尺寸，例如2 cm、4 cm等，作为袖子不同倾斜角度的绘制依据。在结构图中以“10:定数”（直角边的“长边:短边”）标注，定数即垂线段的取值数据，数字越大则袖子与衣身之间活动量越小。延伸肩斜线和“10:2”属于宽松袖型，“10:4” ~ “10:5”属于较合体袖型，“10:6” ~ “10:7”属于合体袖型。见图8-2-6和图8-2-7。

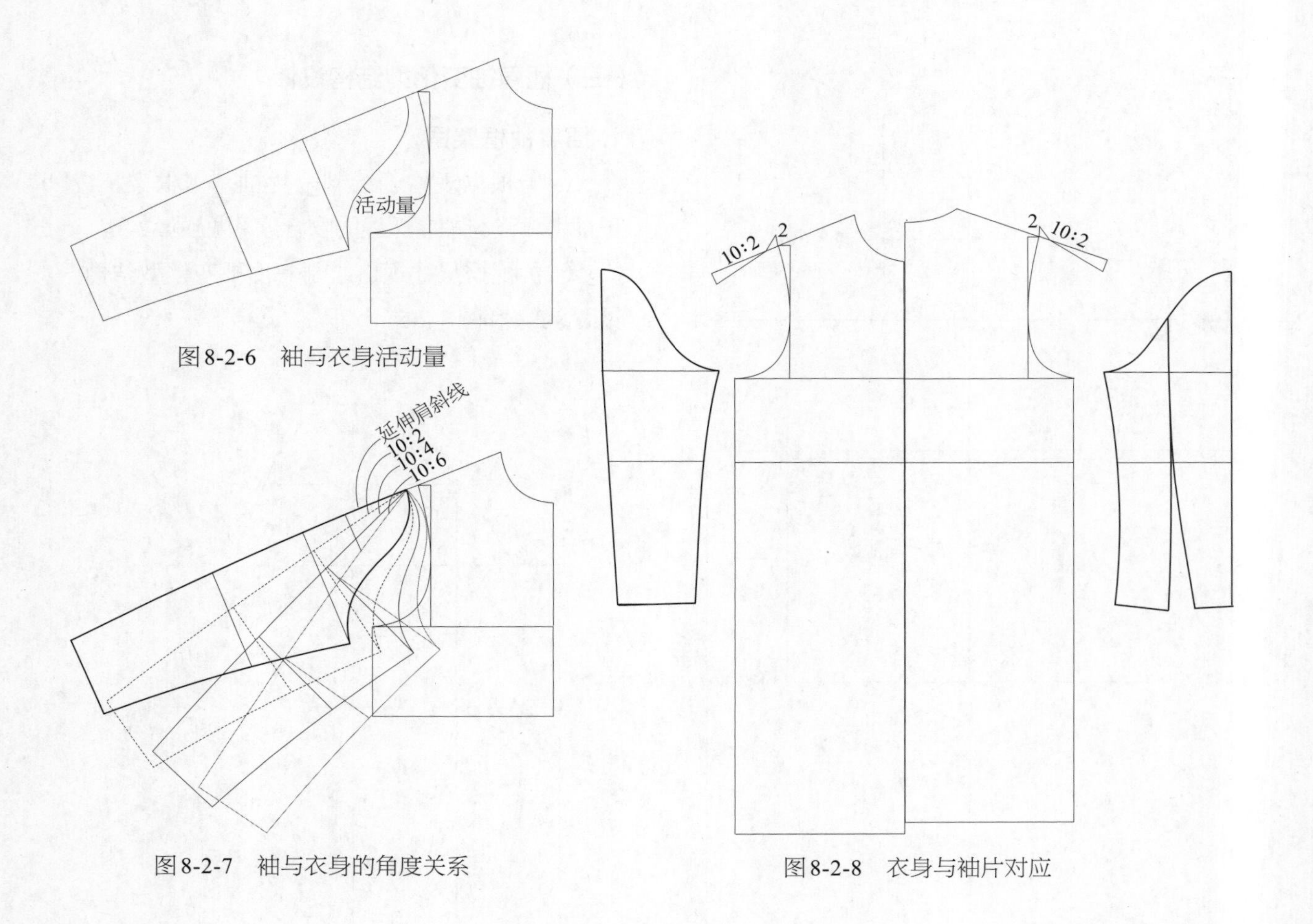

图8-2-6 袖与衣身活动量

图8-2-7 袖与衣身的角度关系

图8-2-8 衣身与袖片对应

2. 插肩袖变化型结构设计

（1）参考袖与衣身角度的关系，根据款式图设计袖子的角度。沿袖中线将袖片分开，将前袖与前衣身对应，后袖与后衣身对应。见图8-2-8。

（2）在袖与衣身对应结合的基础上，根据款式进行分割线设计。注意切点以下部位，袖窿弧线与袖山弧线需等长。根据需要可以调整袖窿弧线。在结构设计中，延长袖子分割线至袖窿处，形成后袖分割线。见图8-2-9。

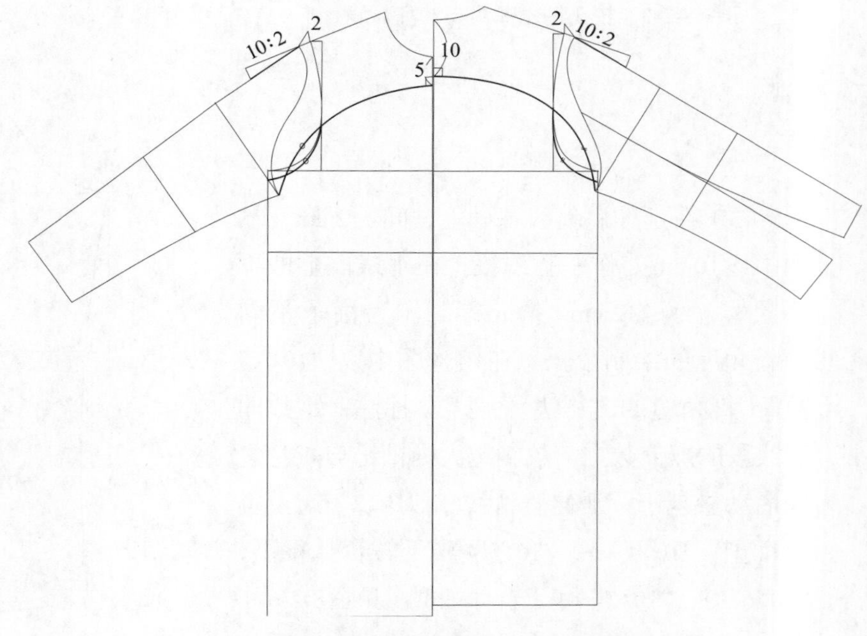

图8-2-9 插肩袖变化型结构设计步骤一

（3）根据结构设计图，将插肩袖与衣身分开，呈现连身袖结构的袖片设计。见图8-2-10。

图8-2-10　插肩袖变化型结构设计步骤二

（四）插肩袖变化型试衣效果

1. 插肩袖变化型样版放缝

此处样版放缝包括衣身。衣身与袖口底边放缝3 ~ 4 cm，其余部位均放缝1 cm。见图8-2-11。

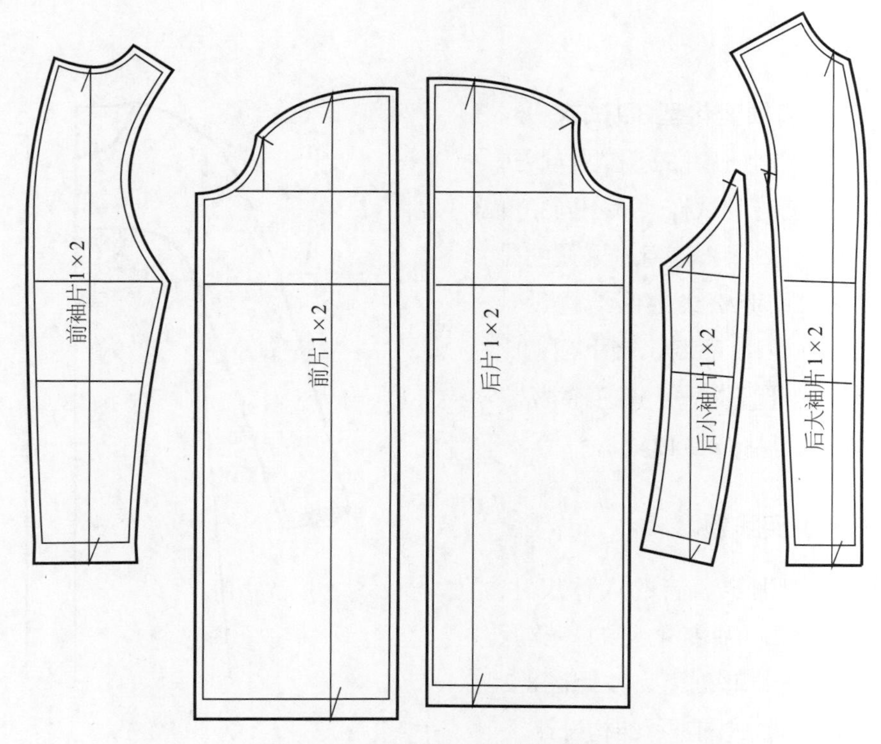

图8-2-11　插肩袖变化型样版放缝

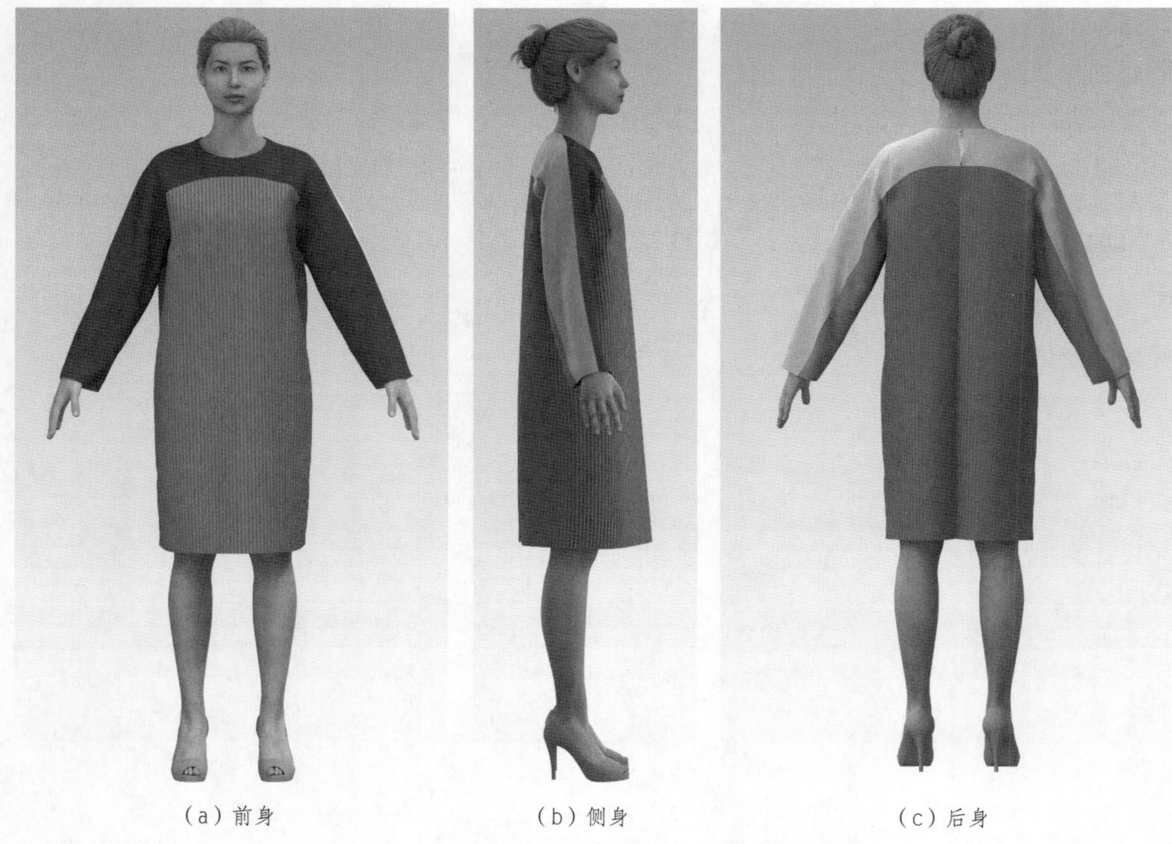

（a）前身　　（b）侧身　　（c）后身

图8-2-12　插肩袖变化型试衣效果

2. 插肩袖变化型3D试衣

根据插肩袖变化型样版进行工艺缝制试样，从不同角度看成衣效果。连身袖采用的是“10:2”宽松式比例结构设计的，前身、后身、腋下褶裥比较多，代表袖子与衣身的松量较多。见图8-2-12。

（五）实践题

根据穿着者的人体尺寸，设计插肩袖变化型的规格尺寸。在此基础上，按照图8-2-13所示款式图进行结构设计。

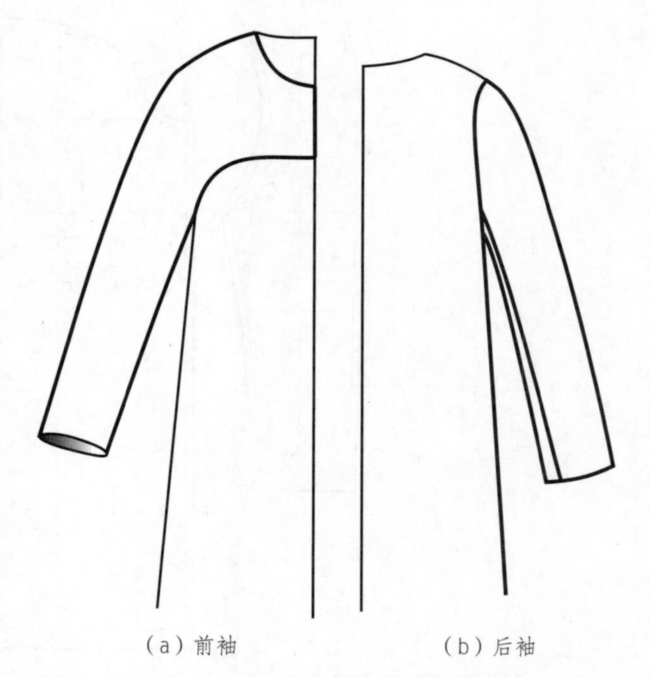

（a）前袖　　（b）后袖

图8-2-13　插肩袖变化型实践题款式图

单元九　风衣领型制版

一、翻领制版

（一）翻领款式分析

视频9-1
翻领制版

1. 翻领款式图（图9-1-1）

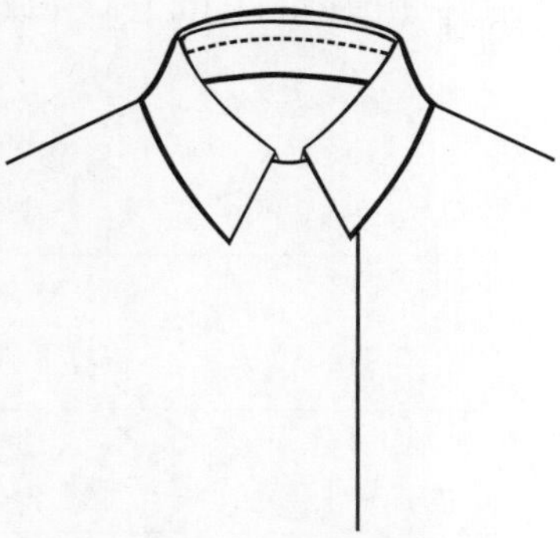

图9-1-1　翻领款式图

2. 款式特点

风衣翻领属于关门领，常用于外套类服装。翻领结构设计含隐形领座，绱领点在衣身中心点处，领角呈方形。

（二）翻领规格尺寸设计

参考165/84A风衣衣身基本型的规格尺寸，设置翻领的规格，见图9-1-2和表9-1-1。

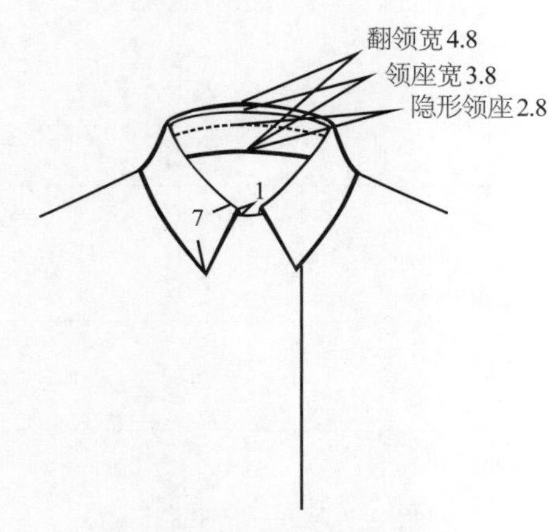

图9-1-2　翻领规格设计

表9-1-1　翻领规格尺寸表

单位：cm

号型	胸围	翻领宽(b)	领座宽(a)	门襟宽	翻领角宽
165/84A	100	4.8	3.8	6	7

（三）翻领结构设计

1. 翻领造型设计

（1）参考翻领规格设计在领口上设计造型线。见图9-1-3。

（2）在设计的领口造型线基础上绘制翻领框架。见图9-1-4。

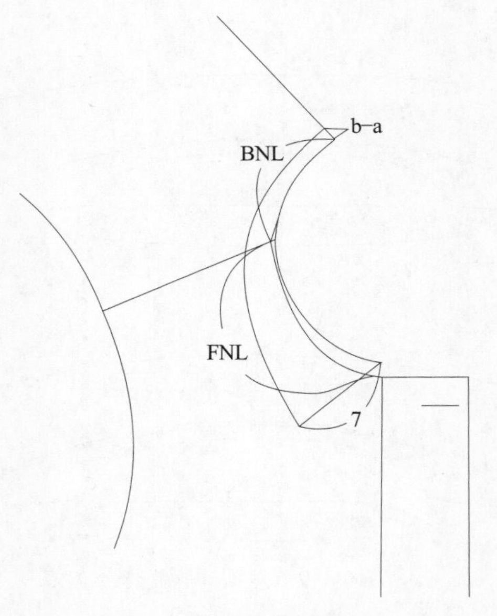

图9-1-3　翻领造型设计

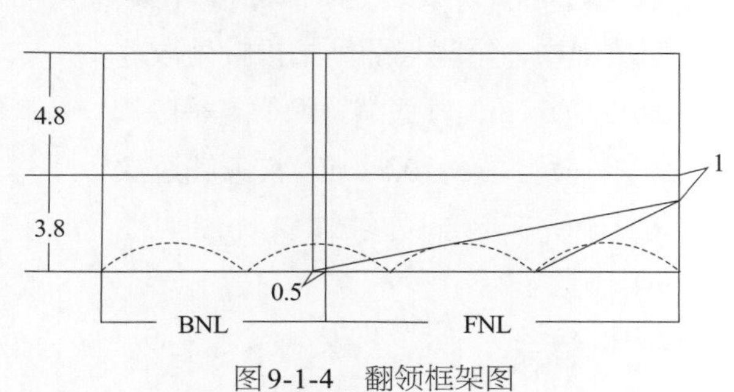

图9-1-4　翻领框架图

2. 翻领结构设计

（1）在翻领框架基础上，将抬高量转移到领外口线上，作出翻领松度。见图9-1-5。

（2）根据翻领规格，绘制翻领结构设计。在翻领基础上，绘制隐形领座的结构。见图9-1-6。

（3）在隐形领座基础上，设计后翻领的结构。见图9-1-7。

（4）在翻领造型的基础上，完成翻领与隐形领座的结构设计轮廓线。见图9-1-8。

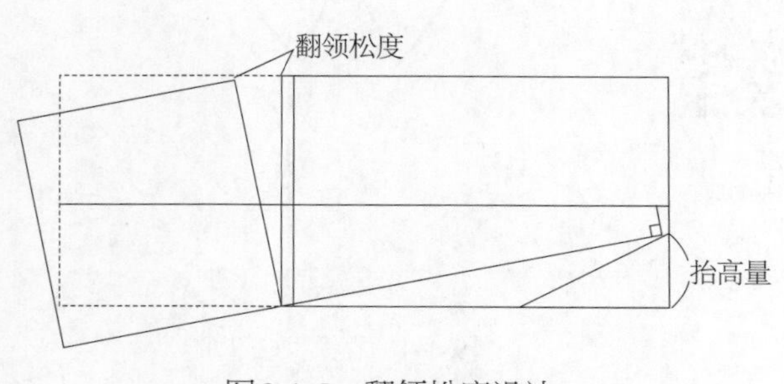

图9-1-5　翻领松度设计

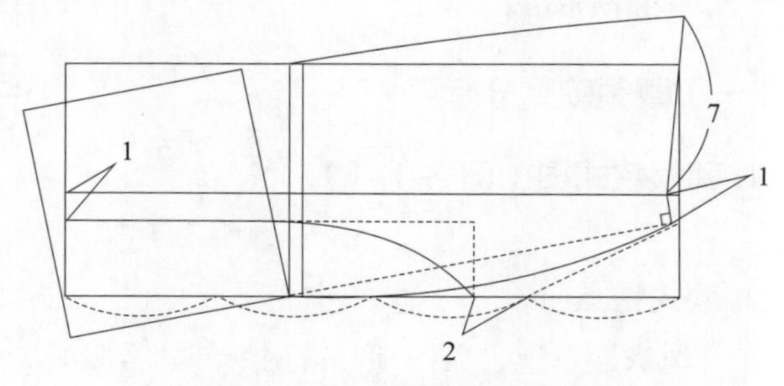

图9-1-6　翻领隐形领座设计

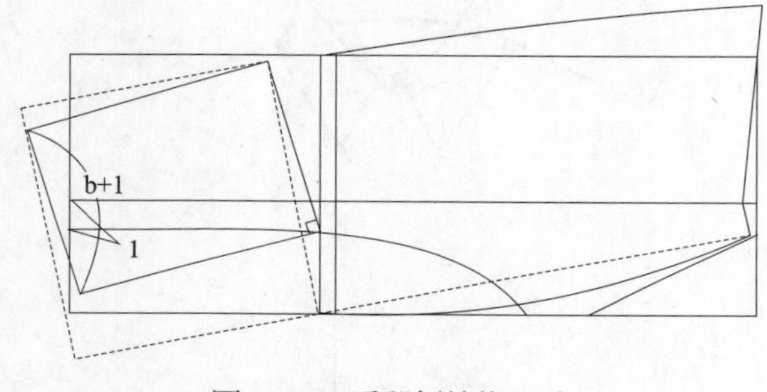

图9-1-7　后翻领结构设计

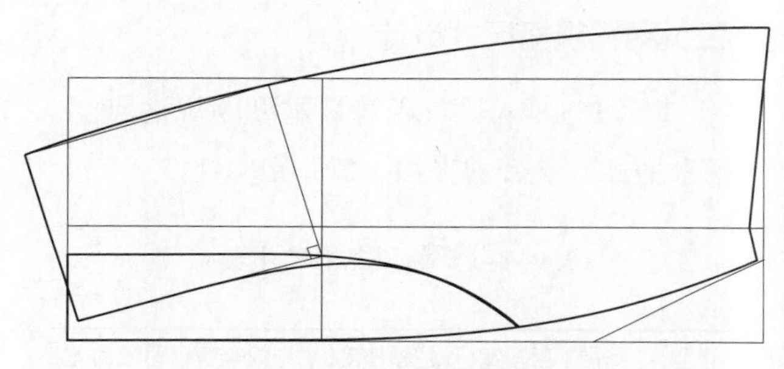

图9-1-8　翻领结构设计

（四）翻领试衣效果

1. 翻领样版制作（图9-1-9）

2. 翻领样版放缝

此处样版放缝包括衣身。在翻领放缝中，领座与翻领相拼接处放缝0.5 ~ 0.6 cm，领底绱领弧线与领口弧线相一致，放缝0.6 cm，衣身底边放缝3 cm，其余部位均放缝1 cm。见图9-1-10。

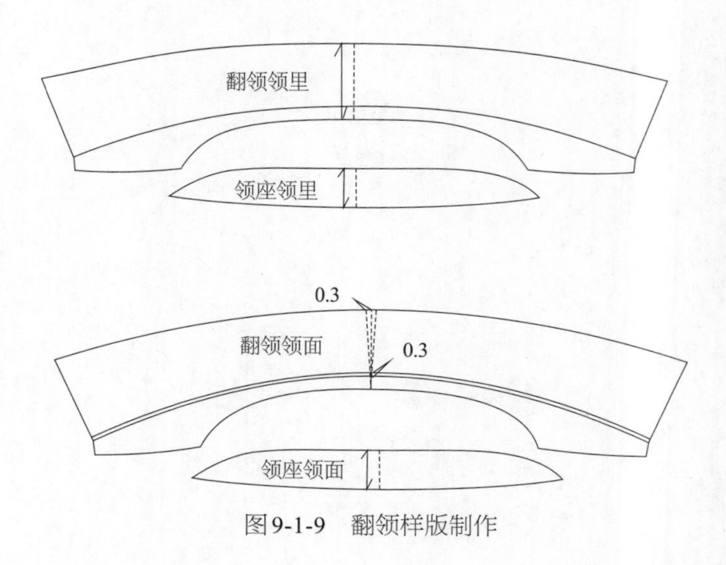

图9-1-9　翻领样版制作

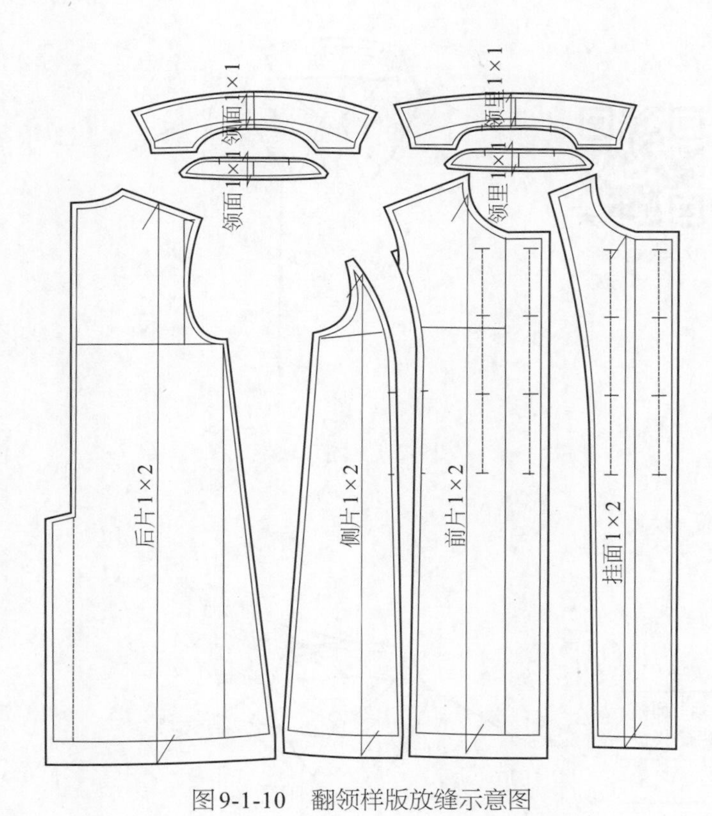

图9-1-10　翻领样版放缝示意图

3. 翻领3D试衣

根据翻领样版进行工艺缝制试样，从不同角度看成衣效果。正面，翻领的绱领点在中心线处；侧面，翻领外口伏贴；背面，领外口弧线流畅。见图9-1-11。

（五）实践题

根据165/84A号型规格尺寸，参考图9-1-12所示的款式图绘制翻领结构。

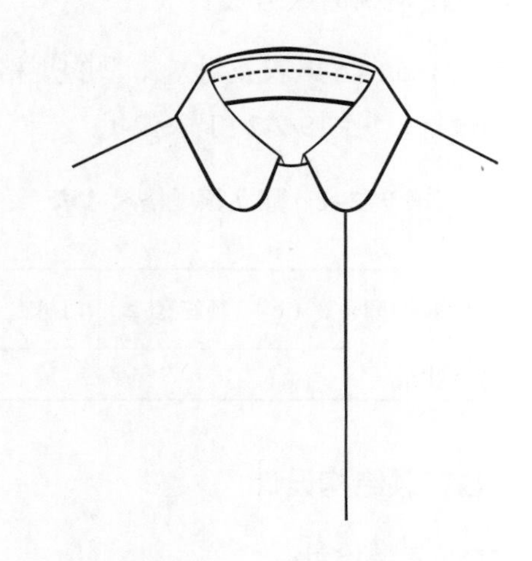

图9-1-12　翻领实践题款式图

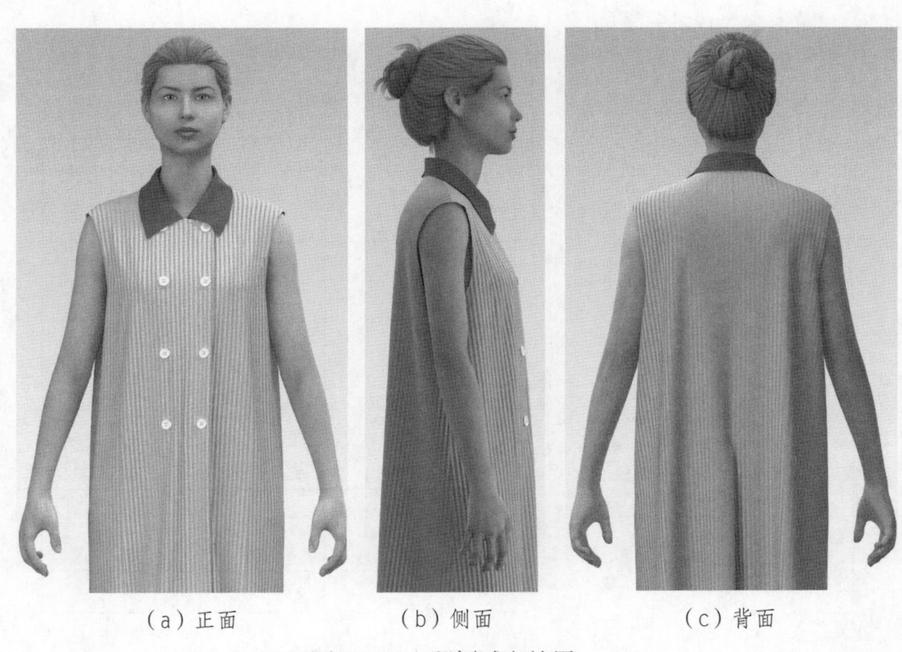

（a）正面　（b）侧面　（c）背面

图9-1-11　翻领试衣效果

二、翻立领制版

（一）翻立领款式分析

1. 翻立领款式图（图9–2–1）

图9-2-1　翻立领款式图

2. 款式特点

风衣翻立领是翻领与立领相结合的款式，是风衣常用领型。

（二）翻立领规格尺寸设计

参考165/84A风衣衣身基本型的规格尺寸，设置翻领的规格，见图9-2-2和表9-2-1。

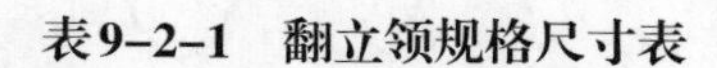
表9–2–1　翻立领规格尺寸表

单位：cm

号型	胸围	翻领宽（b）	领座宽(a)	门襟宽	翻立领角宽	翻领松度
165/84A	110	5	4	10	7.5	2.5

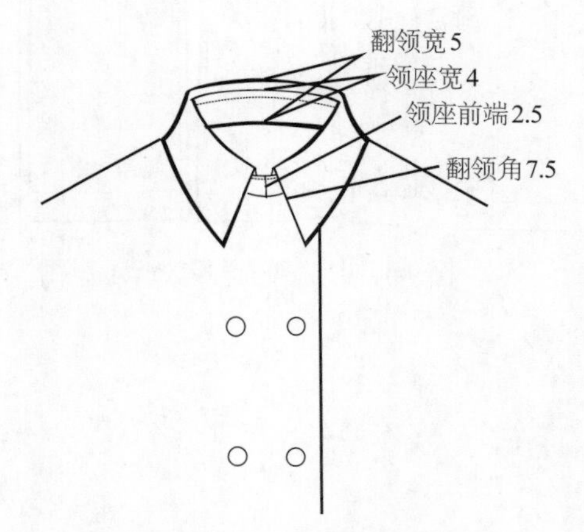

图9-2-2　翻立领规格设计

（三）翻立领结构设计

1. 翻立领造型设计

（1）参考翻立领规格设计在领口上设计造型线，翻领松度等于◎–○。见图9-2-3。

（2）在设计的领口造型线基础上绘制翻立领框架。见图9-2-4。

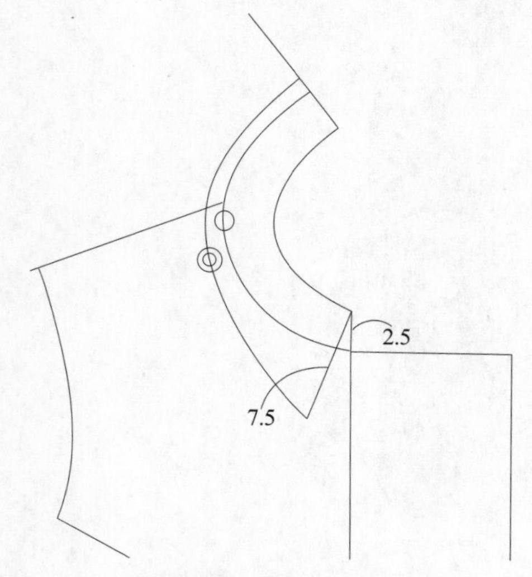

图9-2-3　翻立领造型设计

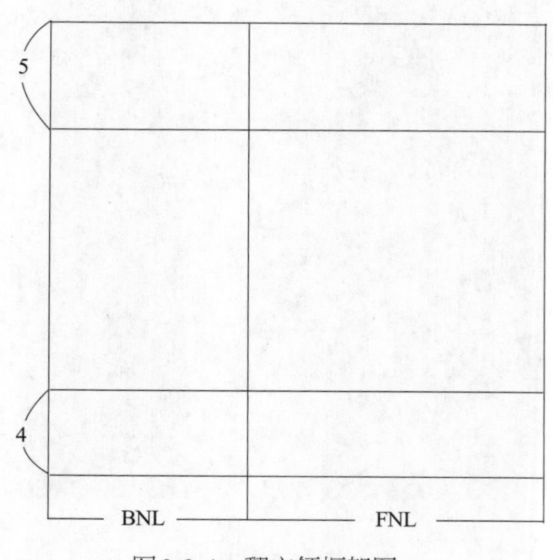

图9-2-4　翻立领框架图

2. 翻立领结构设计

（1）在翻领处作翻领松度，在领座处绘制立领。见图9-2-5。

（2）绘制翻领与立领时，注意保持翻领下口弧线与立领上口弧线长度一致。见图9-2-6。

（3）根据规格尺寸绘制翻领角，长度为7.5 cm，连接后领中点绘制翻领外轮廓线。见图9-2-7。

（四）翻立领试衣效果

1. 翻立领样版放缝

此处样版放缝包括衣身。在翻立领放缝中，领座绱领弧线与领口弧线相一致，放缝0.6 cm，衣身底边放缝3 cm，其余部位均放缝1 cm。见图9-2-8。

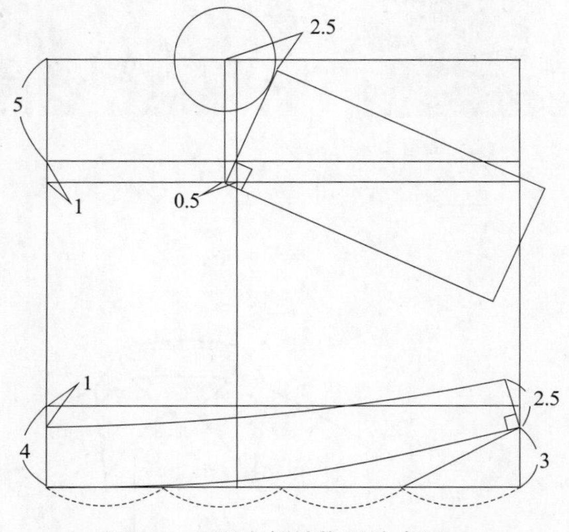

图9-2-5　翻立领结构设计步骤一

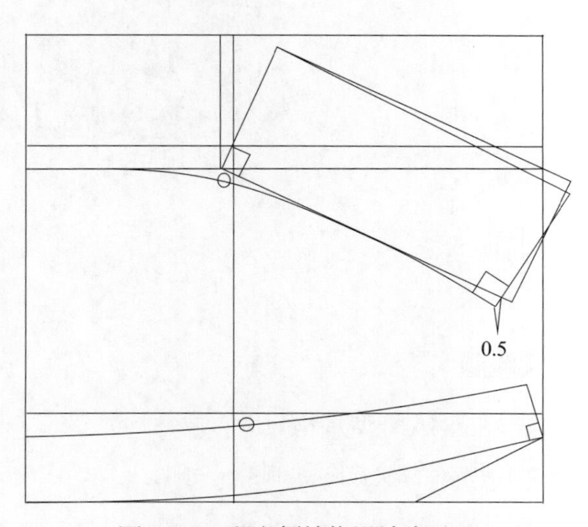

图9-2-6　翻立领结构设计步骤二

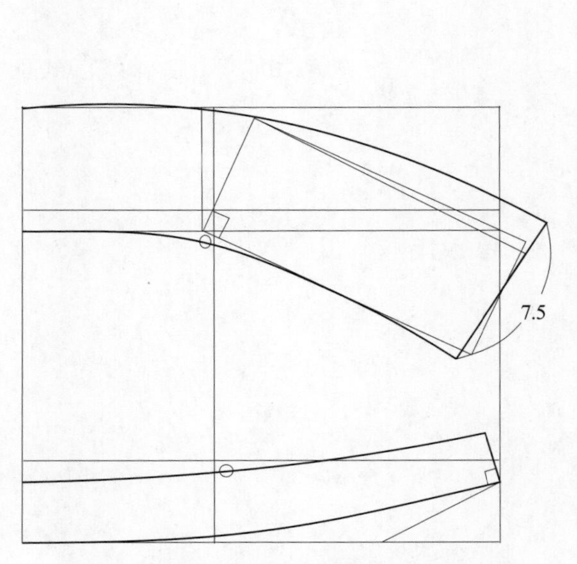

图9-2-7　翻立领结构设计步骤三

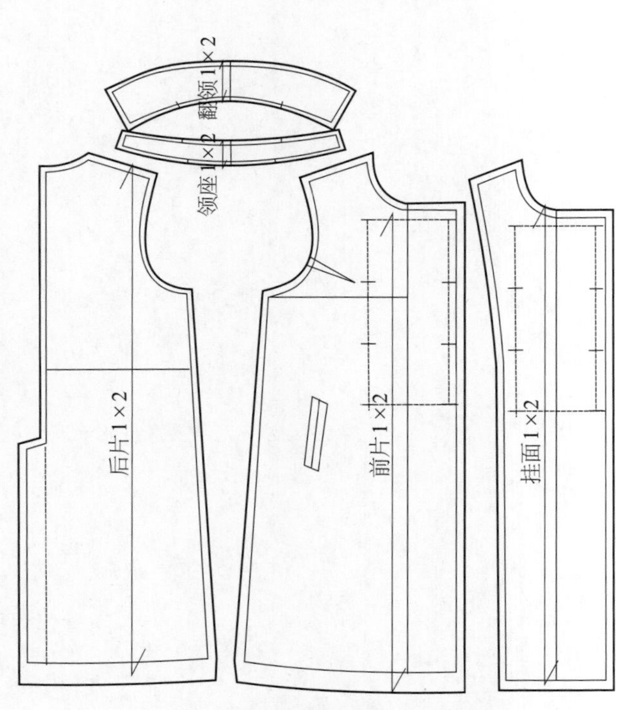

图9-2-8　翻立领样版放缝示意图

2. 翻立领3D试衣

根据翻立领样版进行工艺缝制试样，从不同角度看成衣效果。正面，翻立领的绱领点在中心线处；侧面，翻领外口伏贴；背面，领外口弧线流畅。见图9-2-9。

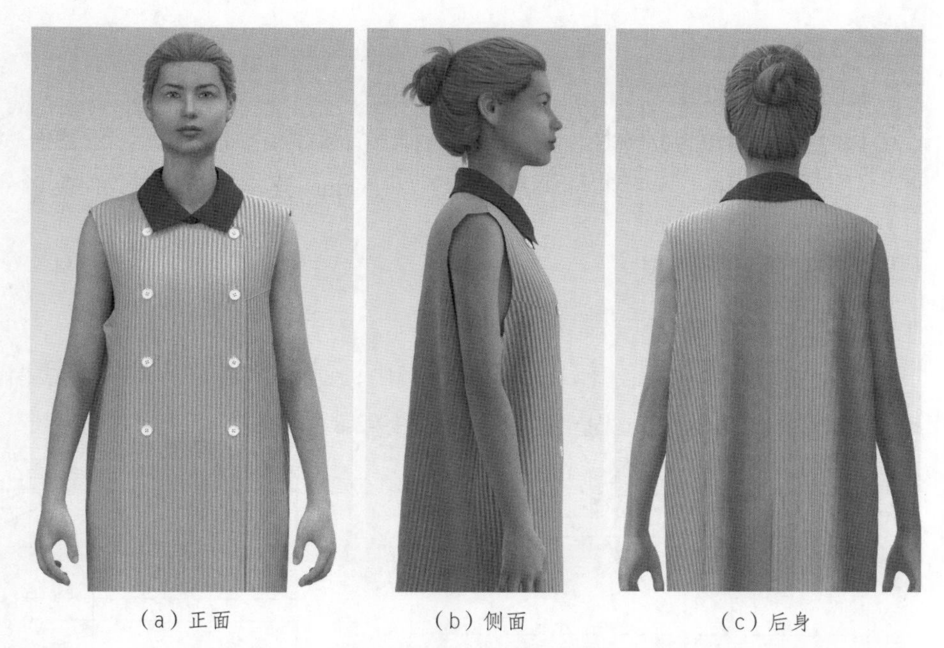

（a）正面　（b）侧面　（c）后身

图9-2-9　翻立领试衣效果

（五）实践题

根据165/84A号型规格尺寸，参考图9-2-10所示的款式图绘制翻立领结构。

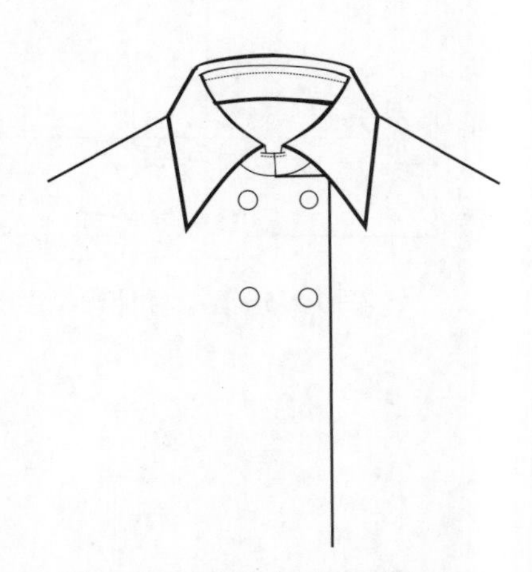

图9-2-10　翻立领实践题款式图

模块四　大衣制版

单元十　大衣衣身制版

一、大衣衣身基本型制版

（一）大衣衣身基本型款式分析

视频 10–1
大衣衣身基本型制版

1. 大衣衣身基本型款式图（图 10–1–1）

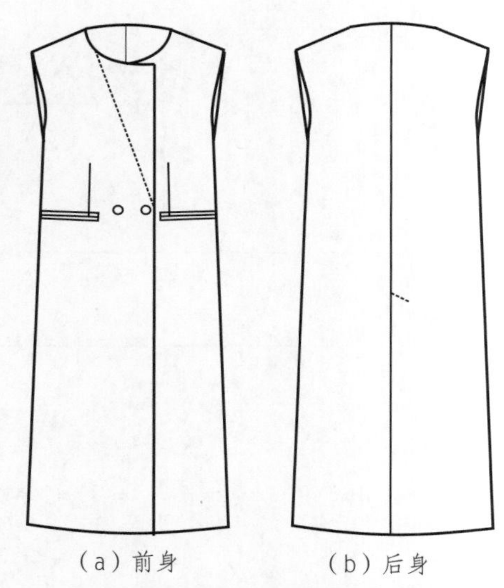

图 10-1-1　大衣衣身基本型款式图

2. 款式特点

大衣衣身基本型属于宽松型大衣，设有双门襟两排扣。前衣身有双嵌线挖袋，挖袋靠近前中心处有腰省。后衣身设有背缝，下摆处有长开衩。

（二）大衣衣身基本型规格尺寸设计（表10–1–1）

表10–1–1　165/84A大衣衣身基本型规格尺寸表

单位：cm

长度尺寸		围度尺寸	
胸省量（X）	0	胸围（B）	116
后领深	2.5	后领宽	B/20+3
后腰节长	40	前领宽和前领深	后领宽−0.5
后衣长	108	后背宽	1.5B/10+3.5
袖窿深	B/4−1.5	冲肩量	1.8
前片上抬量	−1	前、后胸围	B/4
前片降低量	2	后胸宽-前胸宽	1.2 ~ 1.4
落肩量辅助直角边长	15:5.5 和 15:6.3	后小肩-前小肩	0.5
BP 点高	（号＋型）/10	BP 点宽	B/10−0.5
后开衩高	HL 往下量取 13 ~ 15	门襟宽	12
领座高（a）	3.5	—	—

（三）大衣衣身基本型结构设计

1. 大衣衣身基本型框架图

根据尺寸规格表，绘制165/84A号型大衣衣身基本型框架。见图10-1-2。

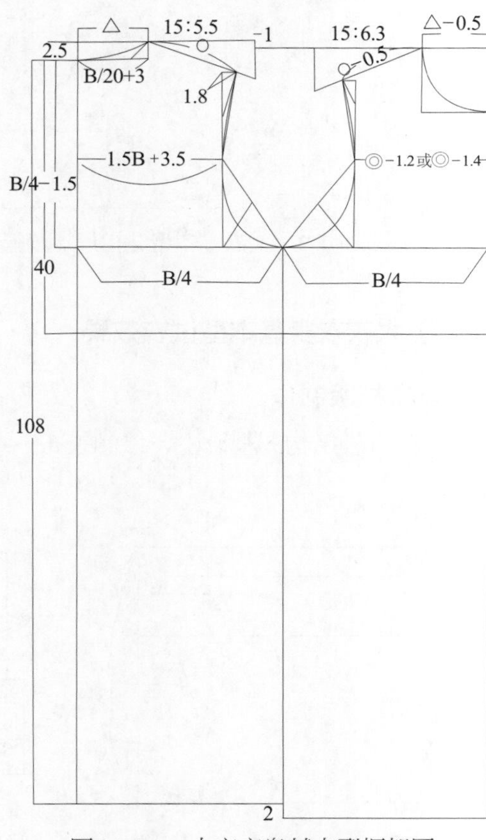

图 10-1-2　大衣衣身基本型框架图

2. 大衣衣身基本型结构设计

（1）在大衣衣身基本型框架图基础上，根据0.8a绘制领基圆，在衣身的中心线位置设计门襟宽为12 cm，确定腰围线与止口线交点为第一粒扣位，根据第一粒扣位与领基圆相切绘制大衣的驳口线。见图10-1-3。

（2）根据款式设计分割线，将省道合理转移到分割线处。见图10-1-4。

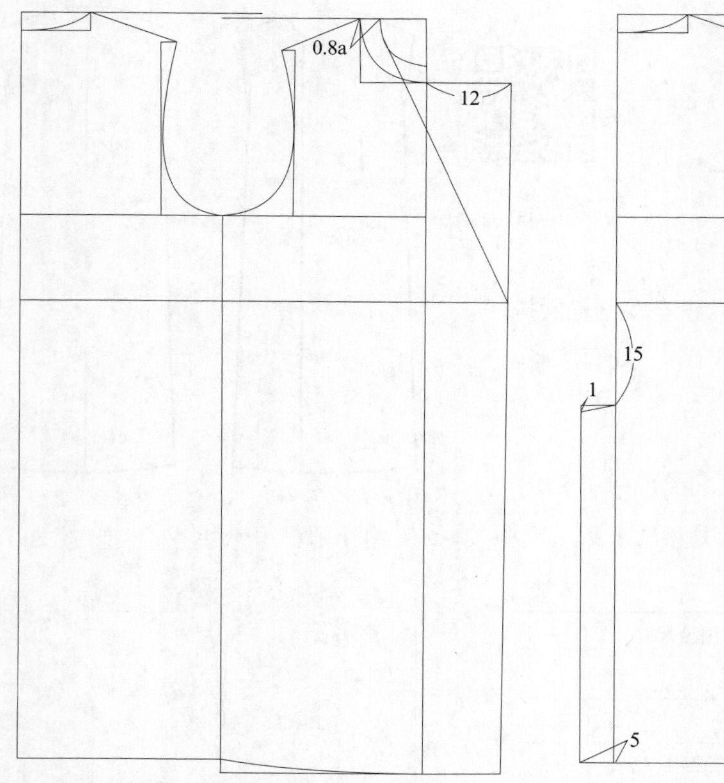

图10-1-3 大衣基本型结构设计步骤一

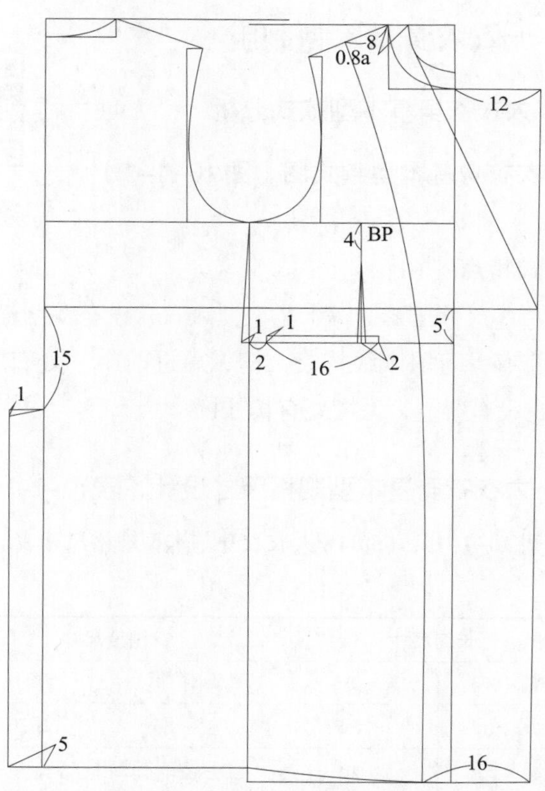

图10-1-4 大衣基本型结构设计步骤二

（四）大衣衣身基本型试衣效果

1. 袋布样版制作

在口袋结构图基础上，绘制袋布、 袋嵌线、垫袋布等相关辅料。见图10-1-5。

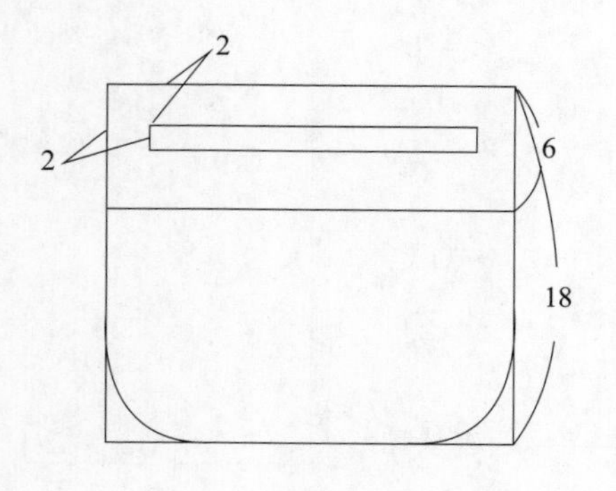

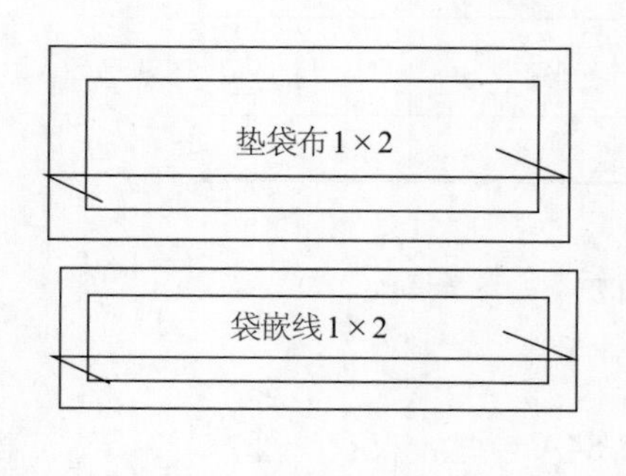

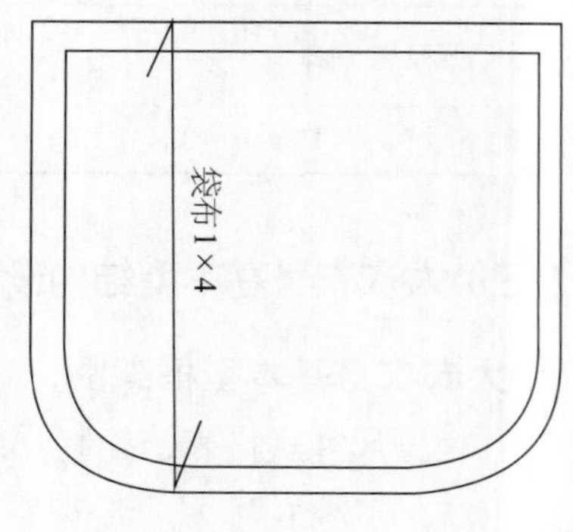

图10-1-5 袋布样版制作示意图

2. 衣身面料样版放缝

领口放缝0.6 cm，袖窿放缝0.8 cm，衣身底边放缝4 ~ 5 cm，挂面底边放缝2 ~ 2.5 cm，其余部位均放缝1 cm。见图10-1-6。

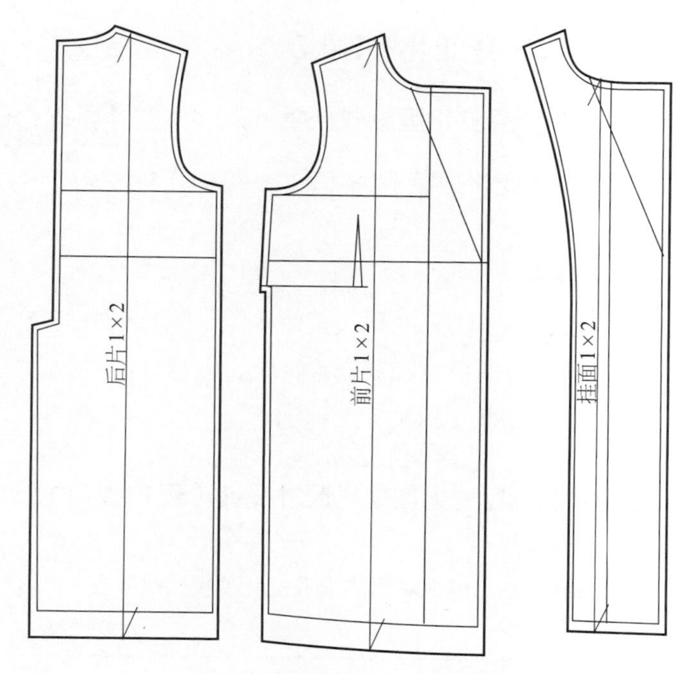

图10-1-6　衣身面料放缝示意图

3. 大衣衣身基本型3D试衣

根据大衣衣身基本型样版进行工艺缝制试样，从不同角度看成衣效果。前身，有双排扣；侧身，前、后衣身平衡；后身，松量适宜。见图10-1-7。

（五）实践题

根据穿着者的人体尺寸，设计大衣衣身基本型的规格尺寸。在此基础上，按照图10-1-8所示款式图进行结构设计。

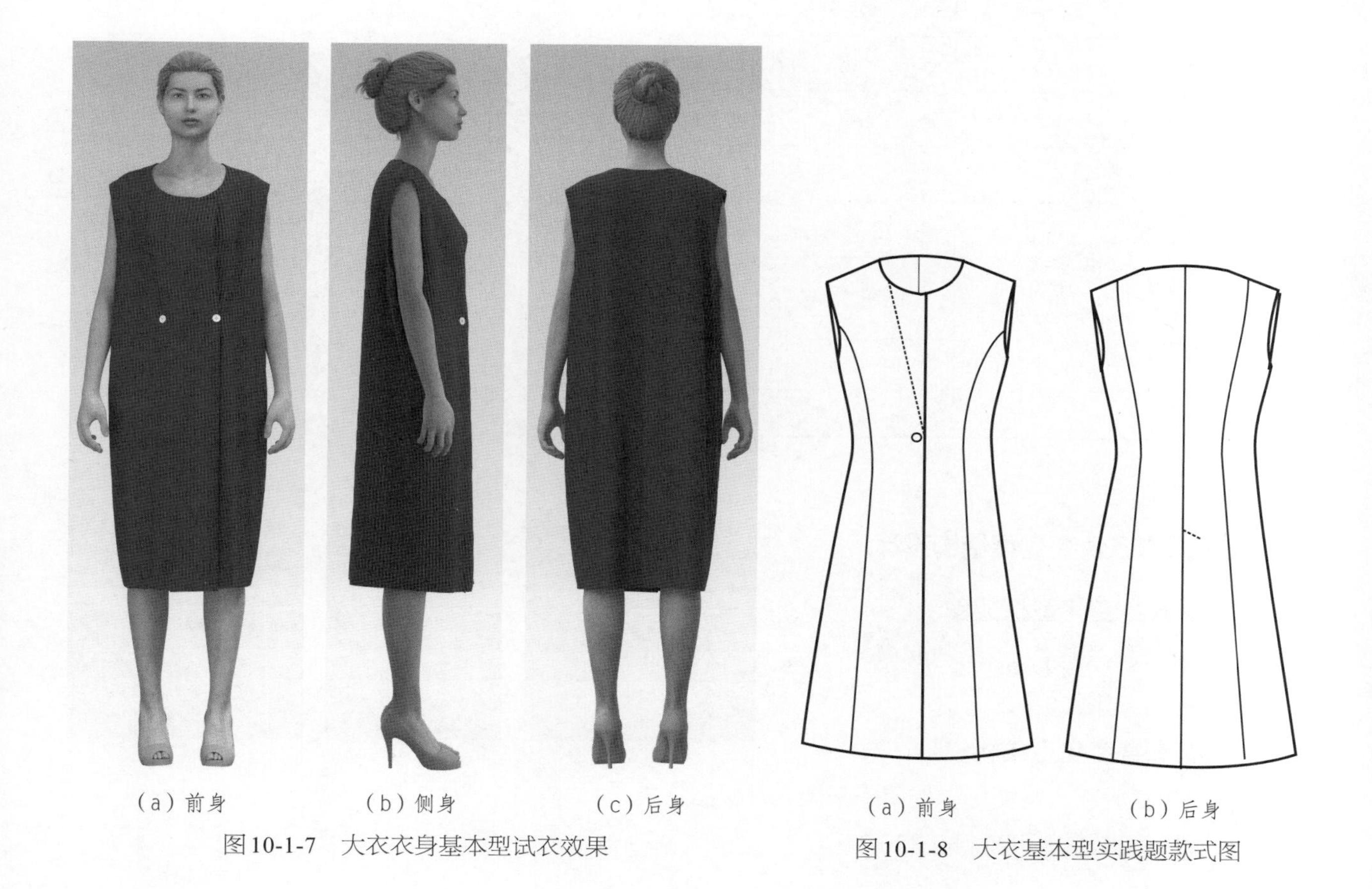

（a）前身　（b）侧身　（c）后身

图10-1-7　大衣衣身基本型试衣效果

（a）前身　（b）后身

图10-1-8　大衣基本型实践题款式图

二、大衣衣身变化型制版

视频10-2
大衣衣身变化型
制版

（一）大衣衣身变化型款式分析

1. 大衣衣身变化型款式图（图10-2-1）

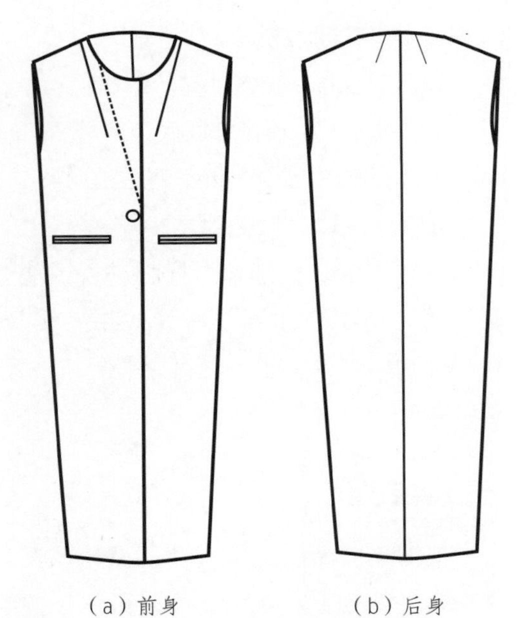

（a）前身　（b）后身

图10-2-1　大衣衣身变化型款式图

2. 款式特点

大衣衣身变化型属于蚕茧型大衣，设有单排一粒扣。前衣身有领口省和双嵌线挖袋，侧缝处向内收。后衣身设有背缝。

（二）大衣衣身变化型规格尺寸设计（表10-2-1）

表10-2-1　165/84A大衣衣身变化型规格尺寸表

单位：cm

长度尺寸		围度尺寸	
胸省量（X）	0	胸围（B）	108
后领深	2.5	后领宽	B/20+3
后腰节长	40	前领宽和前领深	后领宽−0.5
后衣长	95	后背宽	1.5B/10+3.5
袖窿深	B/4−1.5	冲肩量	1.8
前片上抬量	0	前、后胸围	B/4
前片降低量	1	后胸宽−前胸宽	1.2 ~ 1.4
落肩量辅助直角边长	15:5.5和15:6.3	后小肩−前小肩	0.5
BP点高	（号＋型）/10	BP点宽	B/10−0.5
—	—	门襟宽	4

（三）大衣衣身变化型结构设计

1. 大衣衣身变化型框架图

根据尺寸规格表，绘制165/84A号型大衣衣身变化型框架。见图10-2-2。

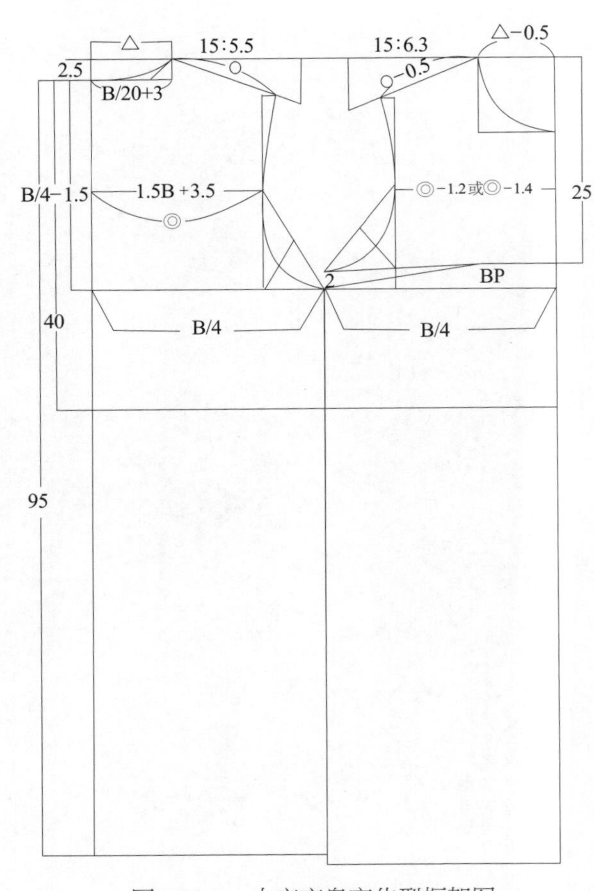

图10-2-2　大衣衣身变化型框架图

2. 大衣衣身变化型结构设计

（1）在大衣衣身变化型框架图基础上，根据款式图设计后肩省及搭门宽。见图10-2-3。

（2）根据款式设计分割线，确定后领口省位，将胸省转移到前领口，合并肩省，绘制后领口省。见图10-2-4。

（3）绘制驳头宽及下摆造型，根据款式图确定袋位及袋口的大小。见图10-2-5。

（4）绘制完成前衣片的结构，在此基础上绘制挂面的结构线。见图10-2-6。

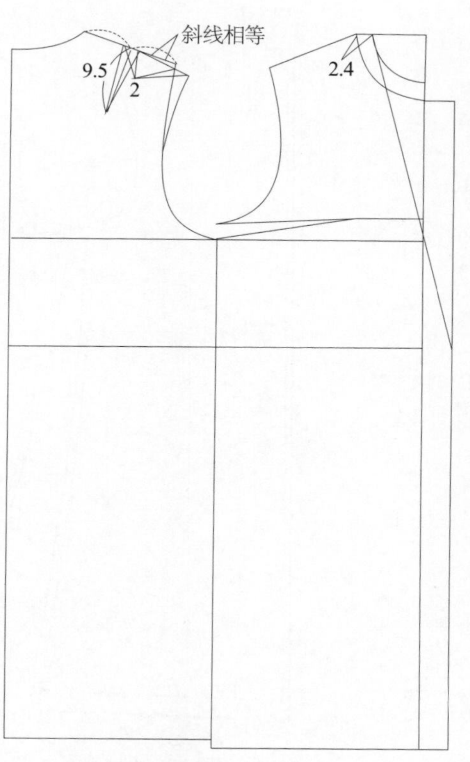

图10-2-3　大衣衣身变化型结构设计步骤一

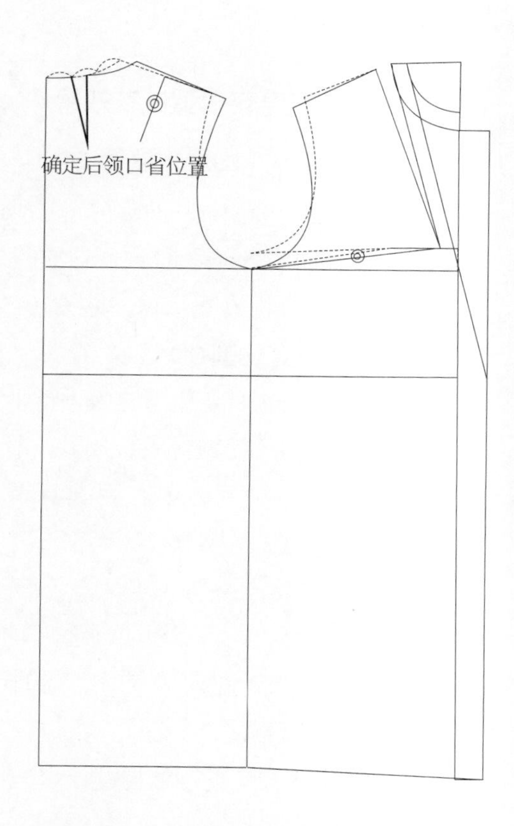

图10-2-4　大衣衣身变化型结构设计步骤二

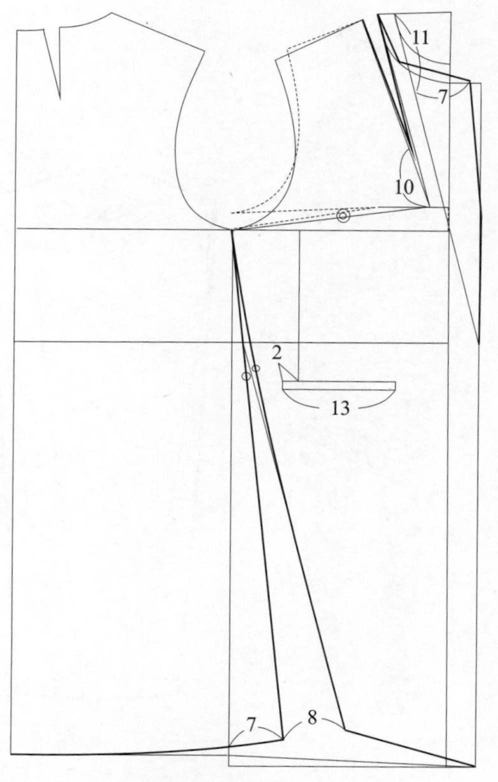

图10-2-5　大衣衣身变化型结构设计步骤三

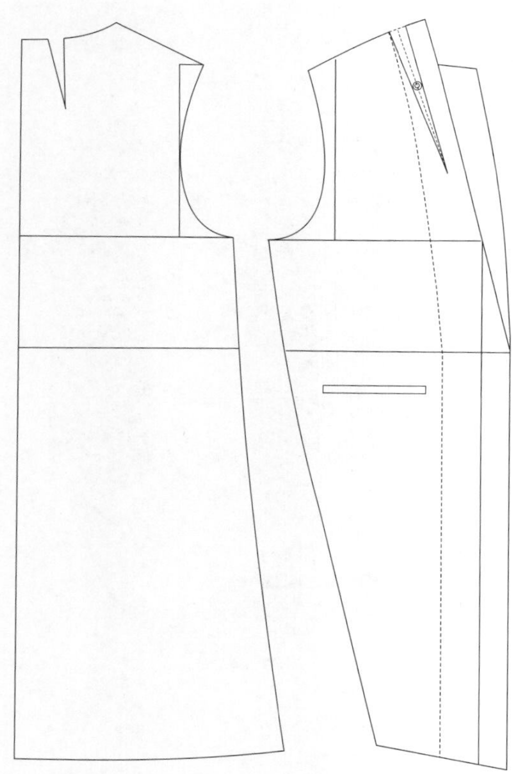

图10-2-6　大衣衣身变化型结构设计步骤四

（四）大衣衣身变化型试衣效果

1. 大衣衣身变化型样版放缝

领口放缝0.6 cm，袖窿放缝0.8 cm，衣身底边放缝4 ~ 5 cm，挂面底边放缝2 ~ 2.5 cm，其余部位均放缝1 cm。见图10-2-7。

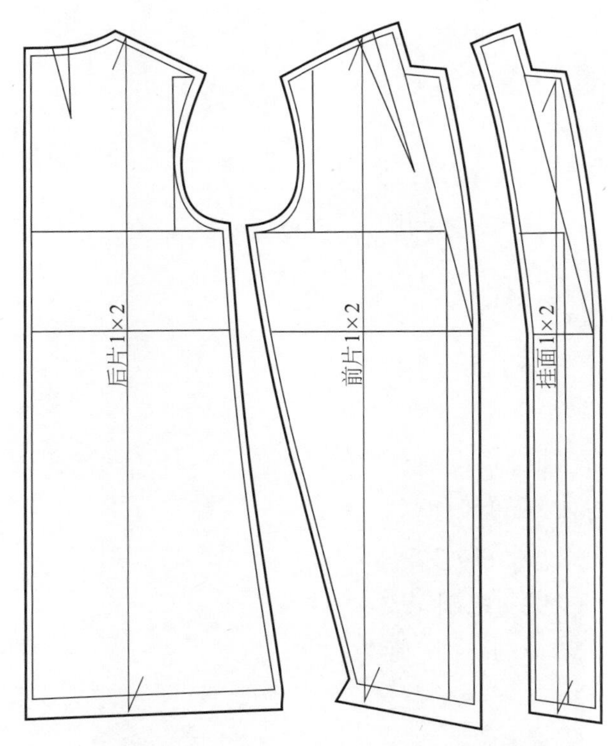

图10-2-7　大衣衣身变化型面料放缝示意图

2. 大衣衣身变化型3D试衣

根据大衣衣身变化型样版进行工艺缝制试样，从不同角度查看成衣效果。前身，有单排一粒扣；侧身，前、后衣身平衡；后身，松量适宜。见图10-2-8。

（五）实践题

根据穿着者的人体尺寸，设计大衣衣身变化型的规格尺寸。在此基础上，按照图10-2-9所示款式图进行结构设计。

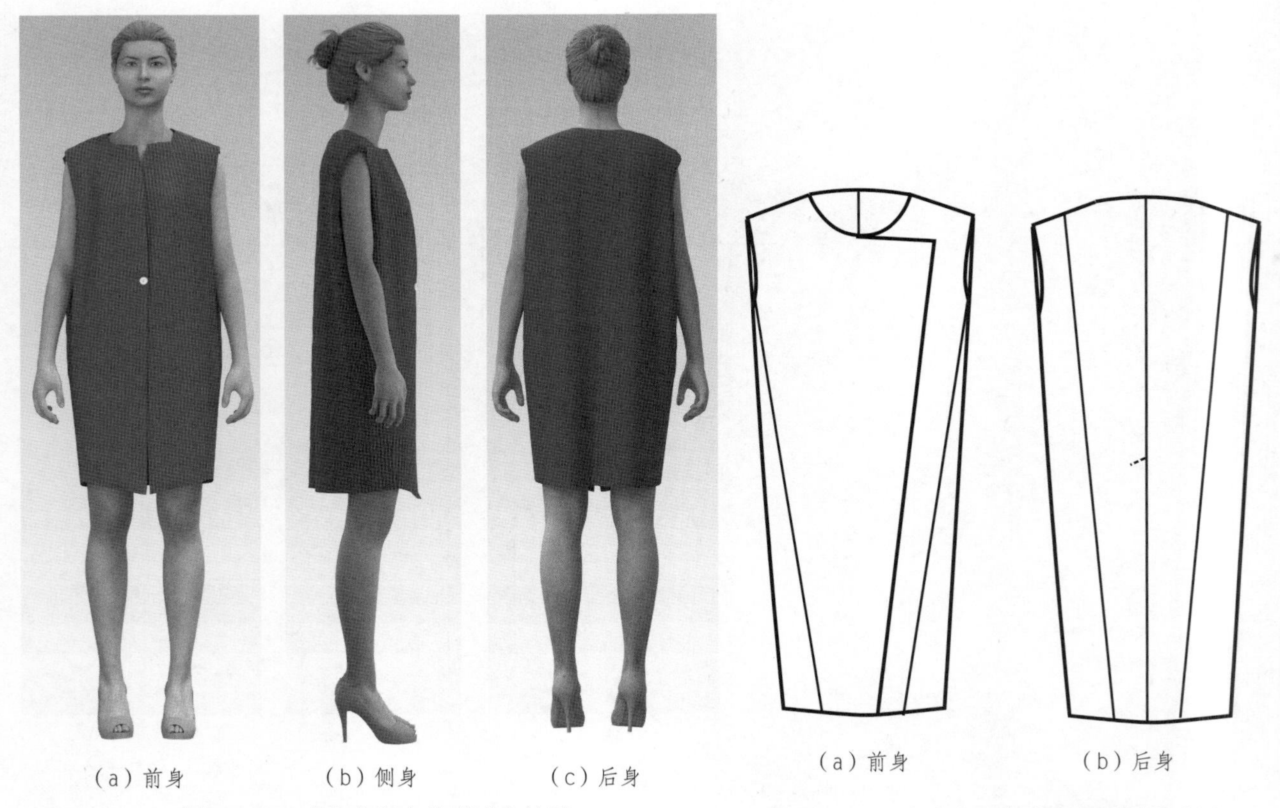

（a）前身　（b）侧身　（c）后身

图10-2-8　大衣衣身变化型试衣效果

（a）前身　（b）后身

图10-2-9　大衣衣身变化型实践题款式图

单元十一　大衣袖子制版

一、基本落肩袖制版

视频 11-1
基本落肩袖制版

（一）基本落肩袖款式分析

1. 基本落肩袖款式图（图 11-1-1）

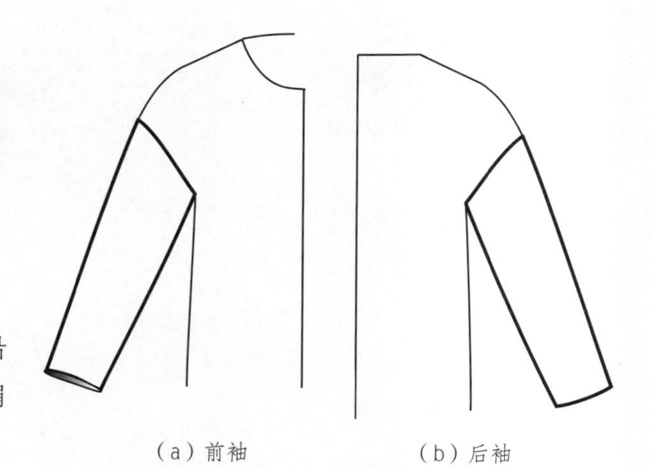

图 11-1-1　基本落肩袖款式图

2. 款式特点

基本落肩袖指肩斜线下落的袖型。袖山的位置沿正常肩端点向下低落一定的量，这个量称落肩量。落肩袖多为宽松款，常用于休闲装。

（二）基本落肩袖结构设计

1. 基本落肩袖规格尺寸

参考 165/84A 大衣衣身基本型（图 11-1-2）的袖窿规格尺寸，得到基本落肩袖的规格尺寸（表 11-1-1）。

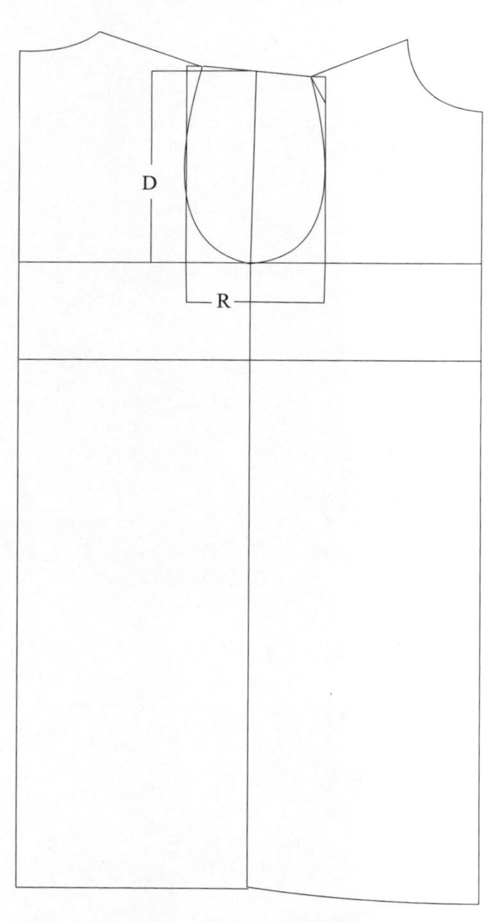

图 11-1-2　大衣衣身基本型袖窿

表 11-1-1　165/84A 基本落肩袖规格尺寸表

单位：cm

长度尺寸		围度尺寸	
臂长	52	臂围	27
袖肘长（EL）	32	胸围（B）	116
袖长（SL）	55	胸省量（X）	0
袖窿深平均值(D)	26	袖窿弧线（AH）	59
袖山高（SH）	19.5	袖窿宽（R）	17.5
落肩量	9	袖肥（SW）	43①
—	—	袖口（CW）	32

注：落肩袖根据款式、面料、工艺等因素决定，一般是无吃势量，或者是倒吃势量。倒吃势量是指袖山弧线长度小于袖窿弧线长度，吃势量为负数。

①此处大衣基本型胸围松量为 32 cm。

2. 基本落肩袖结构设计

（1）在袖窿基础上根据“10:2”的袖子倾斜角度延长肩斜线，确定落肩量9 cm，并将袖窿深线下移2 cm。见图11-1-3。

（2）在落肩量的基础上设计落肩袖窿弧线造型，前袖窿弧线比后袖窿弧线略深0.3 cm。见图11-1-4。

（3）在落肩袖袖窿弧线基础上设计基本落肩袖框架图。见图11-1-5。

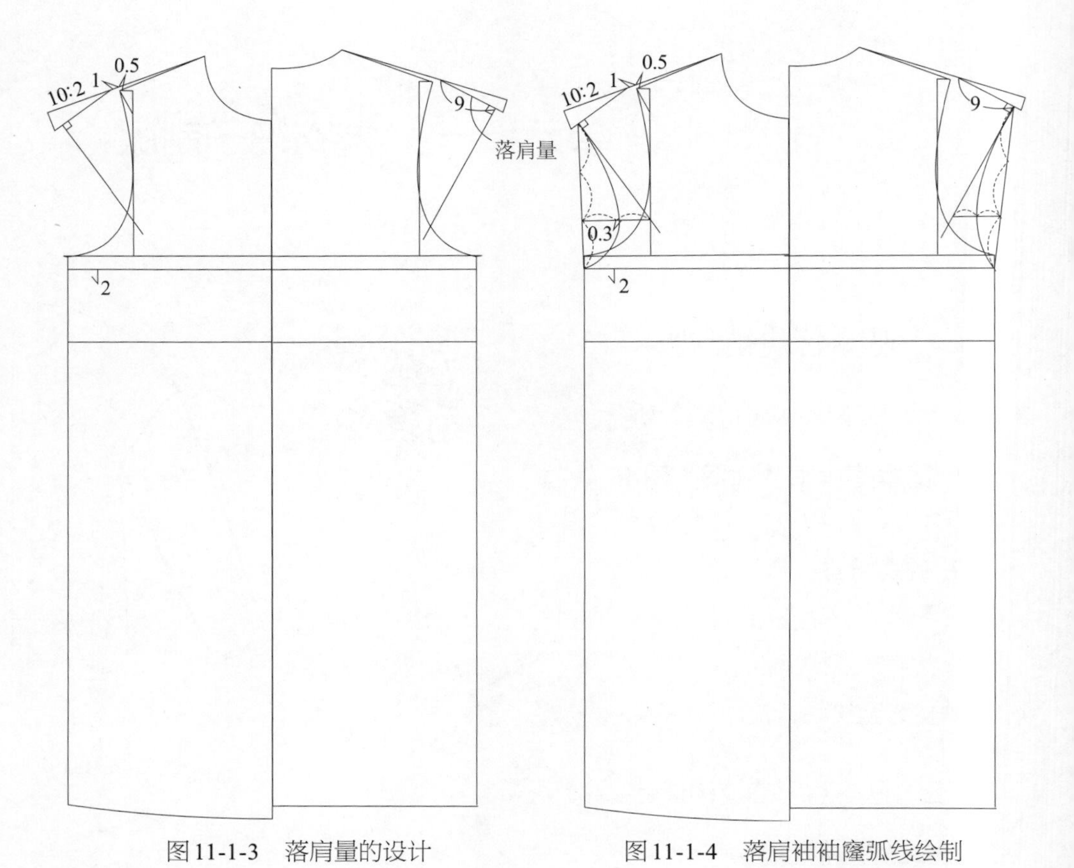

图11-1-3　落肩量的设计　　图11-1-4　落肩袖袖窿弧线绘制

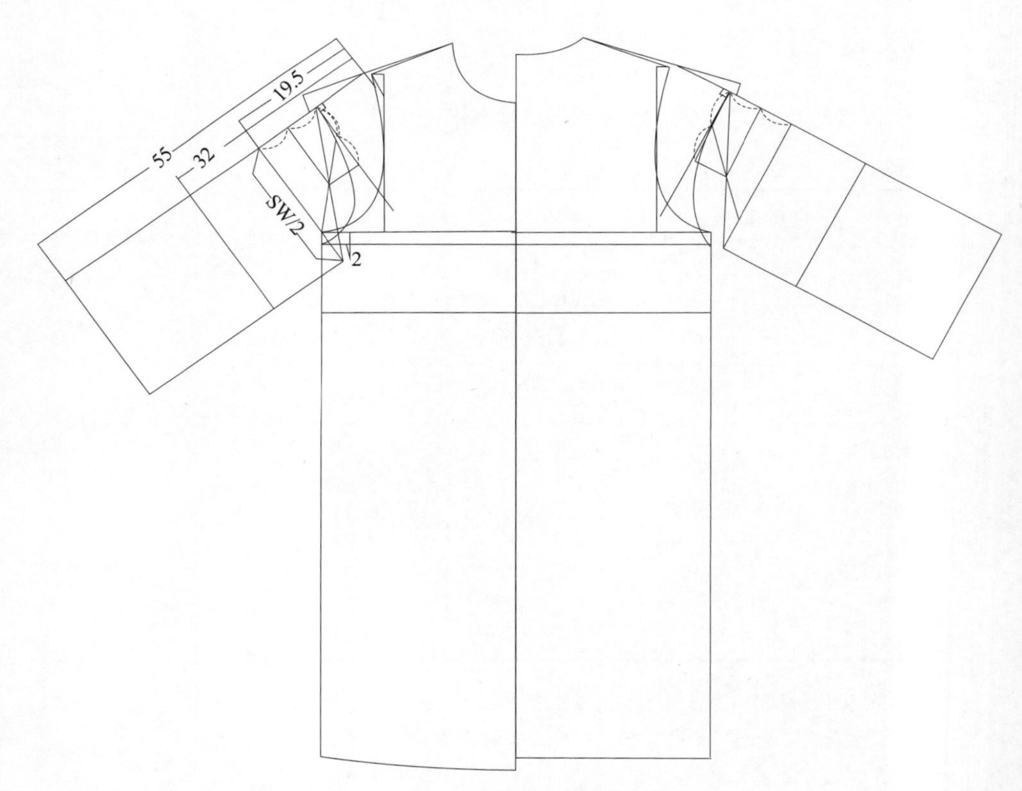

图11-1-5　基本落肩袖框架图

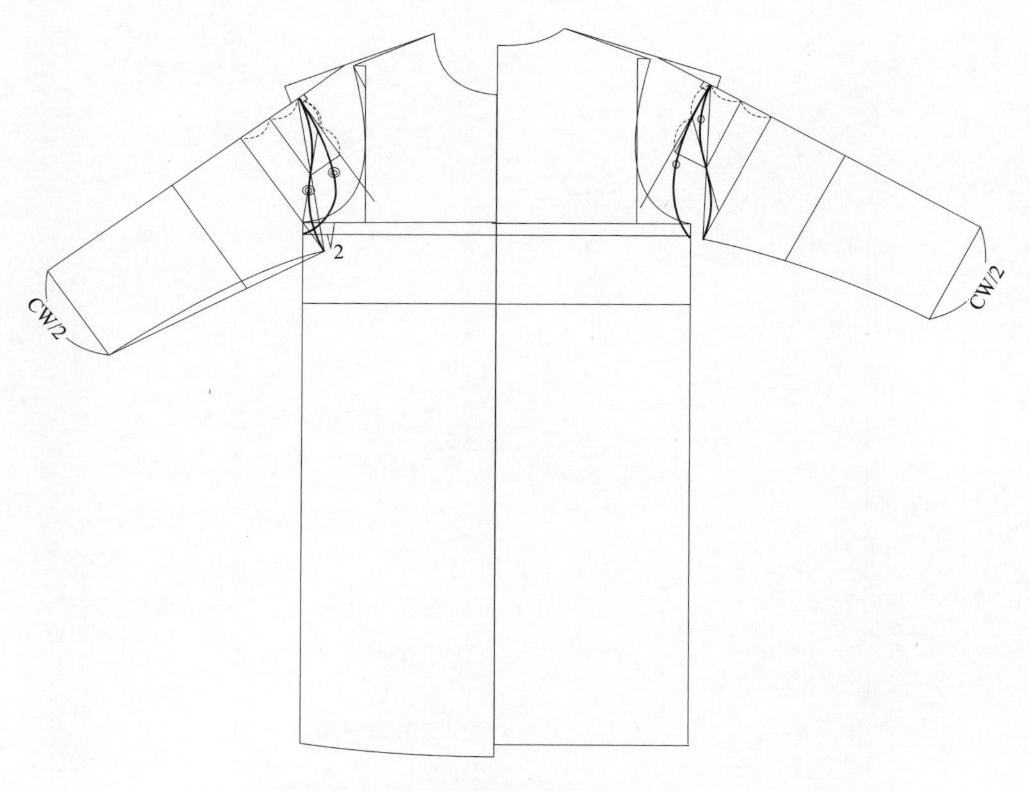

图11-1-6 基本落肩袖袖山弧线绘制

（4）根据基本落肩袖框架图，绘制袖山弧线，并校对袖山弧线与袖窿弧线的长度。见图11-1-6。

（5）沿袖中线合并前、后袖子及袖山弧线，呈现落肩袖一片袖的形态。见图11-1-7。

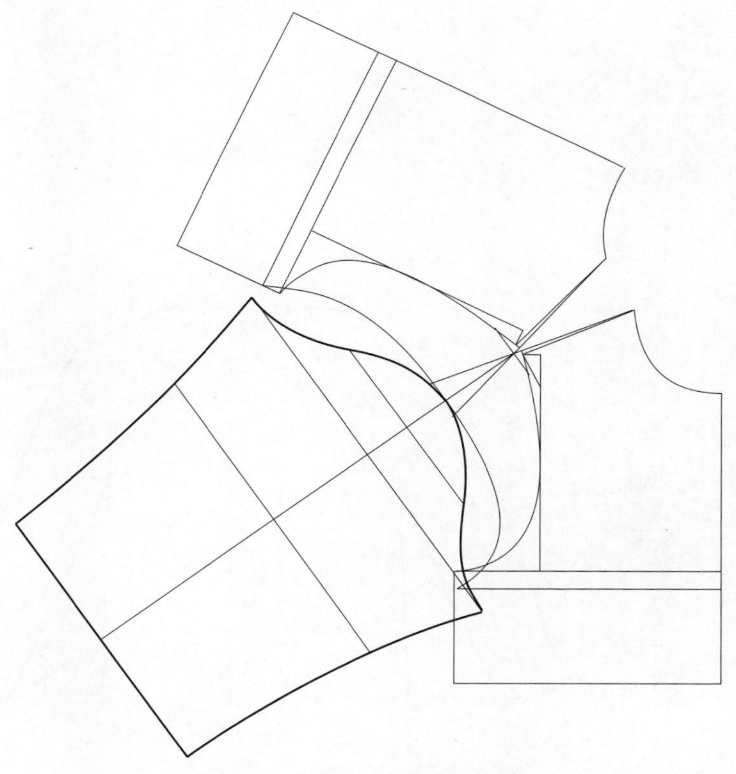

图11-1-7 基本落肩袖结构设计

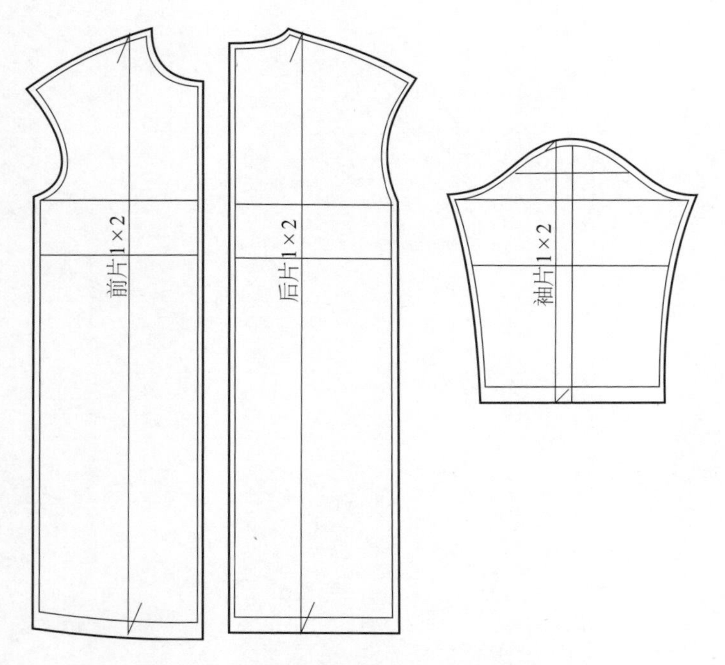

图11-1-8　基本落肩袖样版放缝示意图

（三）基本落肩袖试衣效果

1. 基本落肩袖样版放缝

此处样版放缝包括衣身。领口放缝0.6 cm，袖窿放缝0.8 cm，衣身与袖口底边放缝4 cm，挂面底边放缝2 cm，其余部位均放缝1 cm。见图11-1-8。

2. 基本落肩袖3D试衣

根据基本落肩袖样版进行工艺缝制试样，从不同角度看成衣效果。落肩袖属于宽松袖型，正面、侧面、背面在腋下都呈现了自然褶皱，属于活动松量。见图11-1-9。

（四）实践题

根据穿着者的人体尺寸，设计落肩袖基本型的规格尺寸。在此基础上，按照图11-1-10所示款式图进行结构设计。

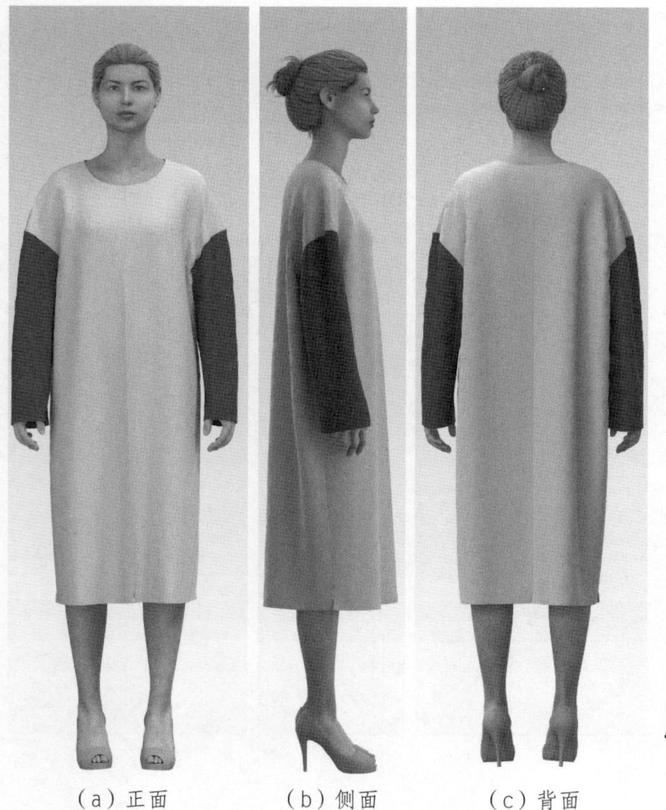
（a）正面　（b）侧面　（c）背面

图11-1-9　基本落肩袖试衣效果

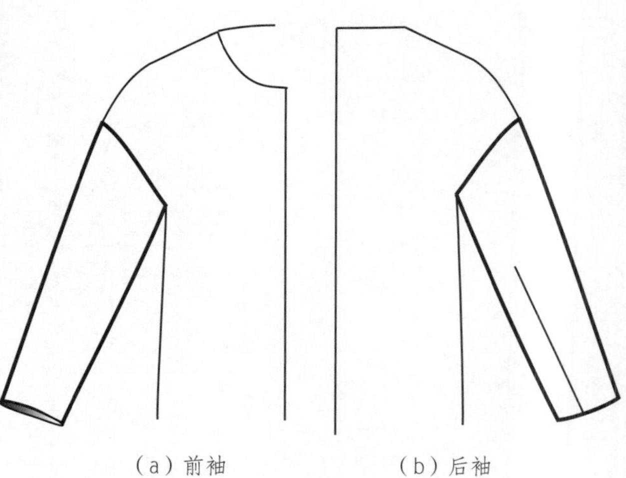
（a）前袖　（b）后袖

图11-1-10　基本落肩袖实践题款式图

二、变化落肩袖制版

视频11-2
变化落肩袖制版

（一）变化落肩袖款式分析

1. 变化落肩袖款式（图11-2-1）

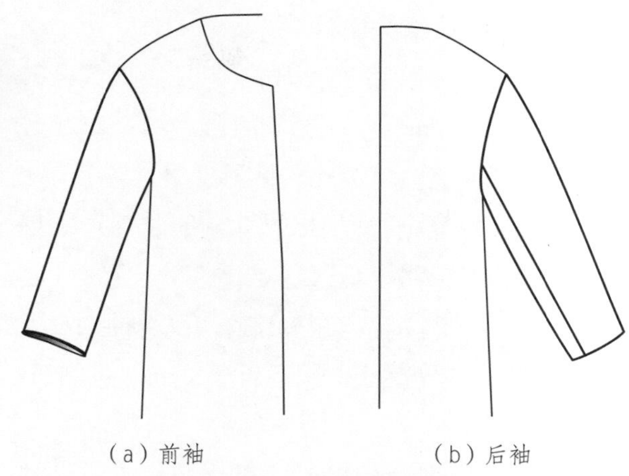
（a）前袖　　（b）后袖
图11-2-1　变化落肩袖款式图

2. 款式特点

变化落肩袖属于较合体落肩袖。后袖有分割线，适合较合体衣身结构。

（二）变化落肩袖结构设计

1. 变化落肩袖规格尺寸设计

参考165/84A大衣衣身变化型（图11-2-2）的袖窿规格尺寸，得到变化落肩袖的规格尺寸（表11-2-1）。

表11-2-1　165/84A变化落肩袖规格尺寸表

单位：cm

长度尺寸		围度尺寸	
臂长	52	臂围	27
袖肘长（EL）	32（号/5-1）	胸围（B）	108
袖长（SL）	55	胸省量（X）	2
袖窿深平均值（D）	22	袖窿弧线（AH）	53.5
袖山高（SH）	16.5	袖窿宽（R）	15.5
落肩量	5	袖肥（SW）	39①
—	—	袖口（CW）	30

注：落肩袖的倒吃势量为-1 cm ~ -0.8 cm。
① 此处大衣变化型胸围松量为24 cm。

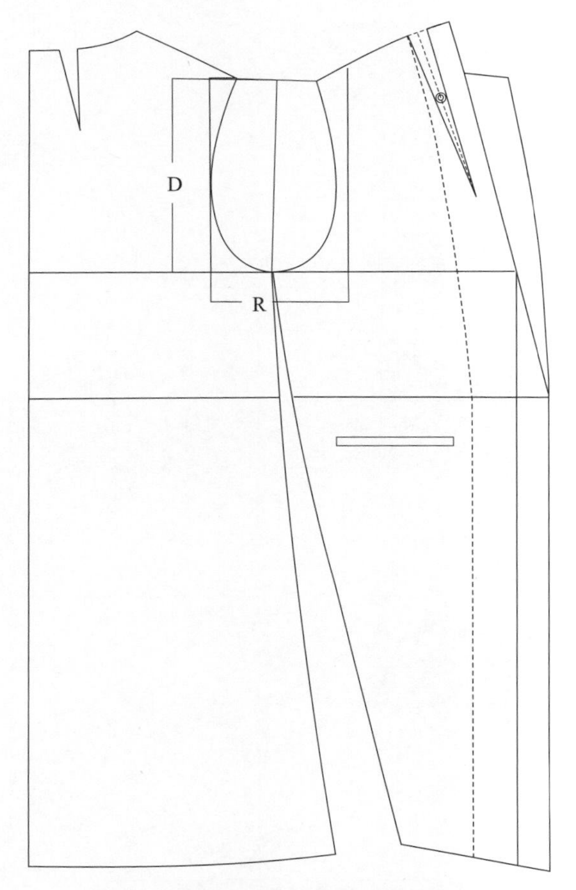

图11-2-2　大衣衣身变化型袖窿

2. 变化落肩袖结构设计

（1）降低袖窿深线2 cm。延长肩斜线，落肩量设置为5 cm。绘制袖窿弧线，前袖窿弧线比后袖窿弧线略深0.3 cm。见图11-2-3。

（2）根据落肩袖规格尺寸，绘制一片袖框架图。见图11-2-4。

（3）在一片袖基础上绘制，在后袖肥1/2处绘制后袖缝线分割线，袖口省取8 cm。见图11-2-5。

（4）因为袖窿弧线长于袖山弧线，所以袖窿弧线处吃势量为0.8 cm。见图11-2-6。

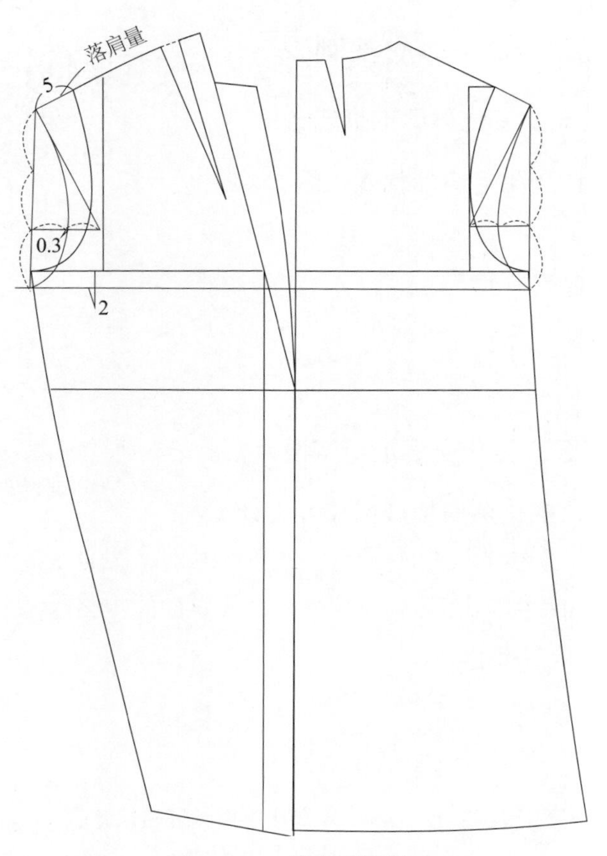

图11-2-3　落肩量的设计

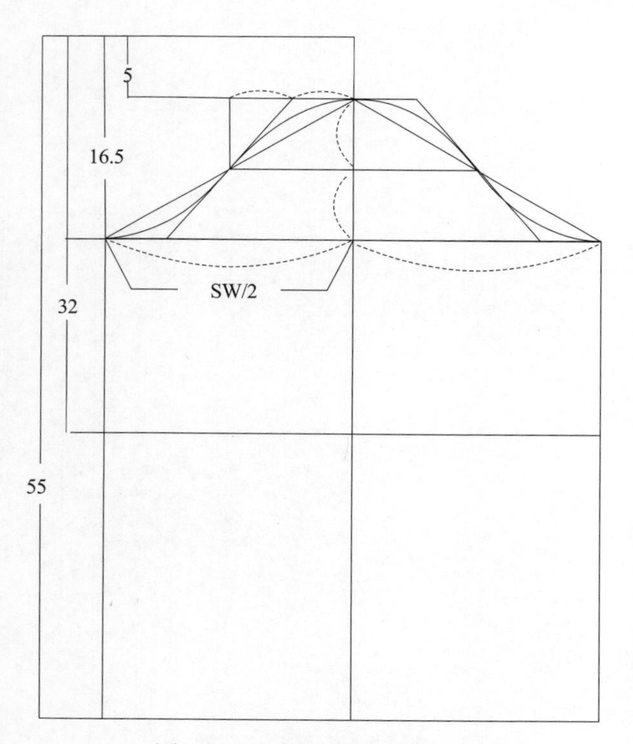

图11-2-4　变化落肩袖框架图

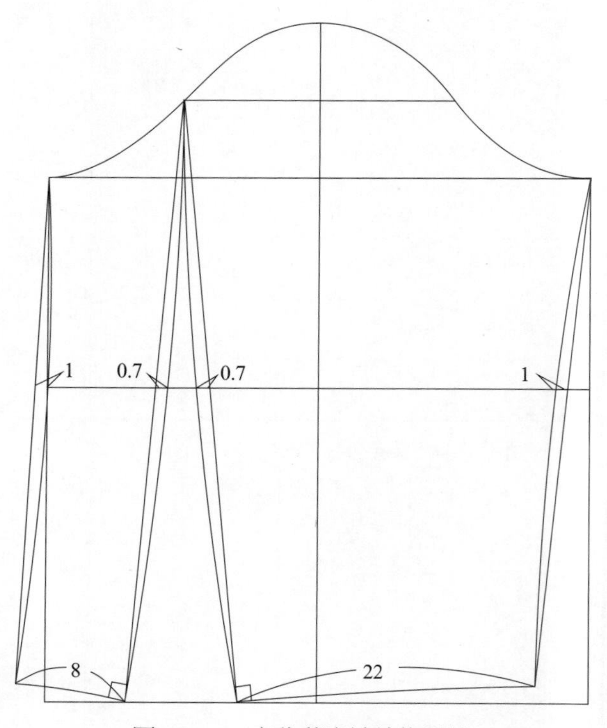

图11-2-5　变化落肩袖结构设计

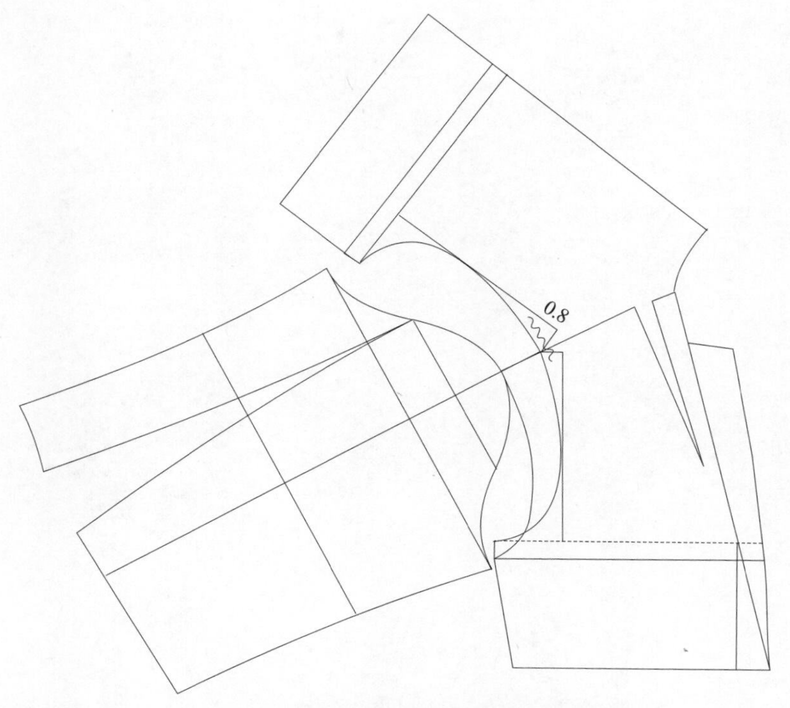

图 11-2-6　校对落肩袖袖山与衣身袖窿

（三）变化落肩袖试衣效果

1. 变化落肩袖样版放缝

此处样版放缝包括衣身。领口放缝 0.6 cm，袖窿放缝 0.8 cm，衣身与袖口底边放缝 3 ~ 4 cm，其余部位均放缝 1 cm。见图 11-2-7。

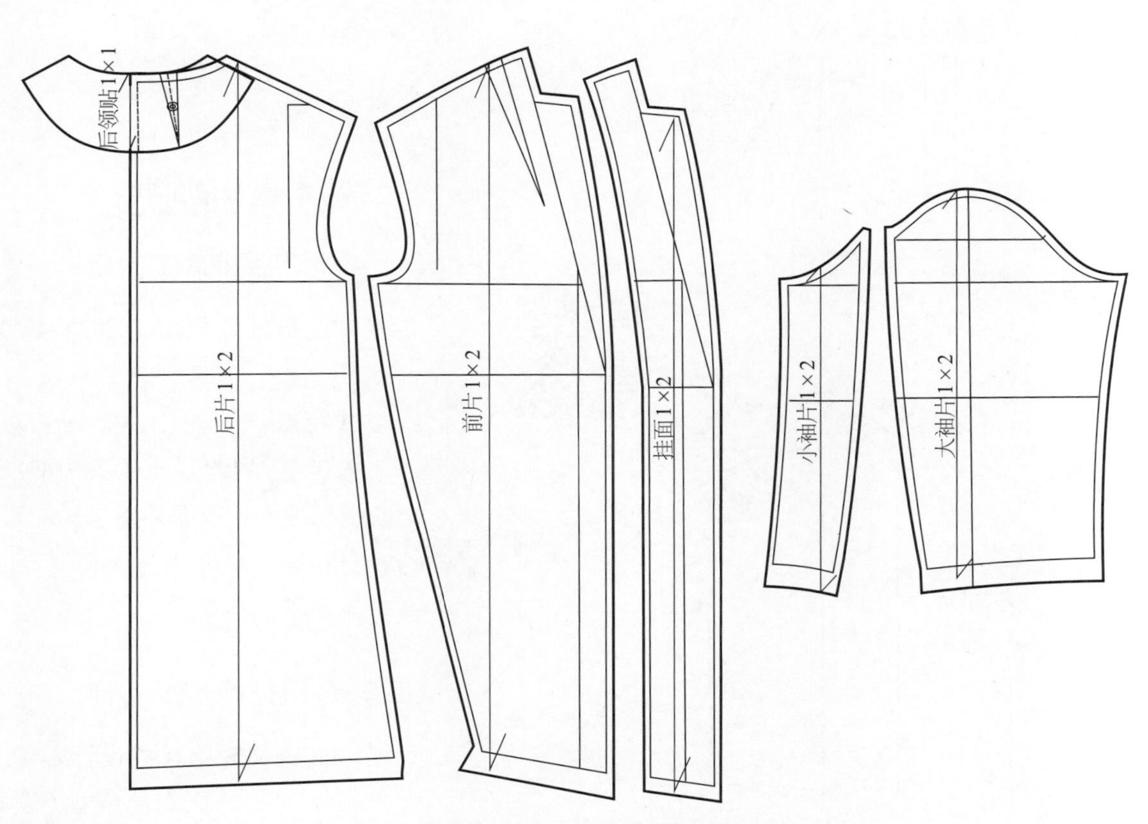

图 11-2-7　变化落肩袖样版放缝示意图

2. 变化落肩袖3D试衣

根据变化落肩袖样版进行工艺缝制试样，从不同角度看成衣效果。变化落肩袖落肩量比较小，正面、侧面、背面袖型松量适宜，属于较合体落肩袖，后袖处设有分割线。见图11-2-8。

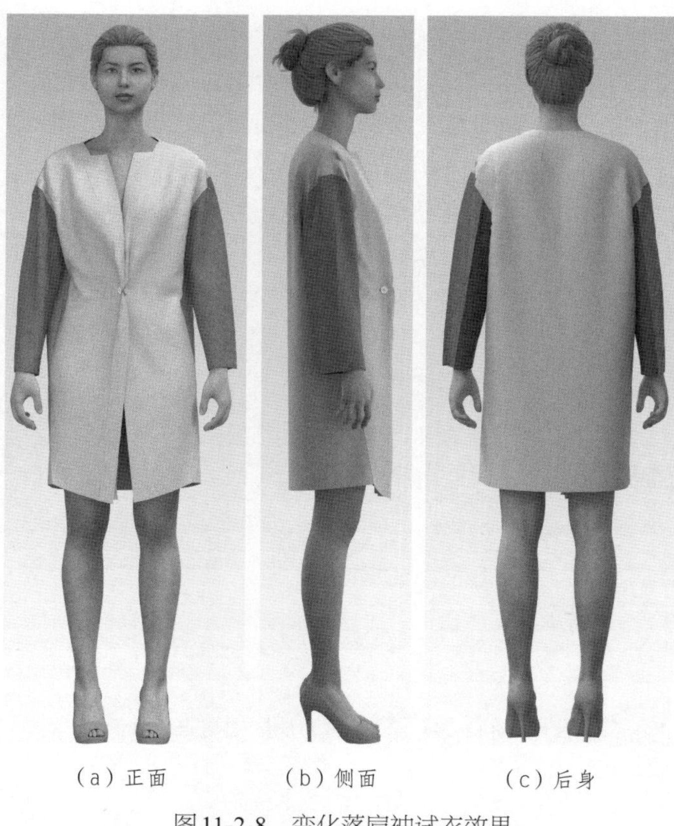
（a）正面　（b）侧面　（c）后身

图11-2-8　变化落肩袖试衣效果

（四）实践题

根据穿着者的人体尺寸，设计变化落肩袖的规格尺寸。在此基础上，按照图11-2-9所示款式图进行结构设计，注意后袖设有袖肘省。

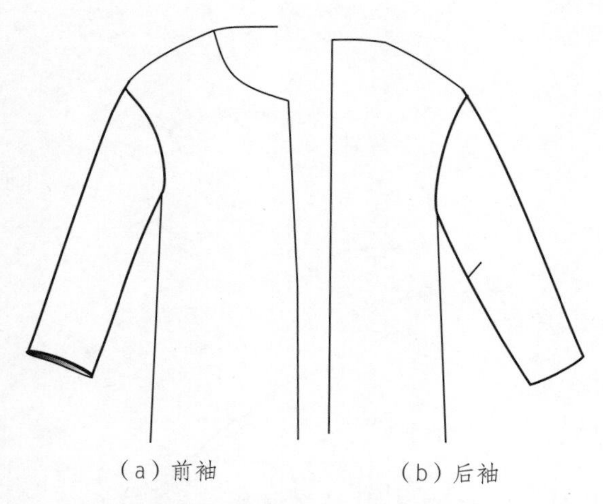
（a）前袖　（b）后袖

图11-2-9　变化落肩袖实践题款式图

三、基本连身袖制版

（一）基本连身袖款式分析

1. 基本连身袖款式图（图11-3-1）

视频11-3
基本连身袖制版

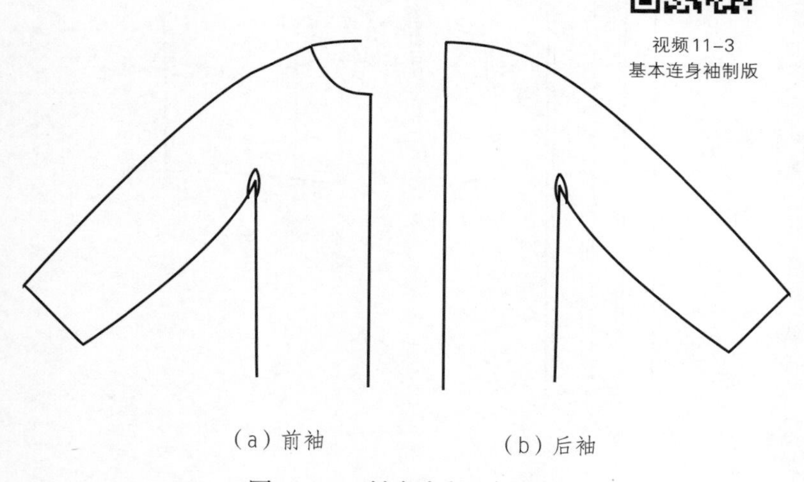
（a）前袖　（b）后袖

图11-3-1　基本连身袖款式图

2. 款式特点

基本连身袖型属于中式袖型，是指衣身与袖子相连的袖型结构。因袖与衣身相连，所以人体手臂活动时，会受到衣身的阻碍。

（二）基本连身袖结构设计

1. 基本连身袖规格尺寸设计

参考165/84A大衣基本型（图11-3-2）的袖窿规格尺寸，得到基本连身袖的规格尺寸（表11-3-1）。

表11-3-1　165/84A基本连身袖规格尺寸表

单位：cm

长度尺寸		围度尺寸	
臂长	52	臂围	27
袖肘长（EL）	32	胸围（B）	116
袖长（SL）	56	胸省量（X）	0
袖窿深平均值（D）	26	袖窿弧线（AH）	59
袖山高（SH）	13	袖窿宽（R）	17.5
袖口（CW）	32	袖肥（SW）	45

注：因为是宽松式连身袖，所以袖山高与袖肥自定义规格。

2. 基本连身袖结构设计

（1）在袖肩斜线基础上根据“10:2”的袖子倾斜角度延长肩斜线2.5 cm，并将袖窿深线上抬2 cm。见图11-3-3。

（2）根据连身袖角度线，按袖子规格尺寸绘制袖结构线。见图11-3-4。

（3）在连身袖结构设计中，要保持袖肥与袖缝线呈直角，因此袖缝线向外凸0.7 cm。见图11-3-5。

（4）在袖肥与袖窿线的交点处作等边三角形，形成腋下的插片结构。见图11-3-6。

（5）在前、后袖底处设计插片的位置，根据插片的长度，绘制袖底插片结构的位置，保证长度与前、后插片一致。见图11-3-7。

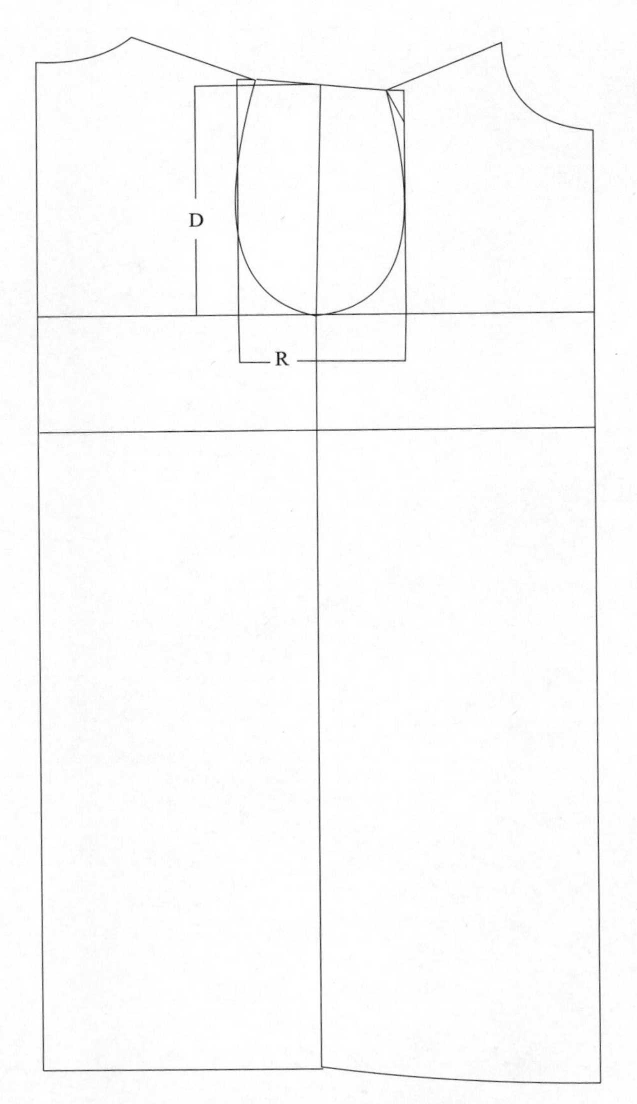

图11-3-2　大衣基本型袖窿

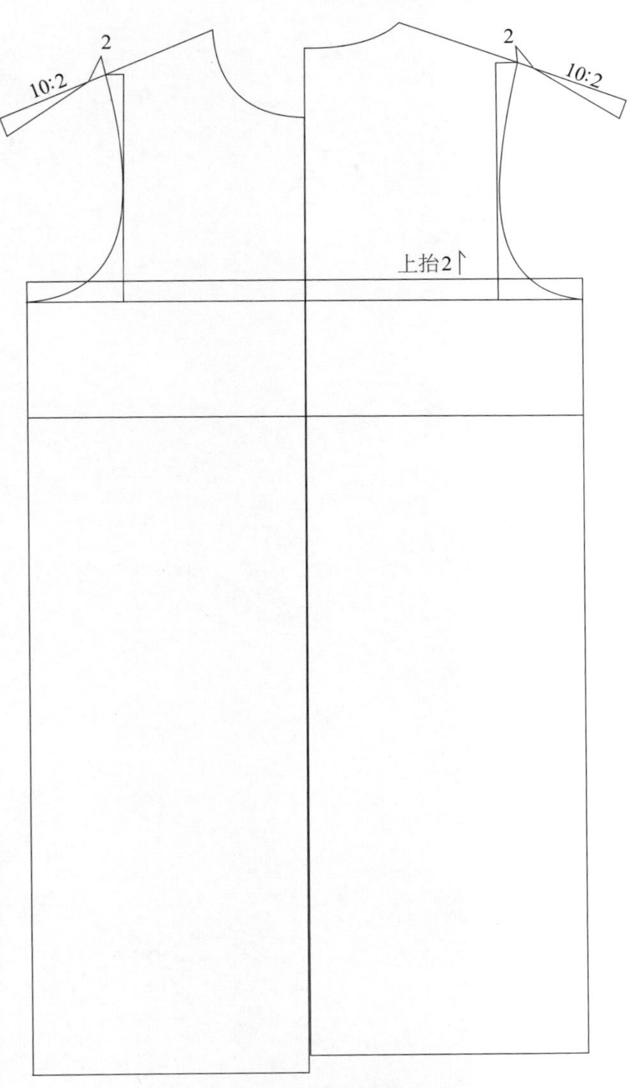

图11-3-3　连身袖角度设计

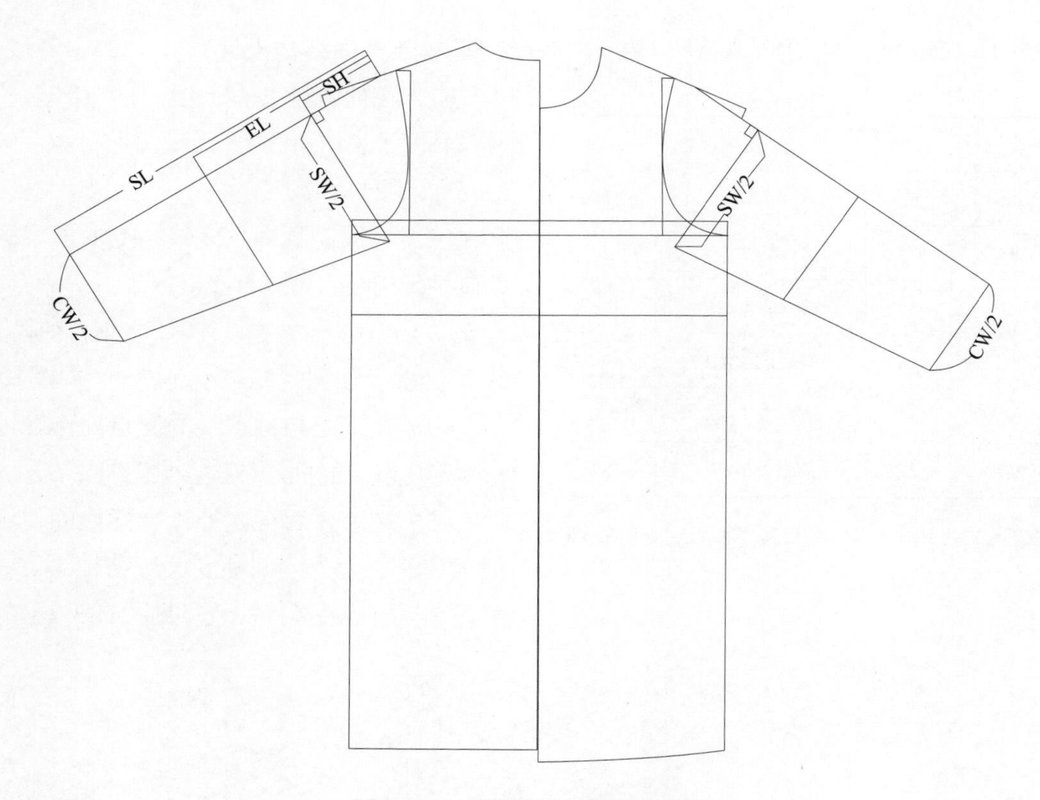

图11-3-4　连身袖窿弧线的绘制

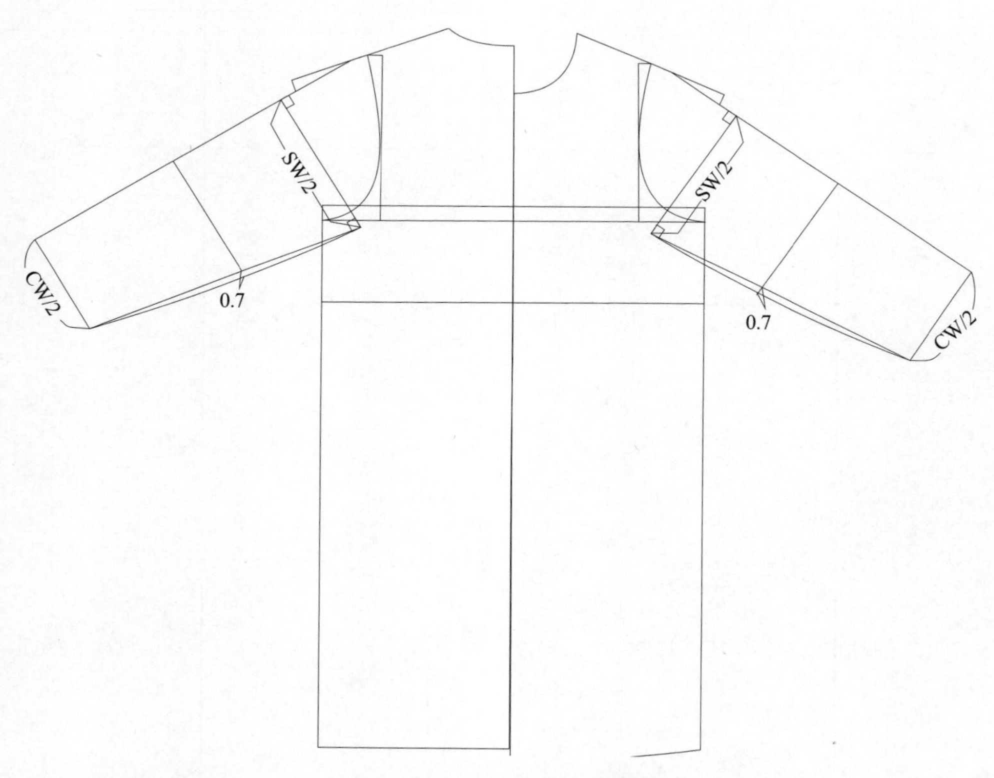

图11-3-5　基本连身袖框架图

图11-3-6　基本连身袖插片的绘制

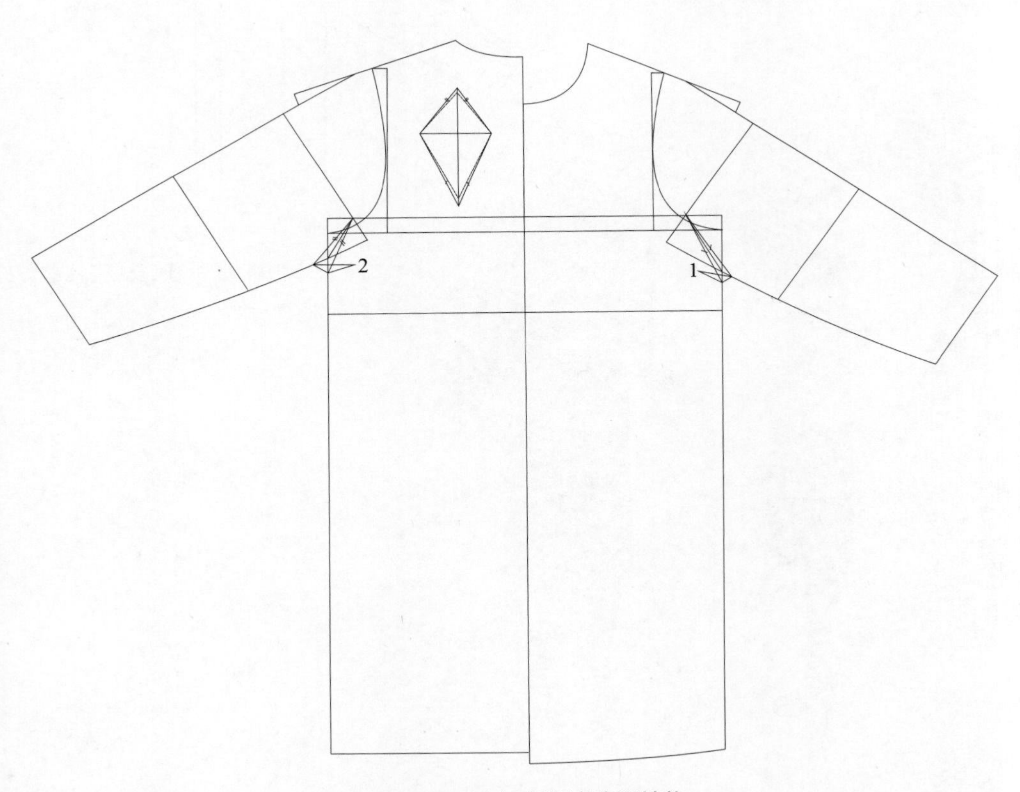

图11-3-7　基本连身袖造型结构

（三）基本连身袖试衣效果

1. 基本连身袖样版放缝

此处样版放缝包括衣身。领口放缝0.6 cm，袖窿与袖插片放缝0.5 cm，衣身与袖口底边放缝3 ~ 4 cm，其余部位均放缝1 cm。见图11-3-8。

2. 基本连身袖3D试衣

根据基本连身袖样版进行工艺缝制试样，从不同角度看成衣效果。基本连身袖属于宽松式中式袖型，整体袖型比较宽松，在腋下有一个菱形插片。

（四）实践题

根据穿着者的人体尺寸，设计基本连身袖的规格尺寸。在此基础上，按照图11-3-10所示款式图进行结构设计。

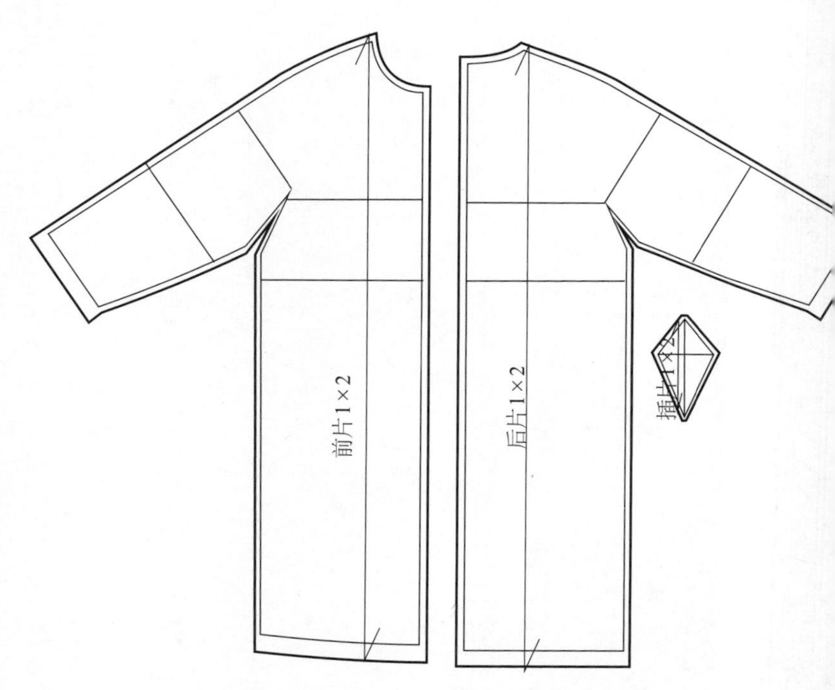

图11-3-8　基本连身袖样版放缝示意图

（a）前袖　（b）后袖

图11-3-10　基本连身袖实践题款式图

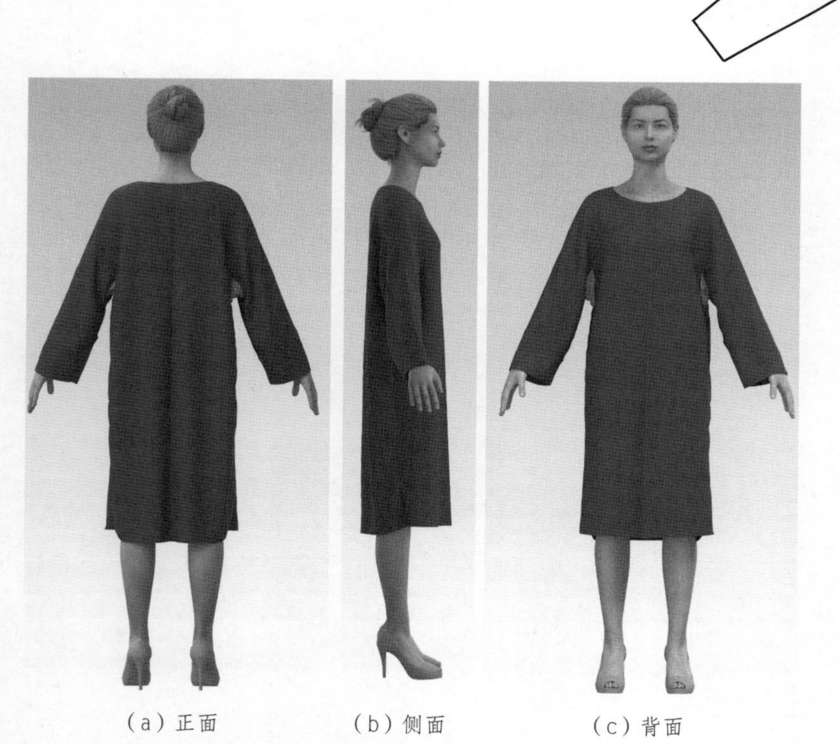

（a）正面　（b）侧面　（c）背面

图11-3-9　基本连身袖试衣效果

四、变化连身袖制版

视频11-4
变化连身袖制版

（一）变化连身袖款式分析

1. 变化连身袖款式图（图11-4-1）

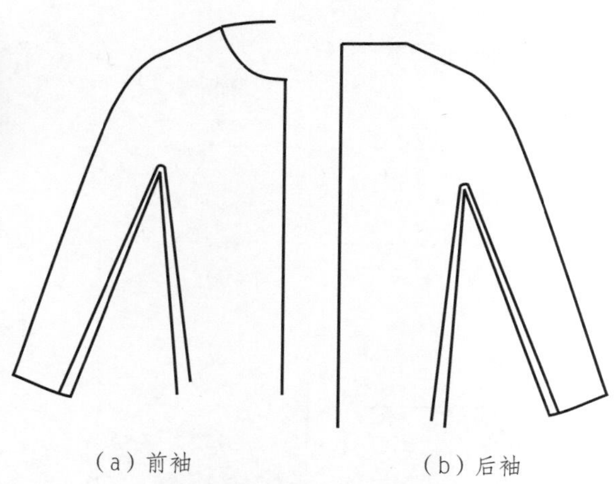

图11-4-1　变化连身袖款式图

2. 款式特点

变化连身袖型属于较合体连身袖，在袖子与衣身侧缝处设有分割线，分割线部分相对接，隐藏在袖窿底部。

（二）变化连身袖结构设计

1. 变化连身袖规格尺寸设计

参考165/84A大衣衣身变化型（图11-4-2）的袖窿规格尺寸，得到变化连身袖的规格尺寸（表11-4-1）。

表11-4-1　165/84A变化连身袖规格尺寸表

单位：cm

长度尺寸		围度尺寸	
臂长	52	臂围	27
袖肘长（EL）	32	胸围（B）	108
袖长（SL）	56	胸省量（X）	2
袖窿深平均值（D）	22	袖窿弧线（AH）	53.5
袖山高（SH）	17	袖窿宽（R）	15.5
袖口（CW）	27	袖肥（SW）	38

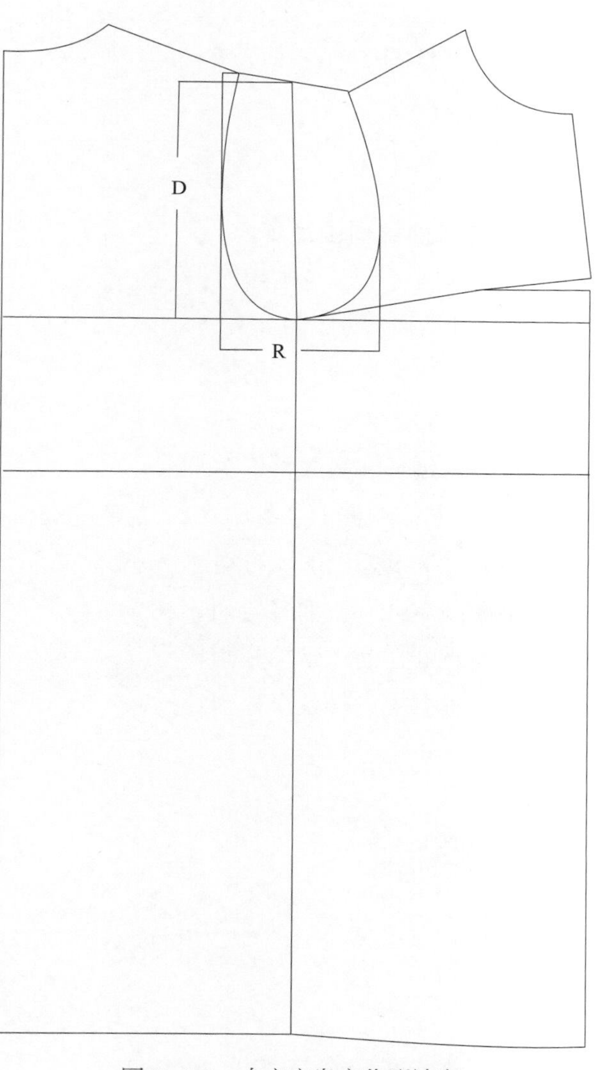

图11-4-2　大衣衣身变化型袖窿

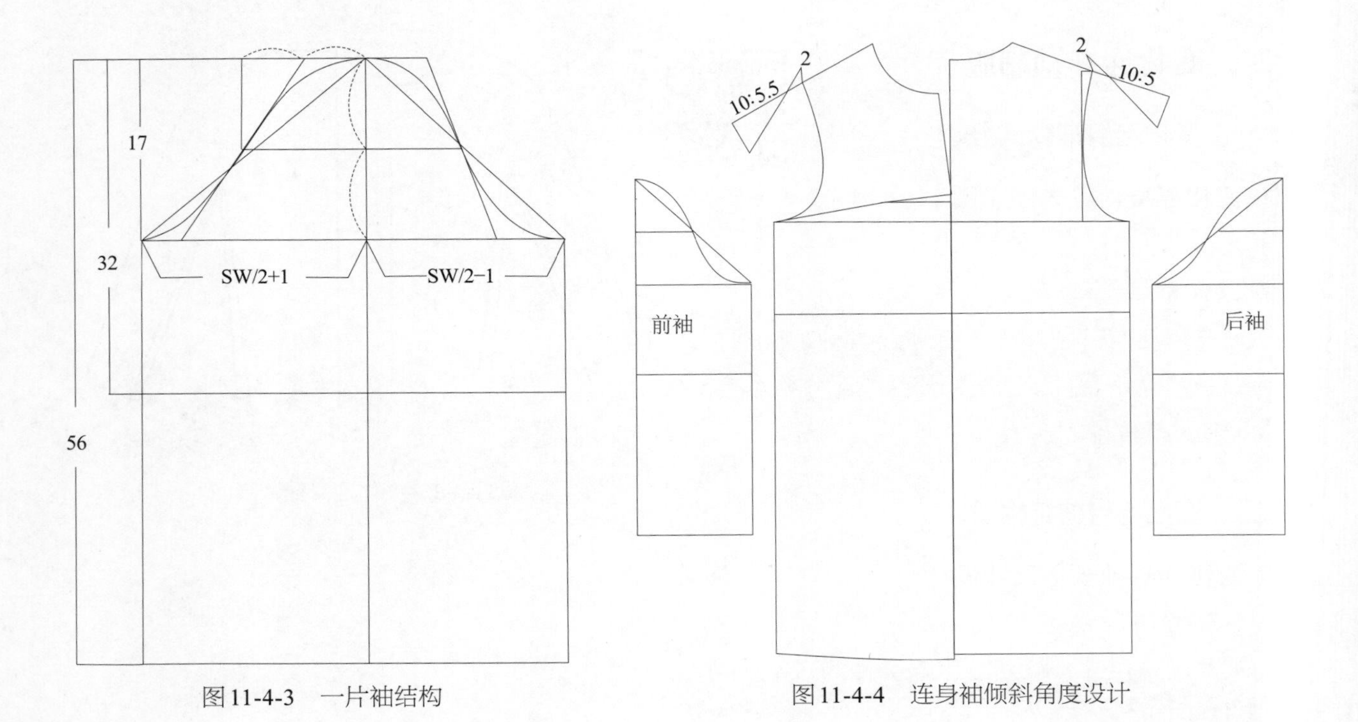

图11-4-3　一片袖结构

图11-4-4　连身袖倾斜角度设计

2. 变化连身袖结构设计

（1）根据变化连身袖规格绘制一片袖结构。见图11-4-3。

（2）在袖窿基础上分别根据“10:5.5”和“10:5”的袖子倾斜角度延长肩斜线，确定连身袖的位置。见图11-4-4。

（3）将辅助三角形的斜边与袖中线重合，在袖窿与袖山弧线交点处作前、后袖分割线，同时根据交点作衣身分割线。见图11-4-5。

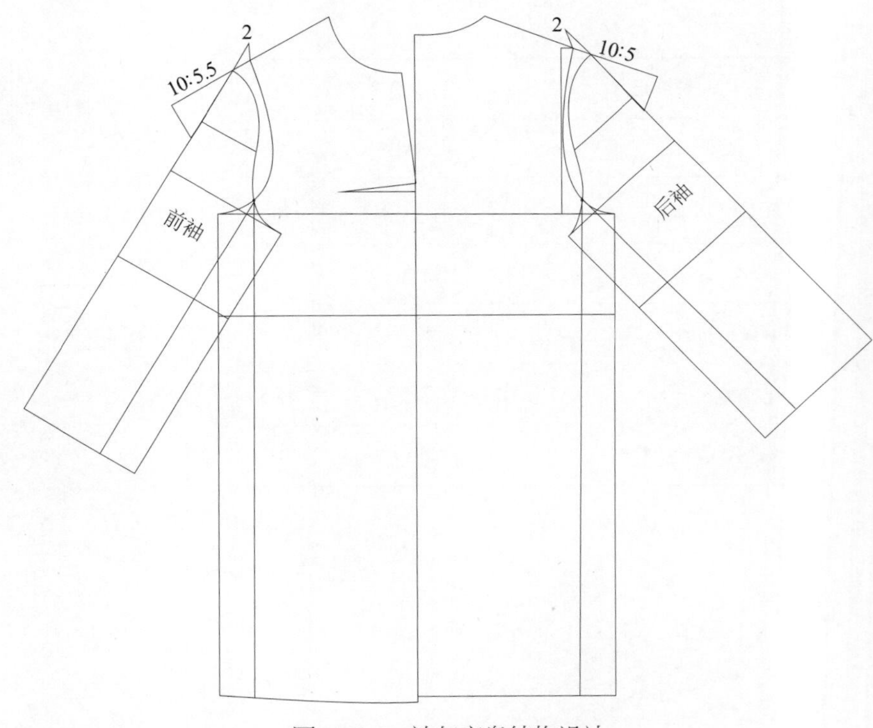

图11-4-5　袖与衣身结构设计

（4）将前、后袖底分割裁片合并，同时将前、后衣身分割裁片合并。见图11-4-6。

（4）在变化连身袖框架图基础上，根据款式图设计后袖口省。见图11-4-7。

（5）绘制完成变化连身袖结构图。见图11-4-8。

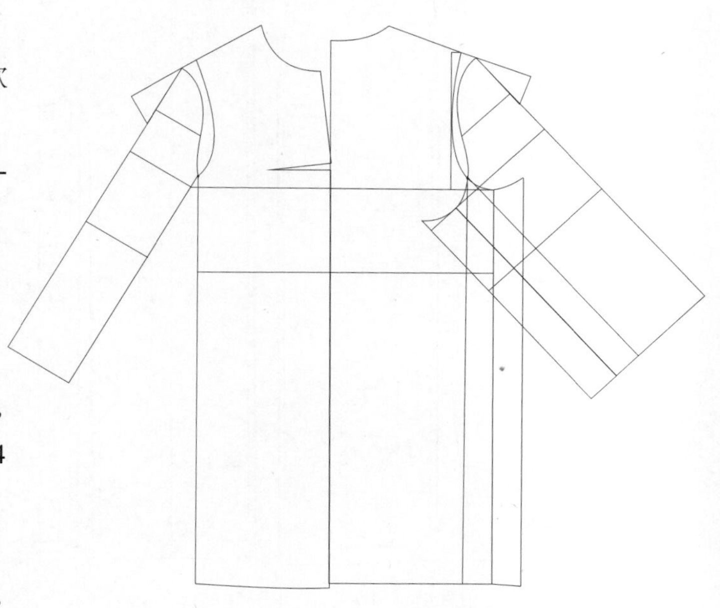

图11-4-6　变化连身袖框架图

（三）变化连身袖试衣效果

1. 变化连身袖样版放缝

此处样版放缝包括衣身。领口放缝0.6 cm，袖窿放缝0.8 cm，衣身与袖口底边放缝3 ~ 4 cm，其余部位均放缝1 cm。见图11-4-9。

2. 变化连身袖3D试衣

根据变化落肩袖样版进行工艺缝制试样，从不同角度看成衣效果。变化落肩袖属于较合体款式，从正面、侧面、背面看，袖子均与衣身分割线相连。见图11-4-10。

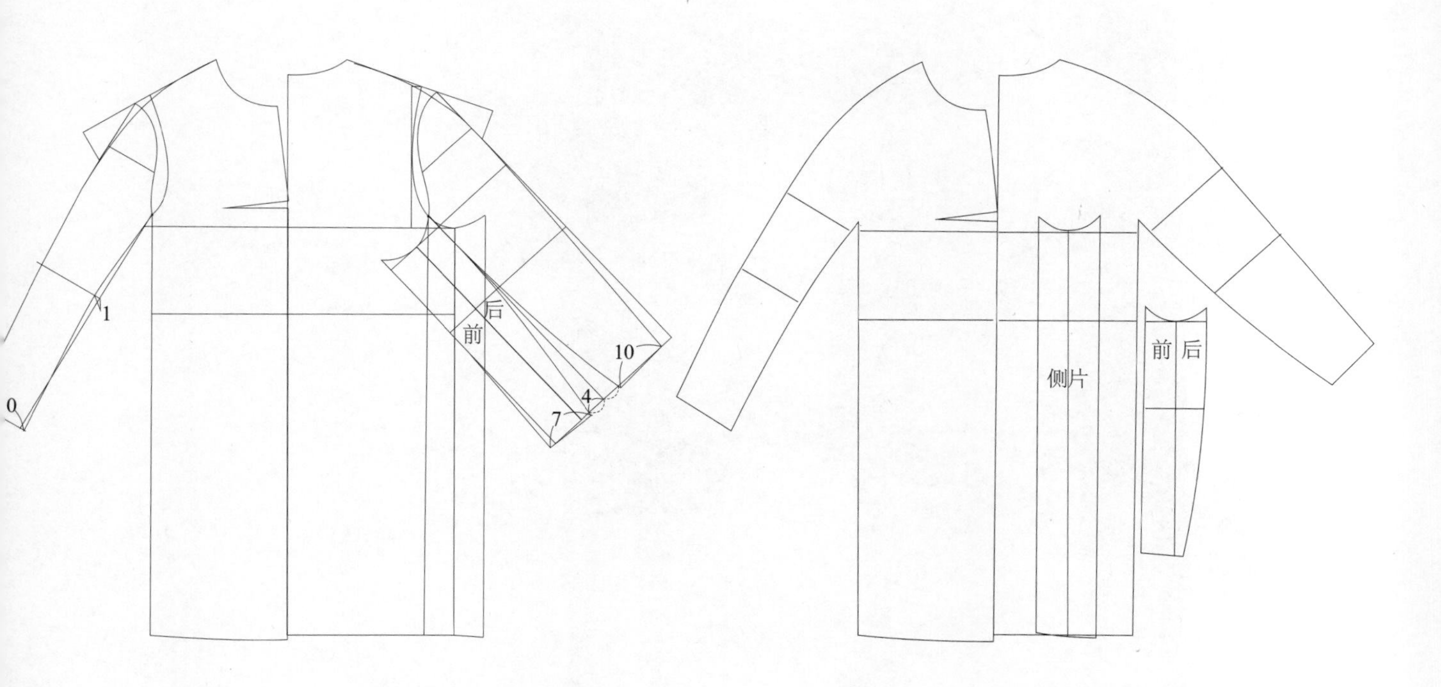

图11-4-7　变化连身后袖口省设计

图11-4-8　变化连身袖结构设计

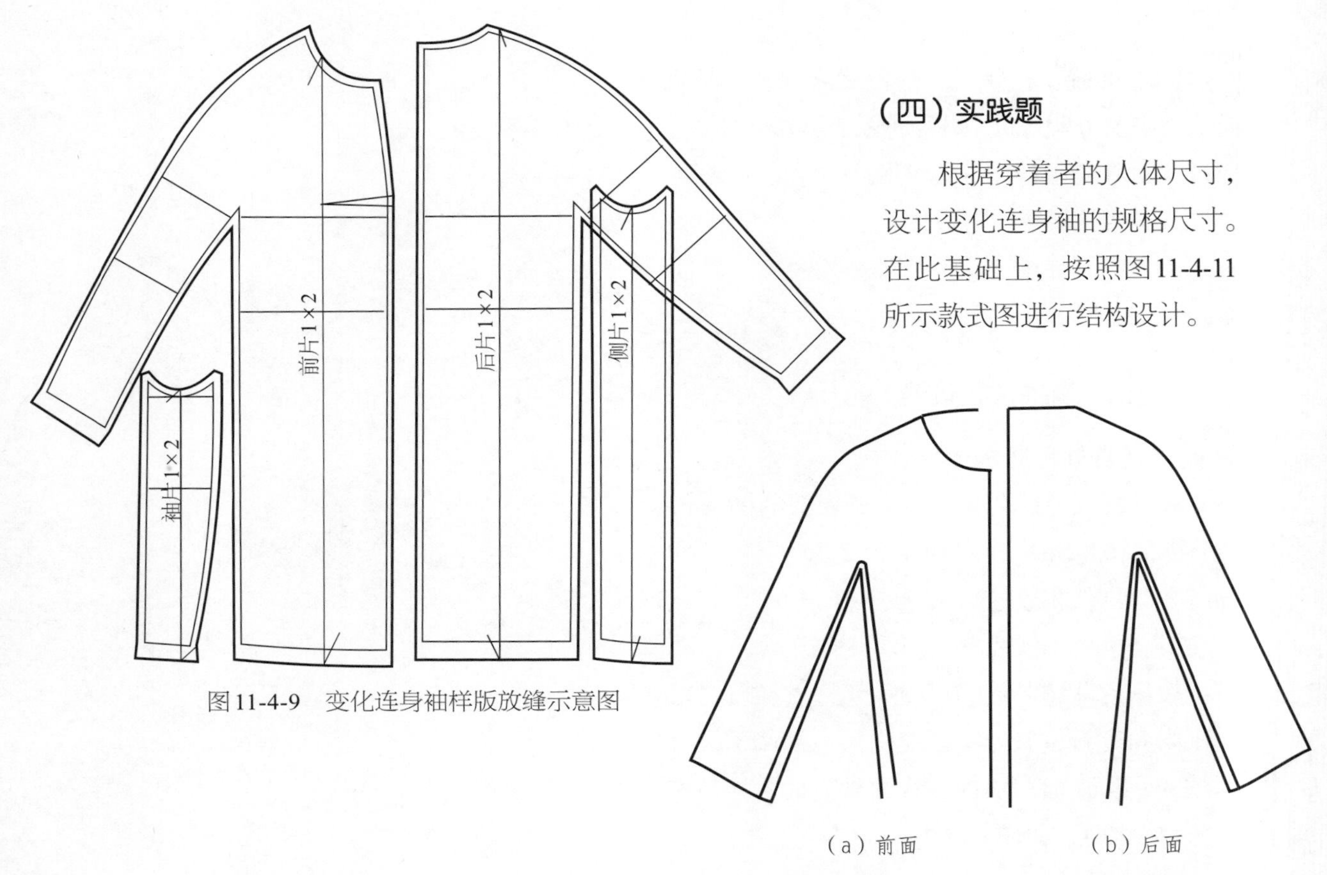

图11-4-9 变化连身袖样版放缝示意图

图11-4-11 变化连身袖实践题款式图

(四)实践题

根据穿着者的人体尺寸，设计变化连身袖的规格尺寸。在此基础上，按照图11-4-11所示款式图进行结构设计。

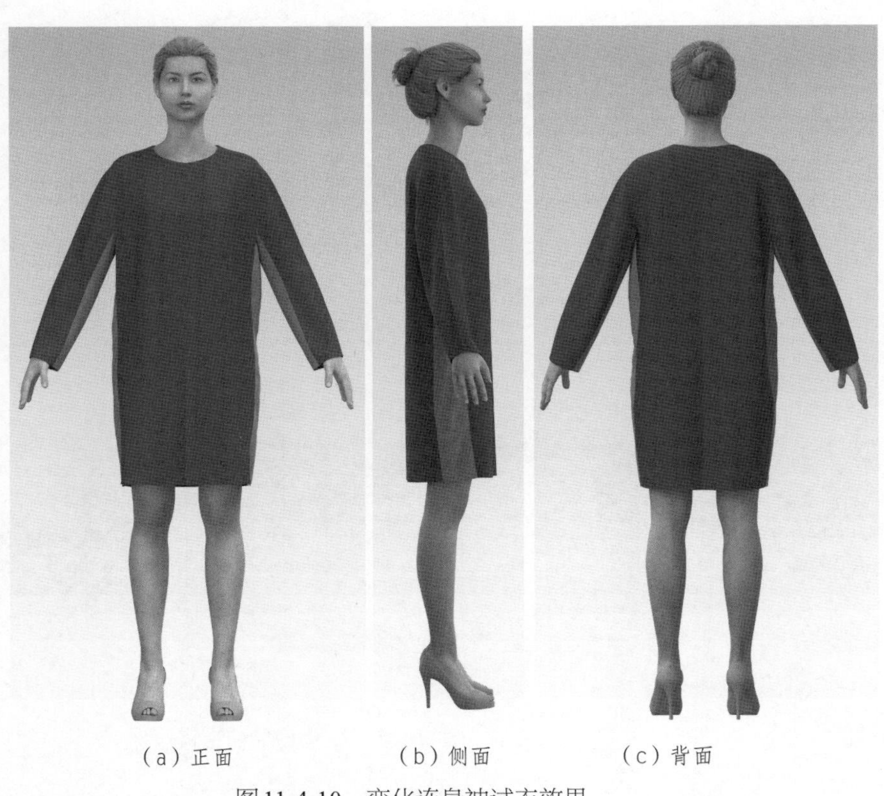

图11-4-10 变化连身袖试衣效果

单元十二　大衣领型制版

一、翻立领制版

视频12–1
翻立领制版

（一）翻立领款式分析

1. 翻立领款式图（图12–1–1）

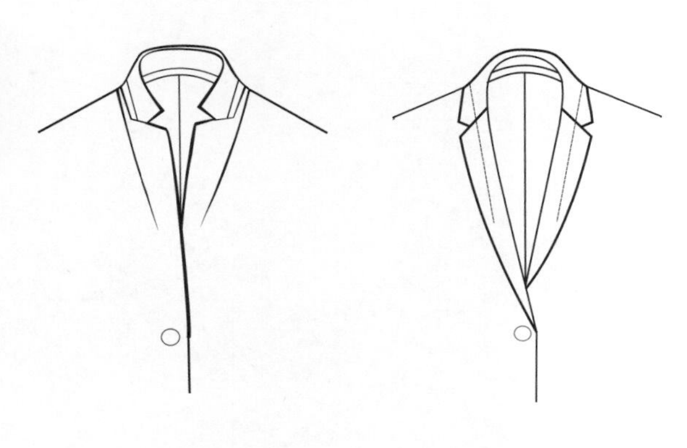
（a）造型一　　（b）造型二
图12-1-1　翻立领款式图

2. 款式特点

翻立领是有领座的翻领，在穿着时，可以立起来也可以翻下去。

（二）翻立领规格尺寸设计

在大衣衣身变化型的基础上配置翻立领，规格见图12-1-2和表12-1-1。

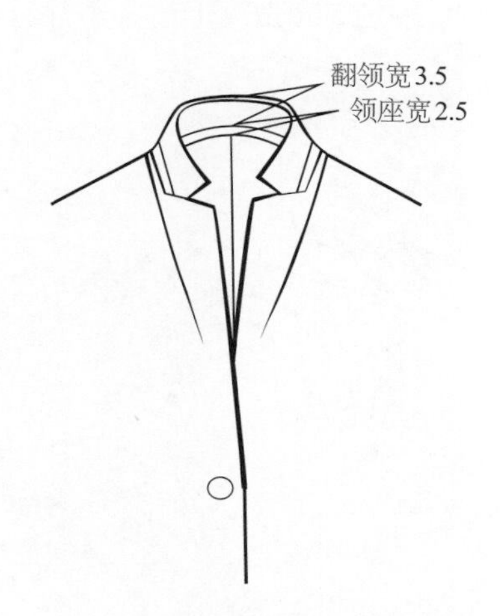

图12-1-2　翻立领规格设计

表12–1–1　翻立领规格尺寸表

单位：cm

号型	胸围	翻立领宽（b）	领座宽（a）	门襟宽
165/84A	108	3.5	2.5	3.8

（三）翻立领结构设计

1. 翻立领造型设计

参考翻立领规格设计在领口上设计造型线。见图12-1-3。

2. 翻立领结构设计

（1）在设计的领口造型线基础上确定翻领松度圆。见图12-1-4。

（2）根据翻领松度圆配置翻领，在驳口线上绘制立领结构。见图12-1-5。

（3）在立领结构基础上，绘制领座的翘势。见图12-1-6。

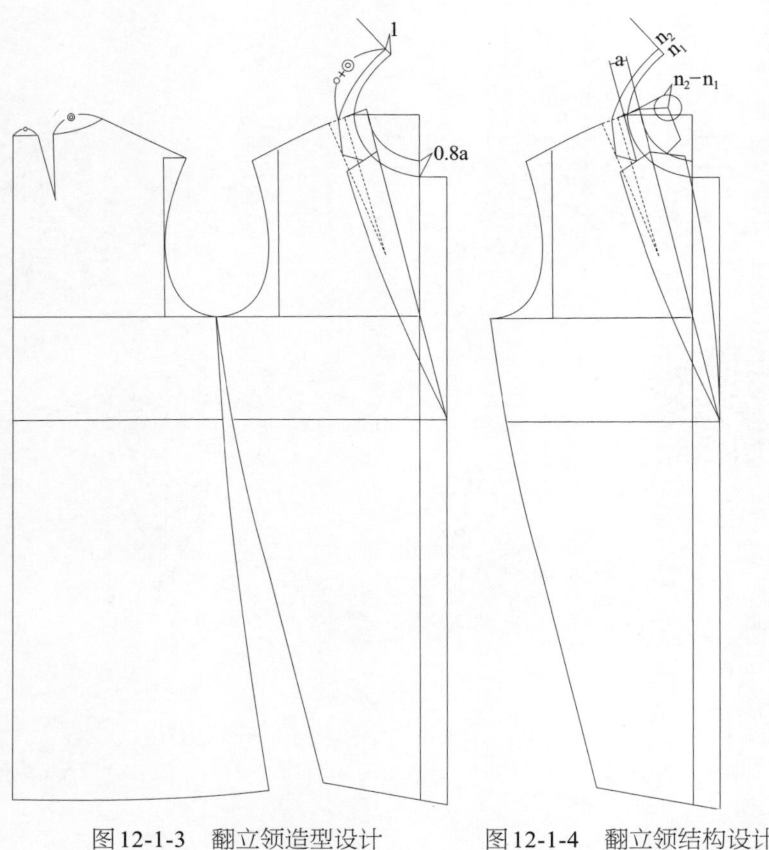

图12-1-3　翻立领造型设计　　图12-1-4　翻立领结构设计步骤一

（四）翻立领试衣效果

1. 翻立领样版制作（图12-1-7和图12-1-8）

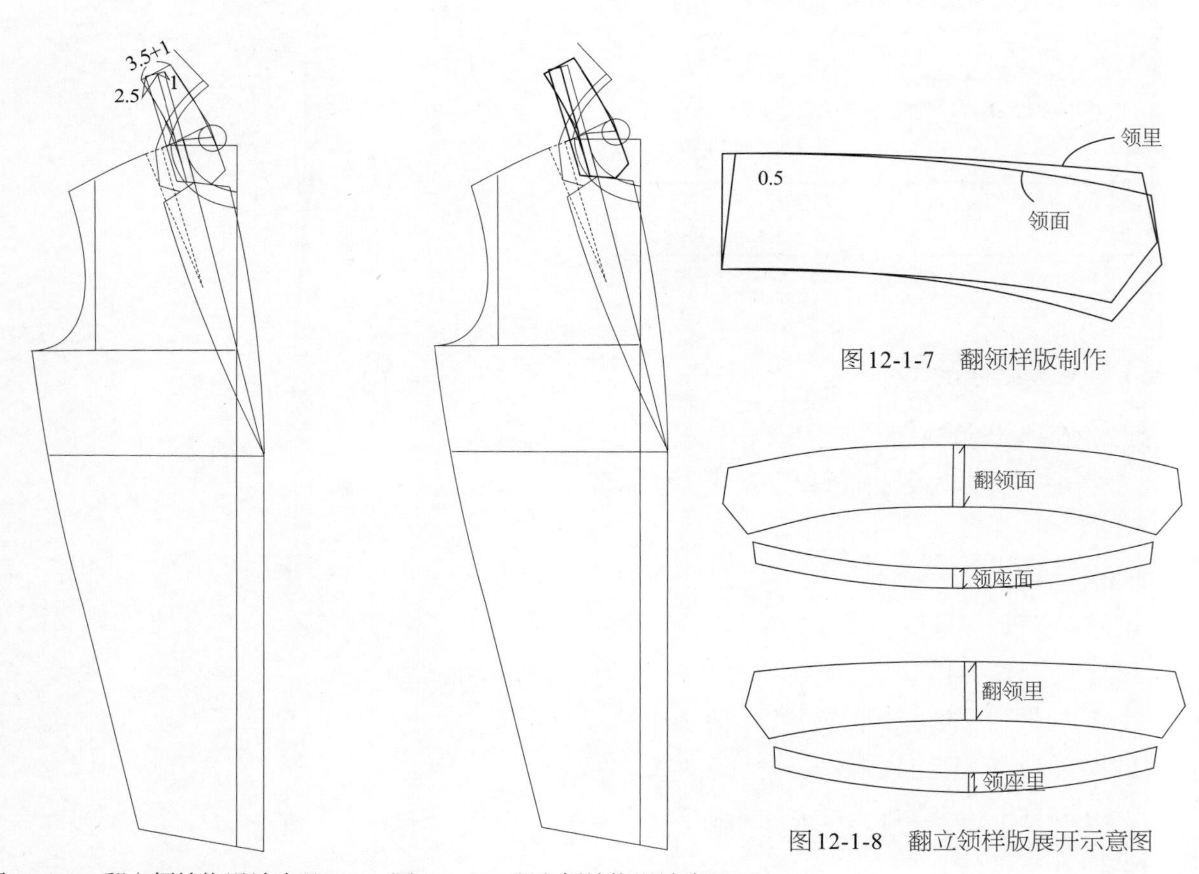

图12-1-5　翻立领结构设计步骤二　　图12-1-6　翻立领结构设计步骤三

图12-1-7　翻领样版制作

图12-1-8　翻立领样版展开示意图

2. 翻立领样版放缝

此处样版放缝包括衣身。翻领领底与领座上口放缝0.5 ~ 0.6 cm，衣身领口与领底弧线放缝0.6 cm，衣身与袖口底边放缝4 cm，挂面底边放缝2 cm，其余部位均放缝1 cm。见图12-1-9。

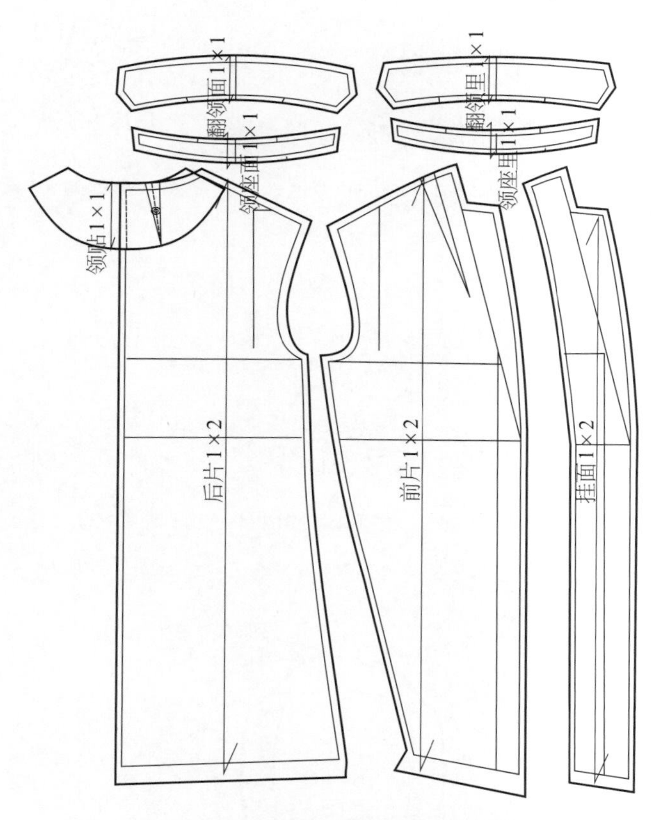

图12-1-9　翻立领样版放缝示意图

3. 翻立领3D试衣

根据翻立领样版进行工艺缝制试样，从不同角度看成衣效果。翻立领常见造型是立起来的效果。正面，在翻领与驳头处有领口省；侧面，翻立领平服；后面，翻领立起来。见图12-1-10。

（五）实践题

根据165/84A号型规格尺寸，参考图12-1-11所示款式图绘制翻立领结构。

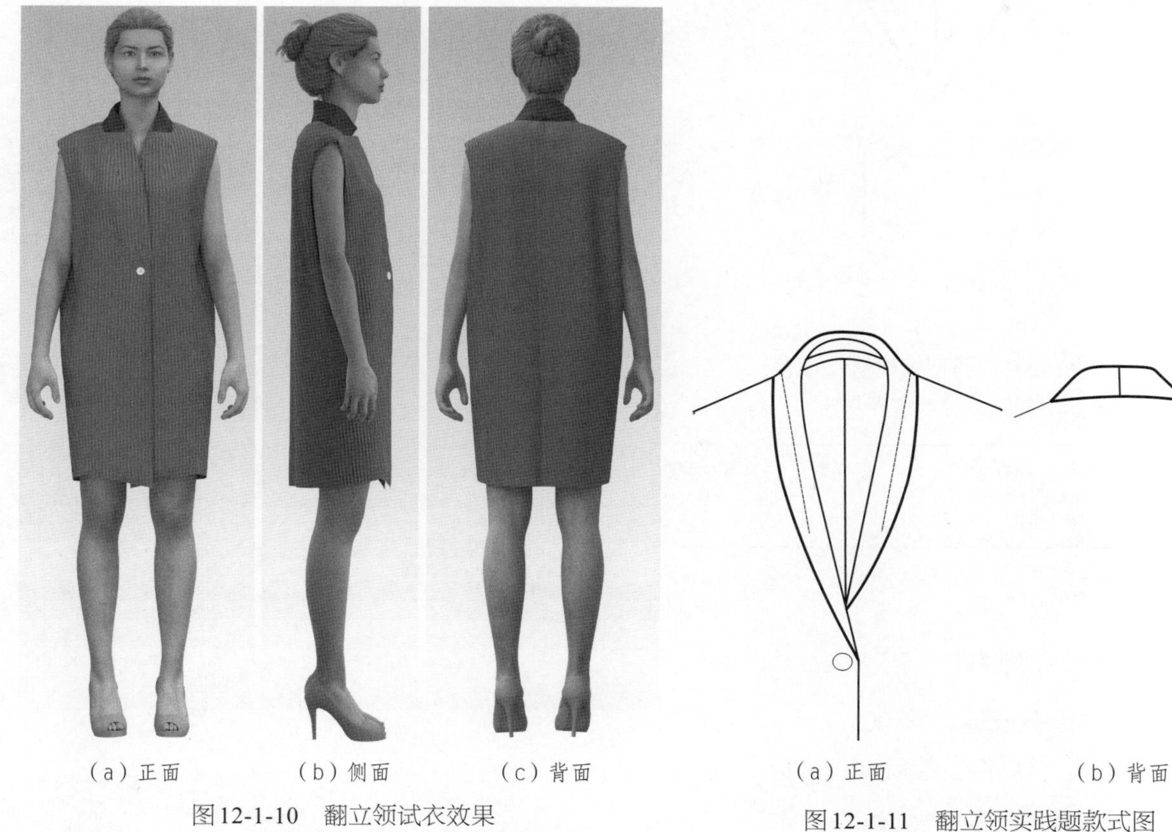

（a）正面　（b）侧面　（c）背面

图12-1-10　翻立领试衣效果

（a）正面　（b）背面

图12-1-11　翻立领实践题款式图

二、弧型领制版

视频12–2
弧型领制版

（一）弧型领款式分析

1. 弧型领款式图（图12–2–1）

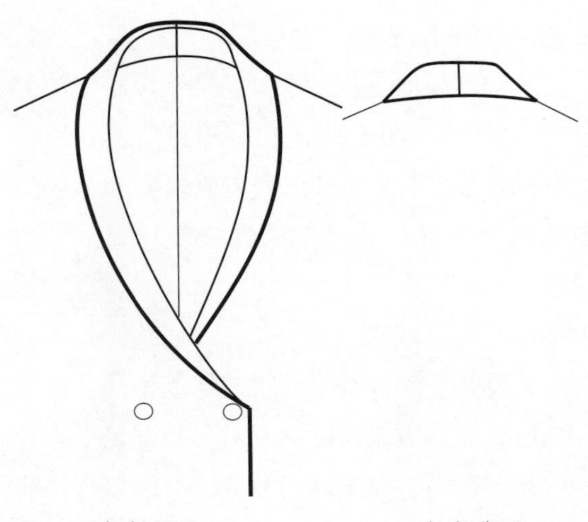

（a）正面　　（b）背面

图12-2-1　弧型领款式图

2. 款式特点

弧型领是指领口线是弧线，领子呈弧线状态的青果领，前中心线开口比较大，领型为弧型效果。

（二）弧型领规格尺寸设计

在大衣衣身基本型的基础上配置弧形领，规格见图12-2-2和表12-2-1。

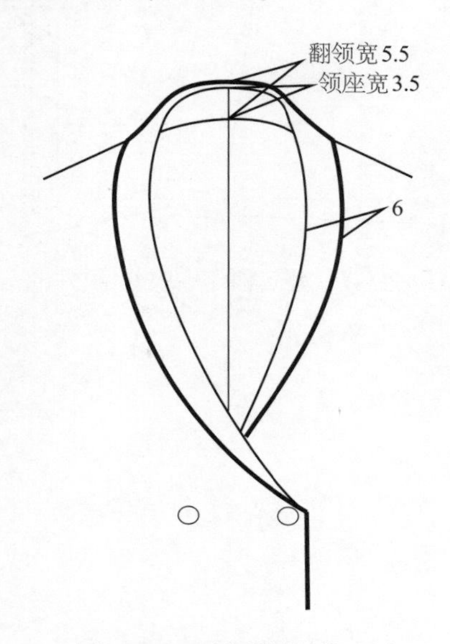

图12-2-2　弧型领规格设计

表12–2–1　弧型领规格尺寸表

单位：cm

号型	胸围	翻立领宽（b）	领座宽（a）	门襟宽
165/84A	116	5.5	3.5	12

（三）弧型领结构设计

1. 弧型领的造型设计

参考弧型领规格在领口上设计造型线。见图12-2-3。

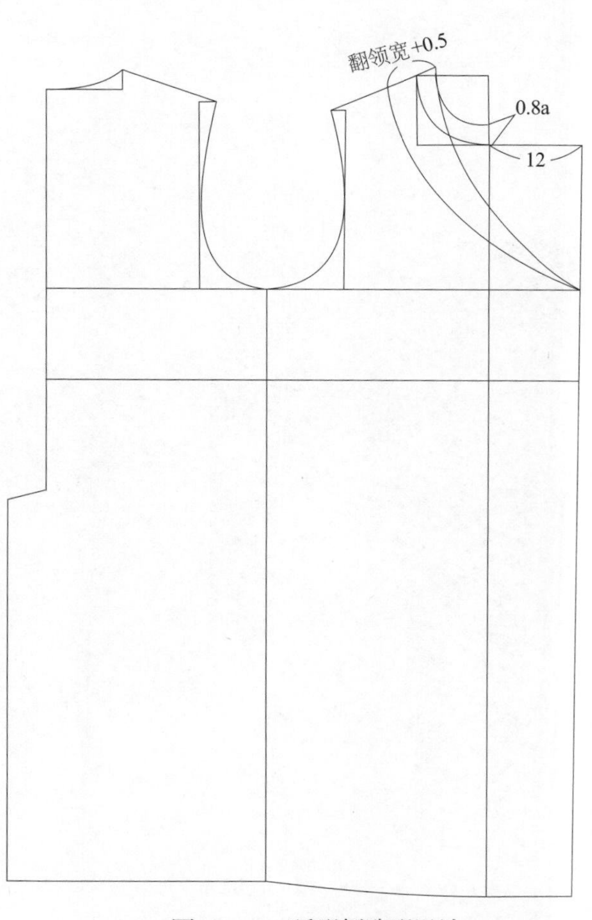

图12-2-3　弧型领造型设计

2. 弧型领的结构设计

（1）设计弧型领的外领口弧线，以翻领造型线外口线为对称轴作外领口弧线“○”的对称线，长度1 cm。见图12-2-4。

（2）取对称弧线的点，作领的翻领松度圆。见图12-2-5。

（3）在翻领松度圆基础上，作后领结构设计。见图12-2-6。

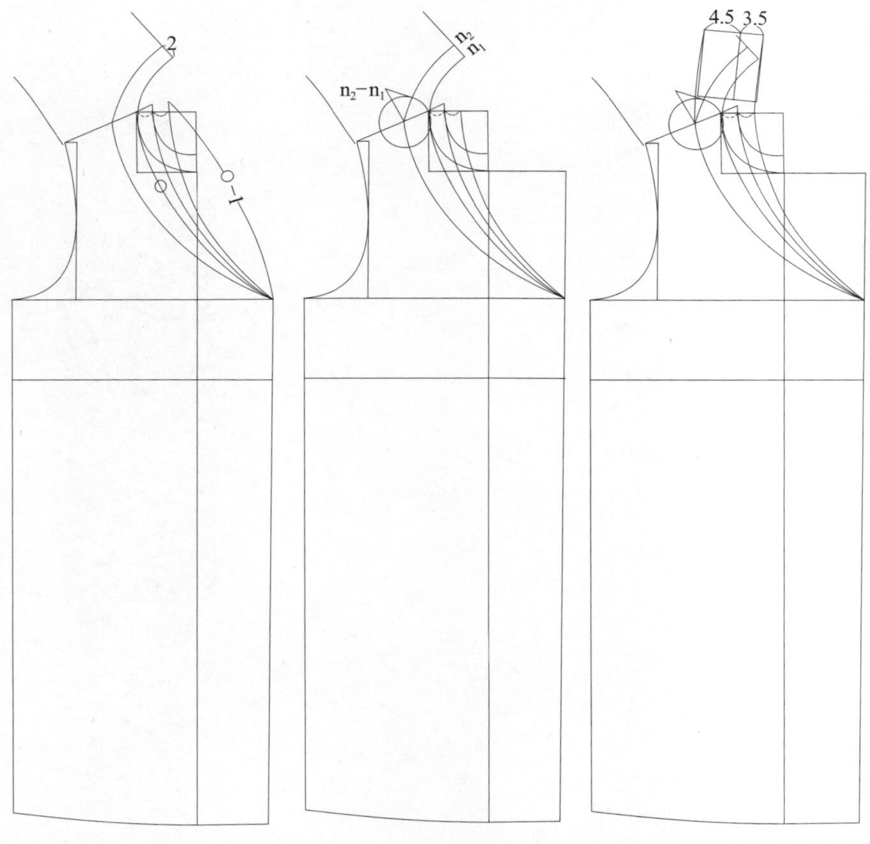

图12-2-4　弧型领结构设计步骤一　图12-2-5　弧型领结构设计步骤二　图12-2-6　弧型领结构设计步骤三

（四）弧型领试衣效果

1. 弧型领样版制作

在后领中线处，延长外领口弧线0.5 cm。领面的外领口弧线比领里外领口弧线大约1 cm。见图12-2-7。

2. 弧型领样版放缝

此处放缝包括衣身。领口与领底弧线放缝0.6 cm，袖窿放缝0.8 cm，衣身与袖口底边放缝4 cm，挂面底边放缝2 cm，其余部位均放缝1 cm。见图12-2-8。

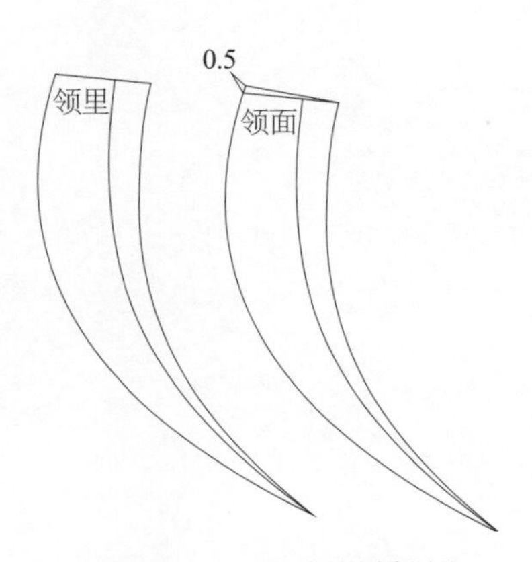

图12-2-7　弧型领样版制作

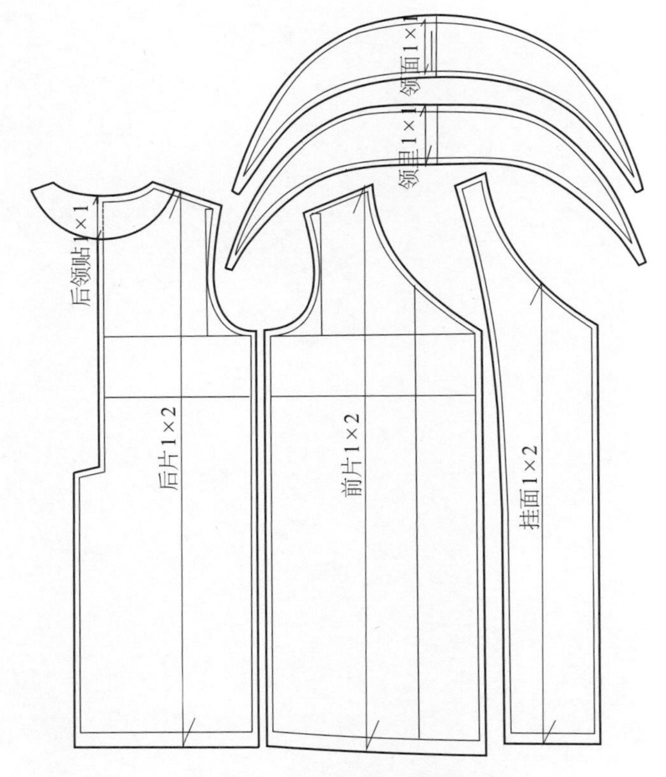

图12-2-8　弧型领样版放缝示意图

3. 弧型领3D试衣

根据弧形领样版进行工艺缝制试样，从不同角度看成衣效果。弧型领是弧型领口，因此正面开口比较大，弧型领侧面平服，背面外领口弧线顺畅。见图12-2-9。

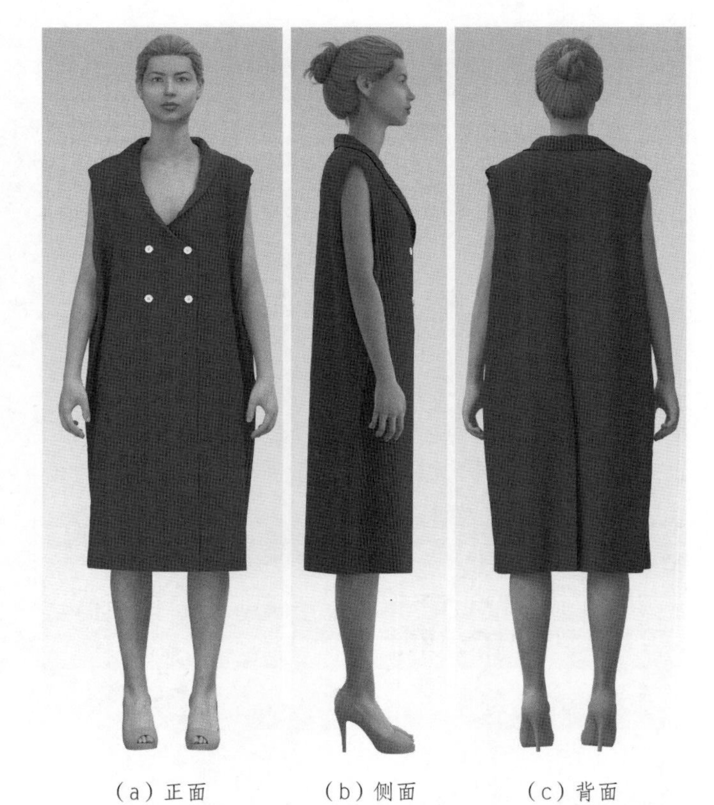

（a）正面　（b）侧面　（c）背面

图12-2-9　弧型领试衣效果

（五）实践题

根据165/84A号型规格尺寸，参考图12-2-10所示款式图绘制弧型领结构。

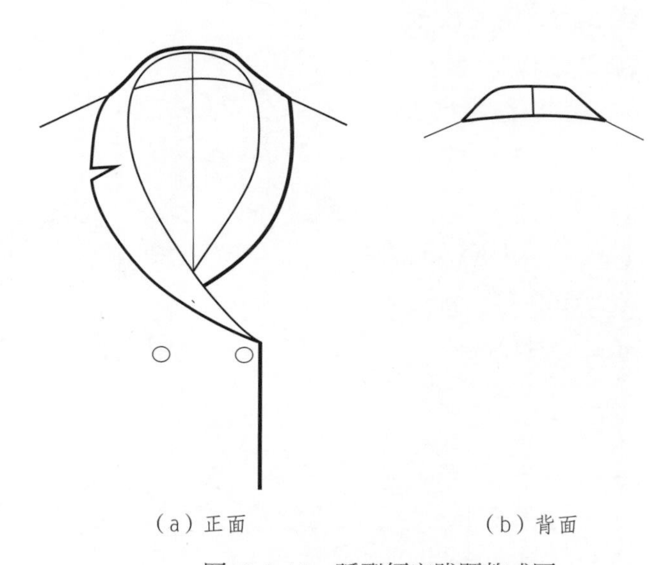

（a）正面　（b）背面

图12-2-10　弧型领实践题款式图

模块五　裤子制版

单元十三　合体裤型制版

一、合体裤子基本型制版

视频13-1
合体裤子基本型
制版

（一）合体裤子基本型款式分析

1. 合体裤子基本型款式图（图13-1-1）

（a）正面　　（b）背面

图13-1-1　合体裤子基本型款式图

2. 款式特点

合体裤子基本型属于直筒裤造型，裤子装有腰头，前、后裤片左、右片均设有一个腰省。因为款式展示裤子结构设计，所以不设穿脱方式。

（二）合体裤子基本型线条名称（图13-1-2）

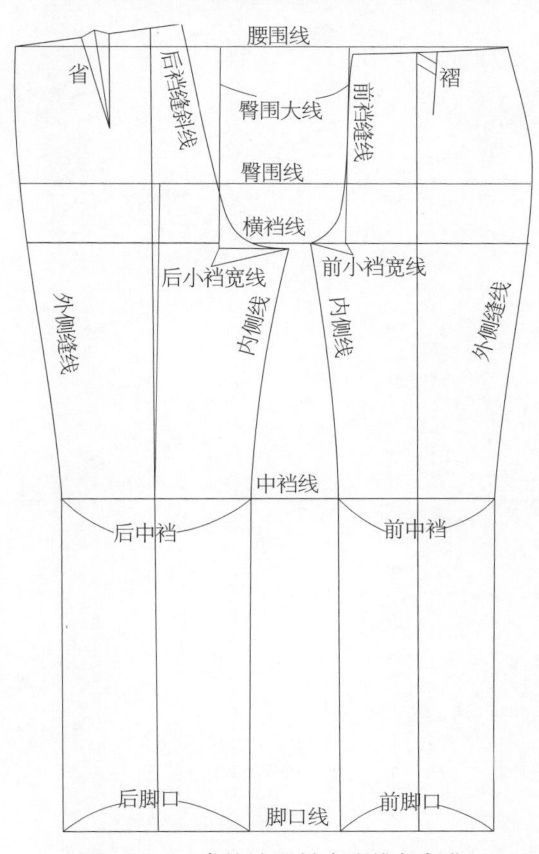

图13-1-2　合体裤子基本型线条名称

（三）裤子规格尺寸设计

1. 长度线尺寸设计

裤子有五条纵向线，是裤子结构设计中长度规格的基础。在裤子结构设计中，根据人体的身高（号）和臀围（型），参考裤子款式设计尺寸。见图13-1-3。

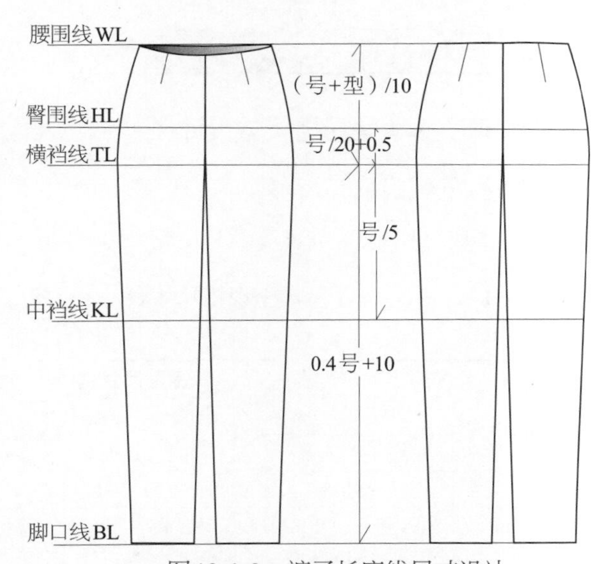

图13-1-3　裤子长度线尺寸设计

2. 围度线尺寸设计（图13-1-4）

（1）裤子前后差是指体侧中线与臀围中点之间的差。在裤子结构设计中，人体臀部体型决定了前后差的大小。见表13-1-1。

表13-1-1　裤子前后差的取值

单位：cm

体型	平臀体	正常体	翘臀体
前后差	0.75	1	1.5

（2）裤子内缝点决定了裤子前、后内缝线的位置，是指在前后差基础上量取裤子内缝线的量。内缝点、横裆宽、中裆三个围度取值与裤型的合体度有关系。见表13-1-2。

表13-1-2　裤子围度规格设计

单位：cm

裤型	紧身裤型	合体裤型	宽松裤型
内缝点	1 ~ 1.5	1.5 ~ 2	2 ~ 2.5
横裆宽	0.16H	0.16H ~ H/6	H/6 ~ 0.17H
中裆	H/2−6	H/2−4	H/2+4

3. 裤子放松量设计（表13-1-3）

表13-1-3　裤子放松量设计

单位：cm

裤型	臀围松量	腰围松量
紧身裤型	4 ~ 6	腰围松量正常一般设置为2。具体尺寸根据裤型、面料、人体进行设计
合体裤型	8 ~ 10	
宽松裤型	12以上	

（四）合体裤子基本型规格尺寸设计

根据165/70A规格设计合体裤子基本型的长度尺寸及围度尺寸（表13-1-4）。

表13-1-4　合体裤子基本型规格尺寸表

单位：cm

长度尺寸		围度尺寸	
腰围线至横裆线	（号＋型）/10	腰围	72
腰围线至臀围线	号/20	臀围	100
腰围线至中裆线	号/5	前后差	1
裤长	0.4号＋（10−12）	内缝点	1.5
后裆低落	0.5	横裆宽	0.16H
—	—	中裆	H/2−4

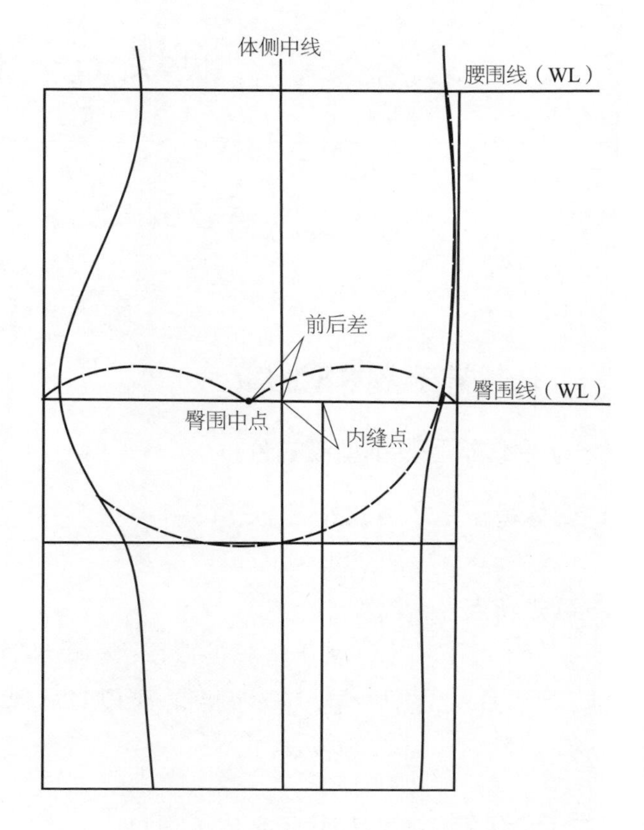

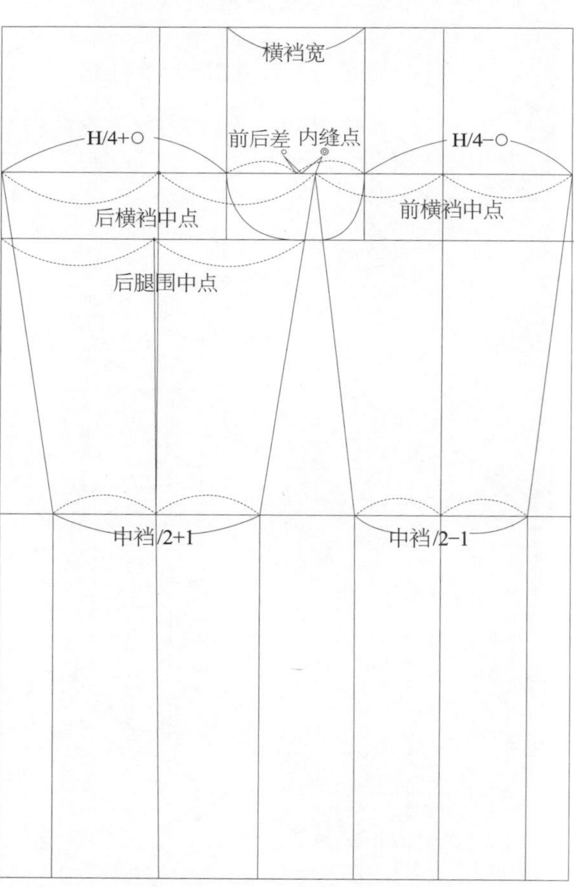

图13-1-4　裤子围度线尺寸设计

（五）合体裤子基本型结构设计

1. 合体裤子基本型框架图

（1）根据规格表尺寸，绘制裤子的长度及围度尺寸框架。见图13-1-5。

（2）在横裆宽的基础上，取裆宽的前后差及内缝点。见图13-1-6。

2. 合体裤子基本型结构设计

（1）在裤子烫迹线的基础上，确定中裆尺寸，绘制内裤缝线及外裤缝线。取臀围线至裆宽点的中点，确定中裆以上部分的后烫迹线。见图13-1-7。

（2）绘制前、后腰围大小及省量的大小。见图13-1-8。

（3）作裆弯、内裤缝及外侧缝线弧线的辅助线。见图13-1-9。

（4）根据辅助线绘制裤子的外轮廓弧线。见图13-1-10。

（5）完成合体裤子基本型结构设计。见图13-1-11。

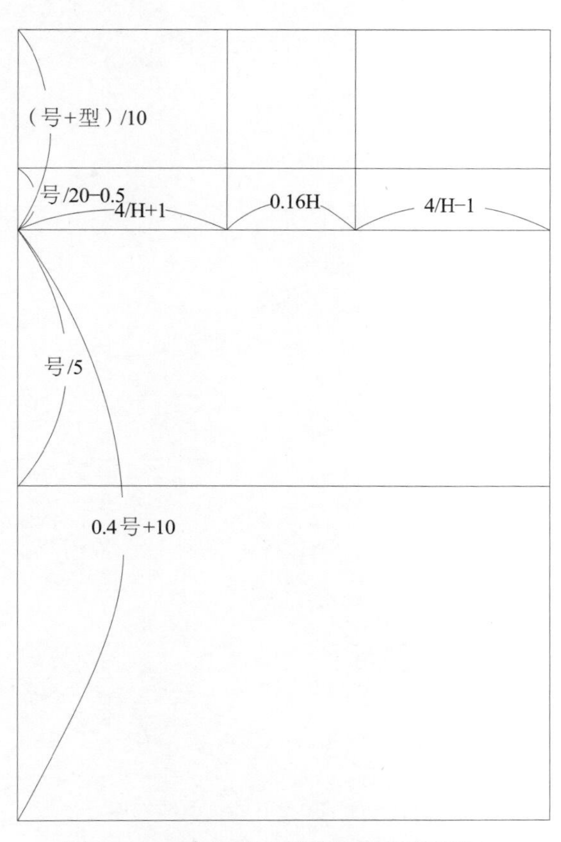

图13-1-5　合体裤子基本型框架图步骤一

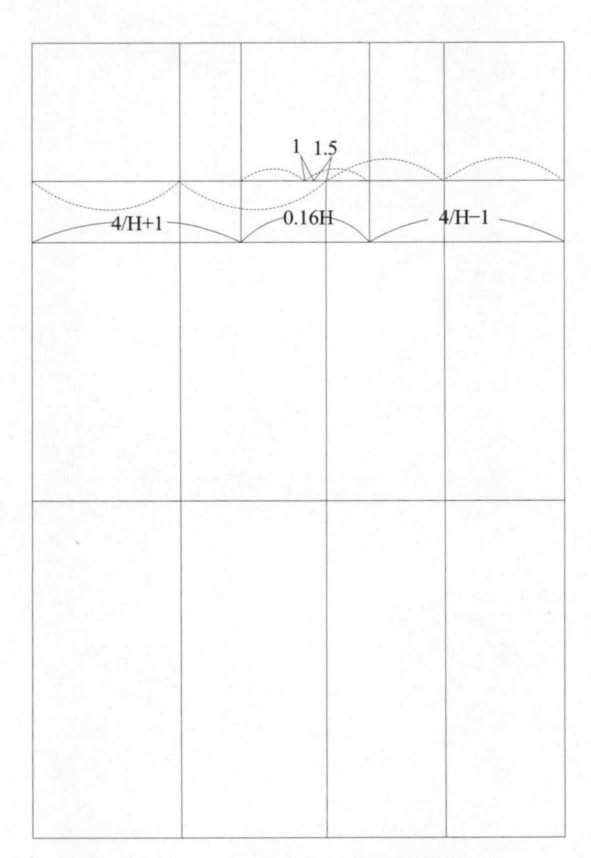

图13-1-6　合体裤子基本型框架图步骤二

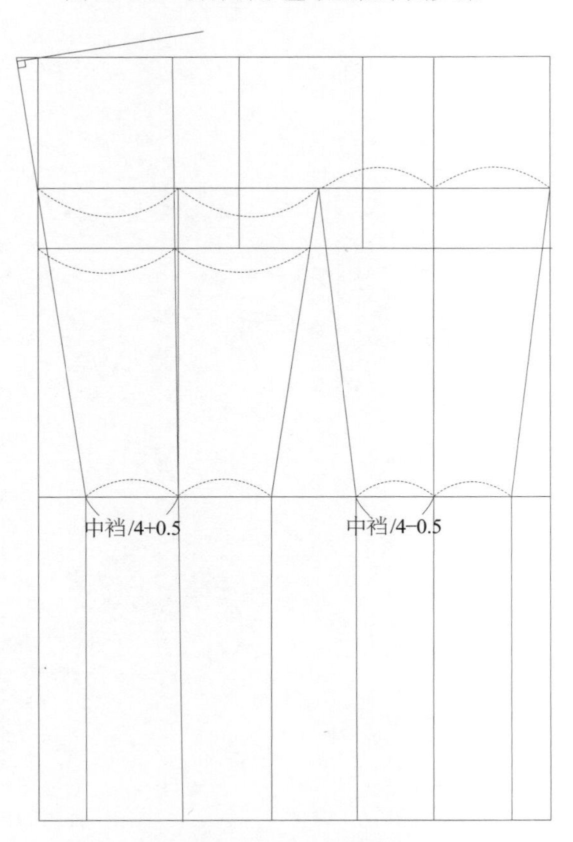

图13-1-7　合体裤子基本型结构设计步骤一

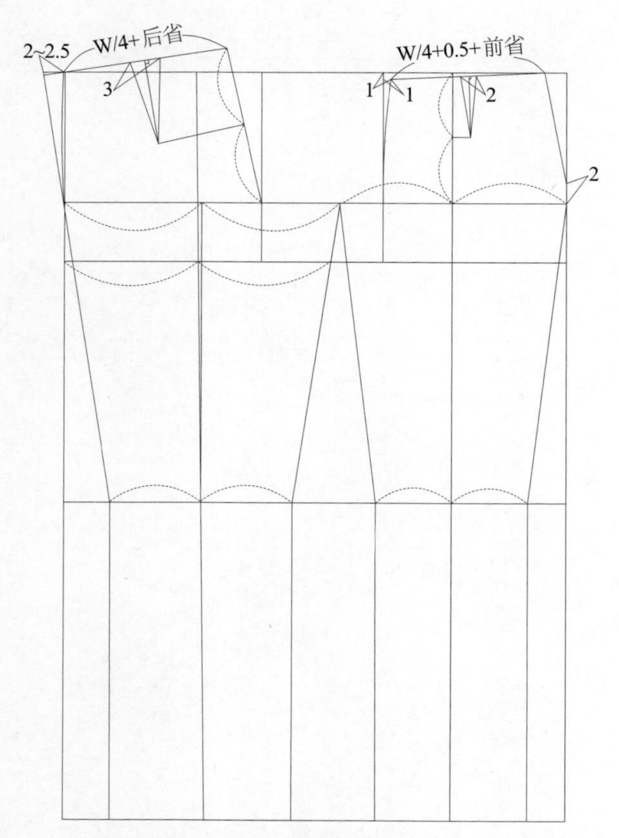

图13-1-8　合体裤子基本型结构设计步骤二

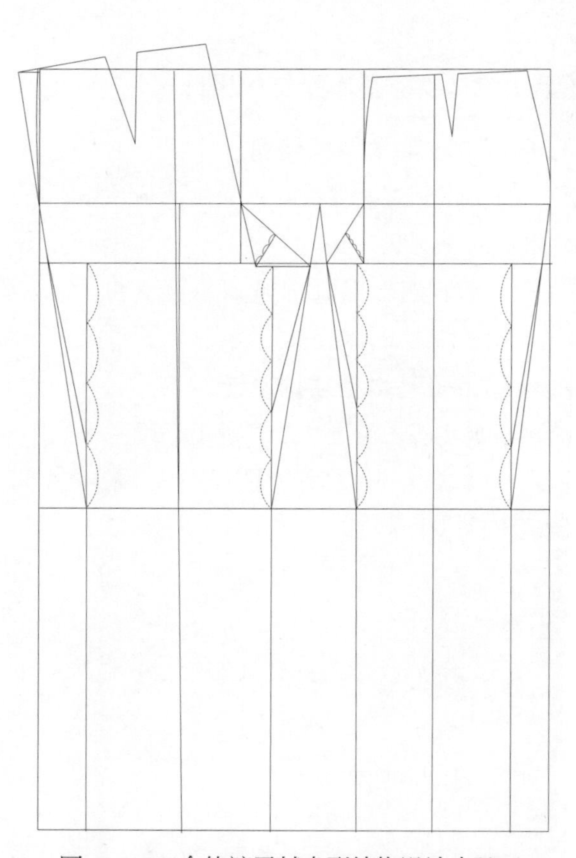

图13-1-9　合体裤子基本型结构设计步骤三

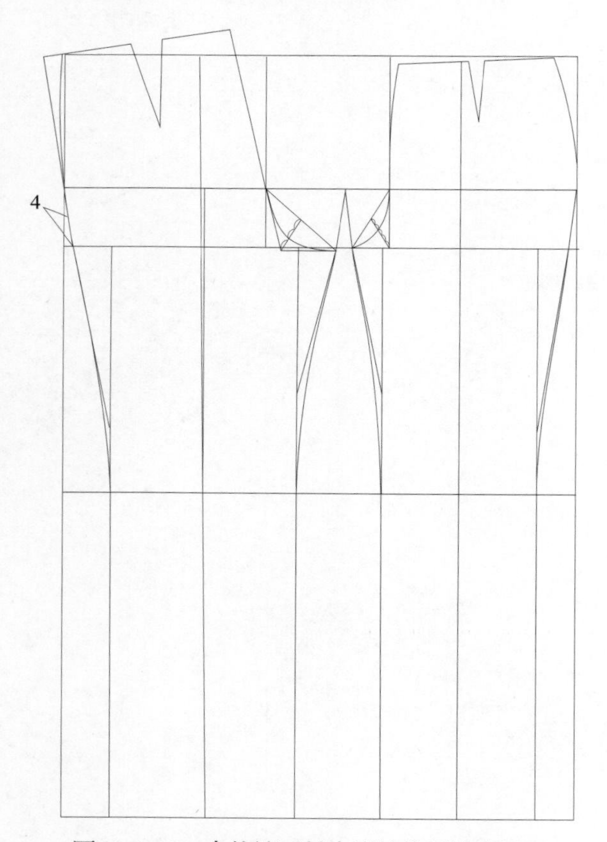

图13-1-10　合体裤子基本型结构设计步骤四

图13-1-11　合体裤子基本型结构设计步骤五

（六）合体裤子基本型试衣效果

1. 合体裤子基本型样版放缝

脚口一般放缝3 ～ 4 cm，其余部位均放缝1 cm。见图13-1-12。

2. 合体裤子基本型3D试衣

根据合体裤子基本型样版进行工艺缝制试样，从不同角度看成衣效果。正面，裤子腰腹较合体；侧面，前、后裤子较平衡；背面，腰臀较合体。见图13-1-13。

（七）实践题

根据穿着者的人体尺寸，设计合体裤子基本型的规格尺寸。在此基础上，按照图13-1-14所示款式图进行结构设计。

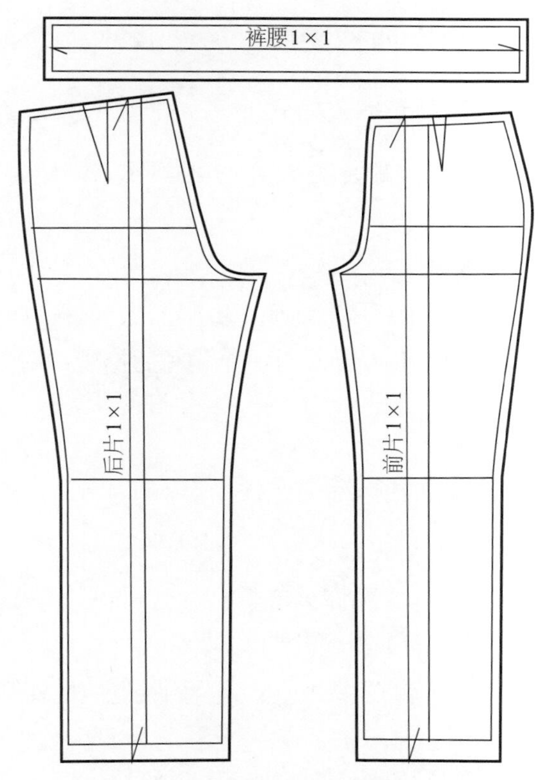

图13-1-12　合体裤子基本型放缝示意图

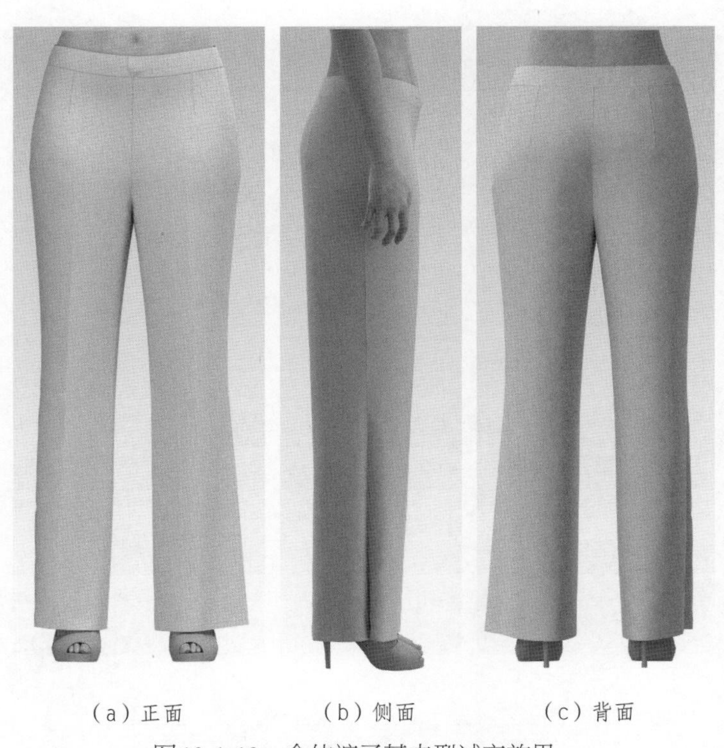

图13-1-13　合体裤子基本型试衣效果

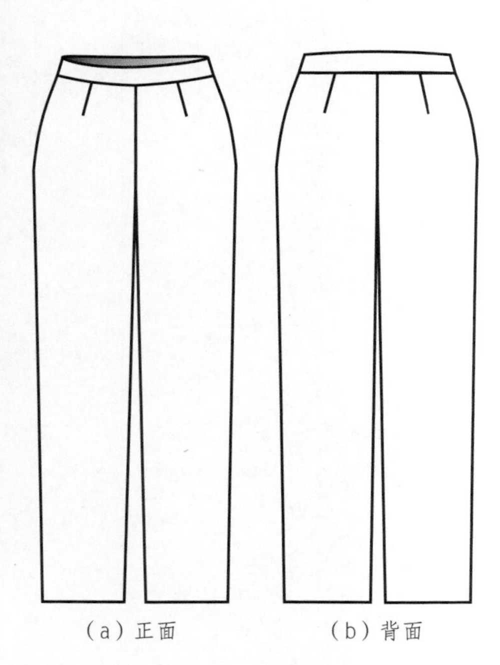

图13-1-14　合体裤子基本型实践题款式图

二、合体女西裤制版

视频13-2
合体女西裤制版

(一)合体女西裤款式分析

1. 合体女西裤款式图(图13-2-1)

(a)正面　　(b)背面

图13-2-1　合体女西裤款式图

2. 款式特点

合体女西裤属于小脚口造型设计，前裤片有一个褶裥和斜插袋，后裤片设计一个省和后挖袋，裤子有腰头和门襟。

(二)合体女西裤结构设计

1. 合体女西裤脚口设计

(1)合体女西裤脚口小于中裆，根据款式设计，在合体裤子基本型结构基础上沿脚口向里量取3 cm，缩小脚口宽。见图13-2-2。

(2)在辅助线基础上，调整内裆缝线和外侧缝线。见图13-2-3。

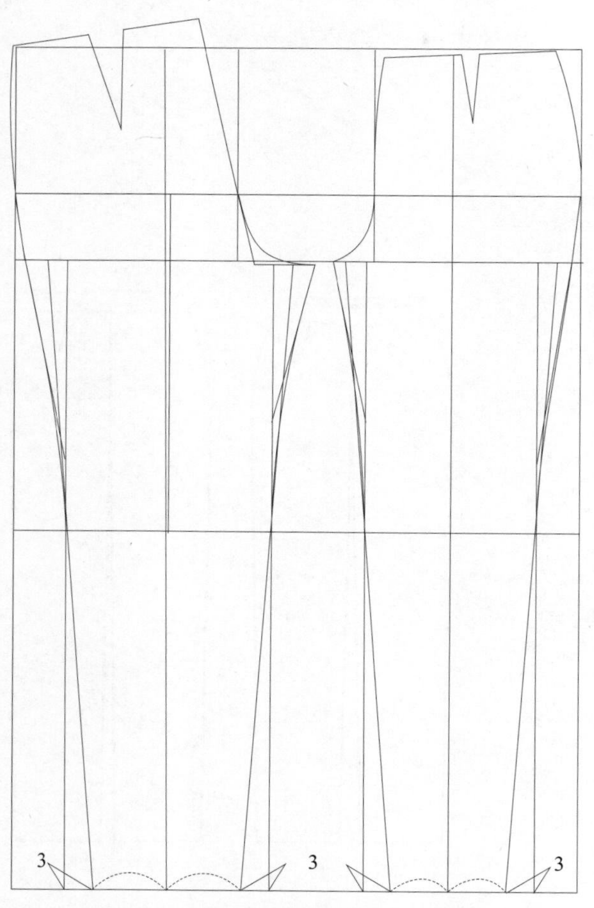

图13-2-2　合体女西裤脚口设计步骤一

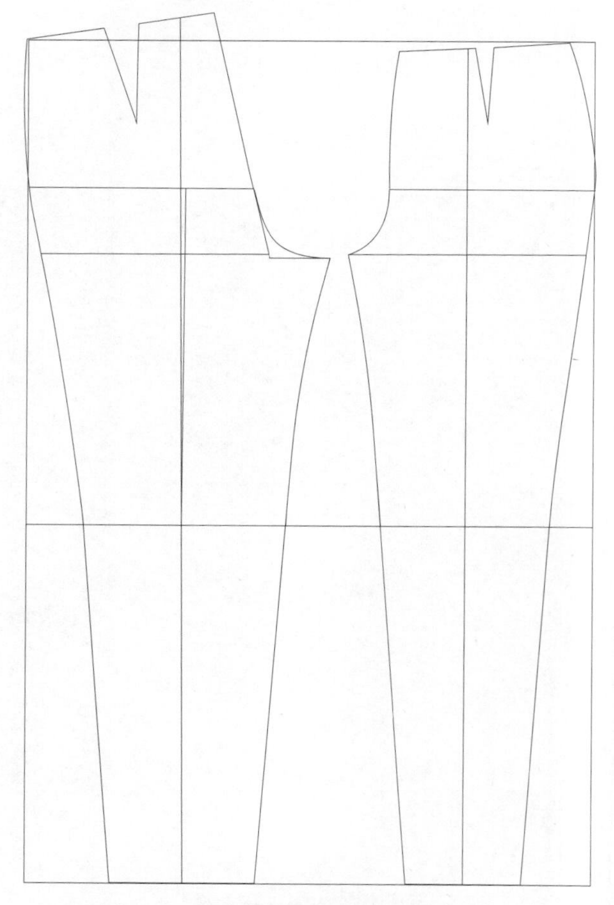

图13-2-3　合体女西裤脚口设计步骤二

2. 合体女西裤上裆设计

（1）将前裤片省道转化为褶裥，根据款式图设计斜插袋的位置。斜插袋的大小一般取16 ～ 18 cm，在手掌宽的基础上加放尺寸。在后裤片省尖处设计后袋的位置及大小。后袋结构设计时需注意袋位与后腰线平行。女西裤后袋一般起装饰作用，后袋口宽不宜过大，一般取12 ～ 13 cm。见图13-2-4。

（2）在袋位基础上绘制袋布，根据款式设计袋布的大小及造型。垫袋布在袋布及袋位基础上绘制，这样才能合理设计。里襟宽一般为3 ～ 3.5 cm，长不宜超过臀围线，门襟与里襟长度相同，宽度根据款式设计。后袋嵌线根据口袋嵌线大小设计，一般大于口袋嵌线2 cm，垫袋布在口袋基础上合理设计大小，目的是能够起到垫的作用。见图13-2-5。

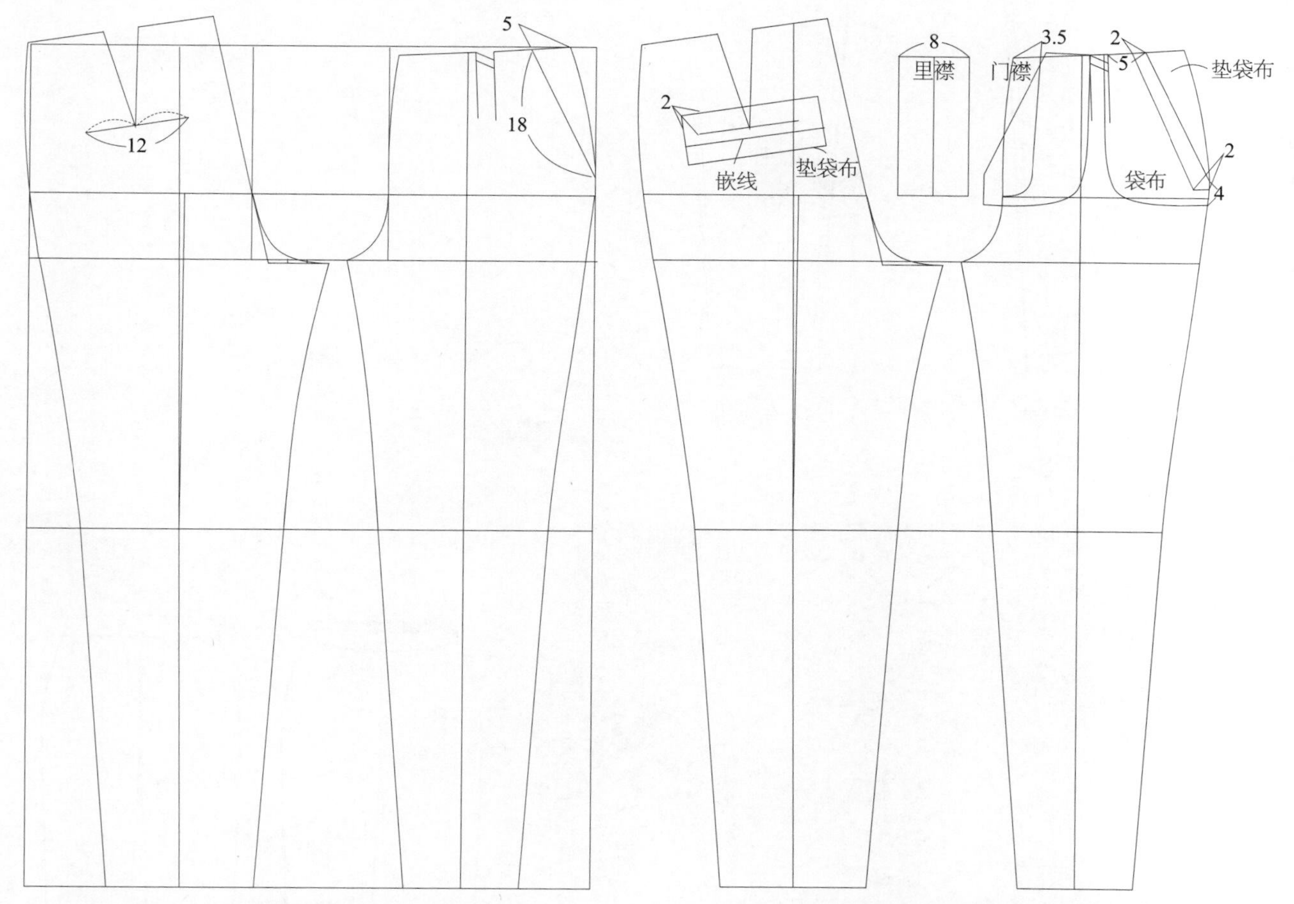

图13-2-4　合体女西裤结构设计步骤一

图13-2-5　合体女西裤结构设计步骤二

（三）合体女西裤试衣效果

1. 合体女西裤样版放缝

脚口一般放缝3 ～ 4 cm，其余部位均放缝1 cm。见图13-2-6。

2. 合体女西裤3D试衣

根据合体女西裤样版进行工艺缝制试样，从不同角度看成衣效果。合体女西裤正面裤腿为收脚口设计，更加贴体；侧面前、后裤片平衡；背面也较合体。见图13-2-7。

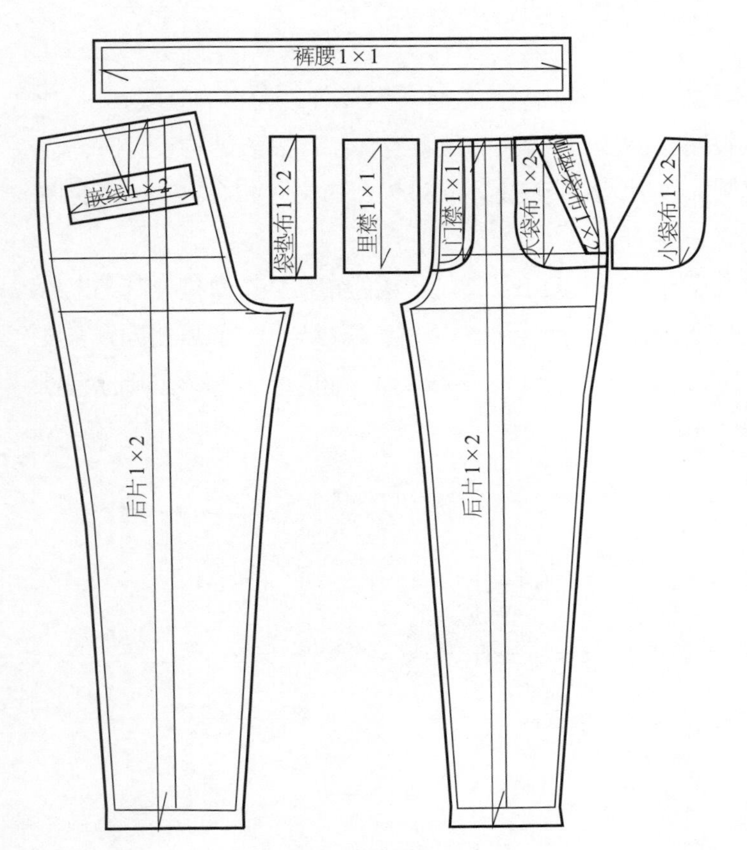

图13-2-6　合体女西裤样版放缝示意图

（四）实践题

根据穿着者的人体尺寸，设计合体女西裤的规格尺寸。在此基础上，按照图13-2-8所示款式图进行结构设计。

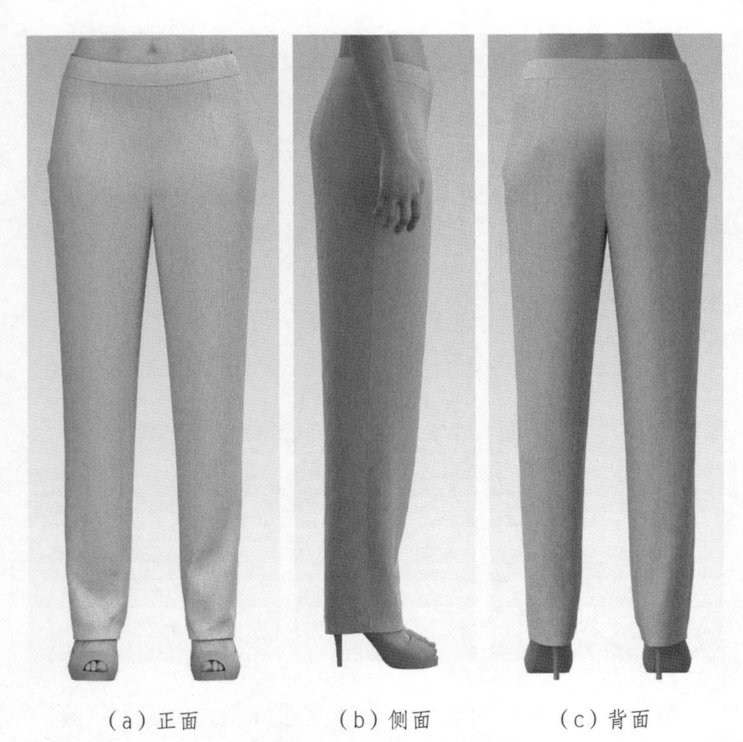

（a）正面　（b）侧面　（c）背面

图13-2-7　合体女西裤基本型试衣效果

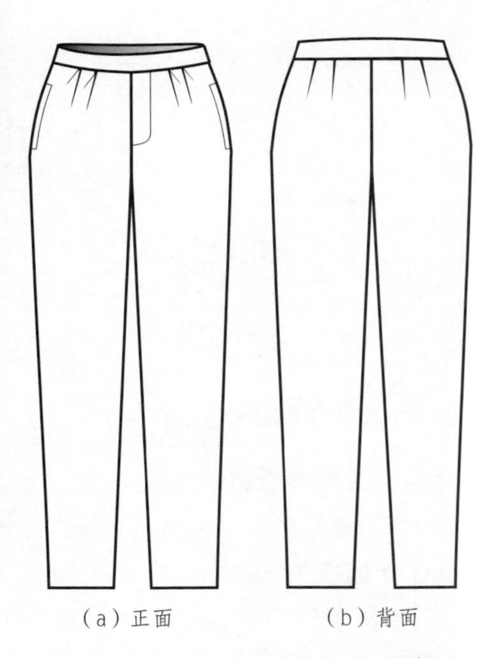

（a）正面　（b）背面

图13-2-8　合体女西裤基本型实践题款式图

三、合体连体裤制版

视频13-3
合体连体裤制版

（一）合体连体裤款式分析

1. 合体连体裤款式图（图13-3-1）

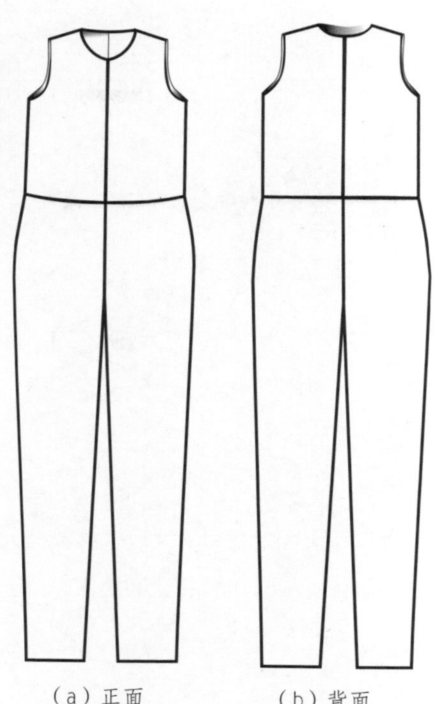
（a）正面　　（b）背面

图13-3-1　合体连体裤款式图

2. 款式特点

合体连体裤属于上装和下装结合的断腰款式，上装无领无袖，为较合体款式，下装属于较合体西裤，前、后中心线断开。可以根据具体款式在前、后中心线处设穿脱方式，这里不设穿脱方式。

（二）合体连体裤规格设计

合体连体裤（图13-3-2）规格设计分上装和下装，上装尺寸参考表13-3-1合体连体裤女上装规格设计，下装尺寸参考表13-1-4合体裤子基本型规格设计，脚口参照合体女西裤尺寸。

表13-3-1　合体连体裤女上装规格尺寸表

单位：cm

长度尺寸		围度尺寸	
胸省量（X）	1.5	胸围（B）	92
后领深	2.1	后领宽	B/20+3
后腰节长	38	前领宽和前领深	后领宽−0.5
袖窿深	B/4-1.5	前、后胸围	B/4
前片上抬量	−0.25	后背宽	1.5B/10+3.5
前片降低量	1.25	冲肩量	1.5
落肩量辅助直角边长	15:5.5和15:6.3	后胸宽−前胸宽	1.2 ~ 1.4
BP点高	（号+型）/10	后小肩−前小肩	0.5
—	—	BP点宽	B/10−0.5

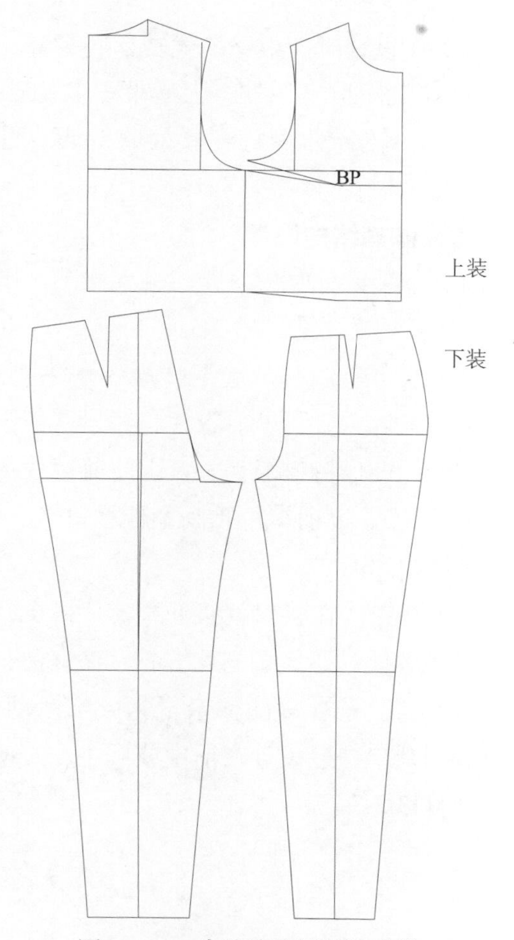

图13-3-2　合体连体裤结构式样

（三）合体连体裤结构尺寸设计

1. 合体连体裤上装结构设计

（1）根据规格绘制上装基本型结构，上装的胸省设计为宽松款式的大小，因连体裤上下装相连，活动受限，所以在胸省处设有放量。见图13-3-3。

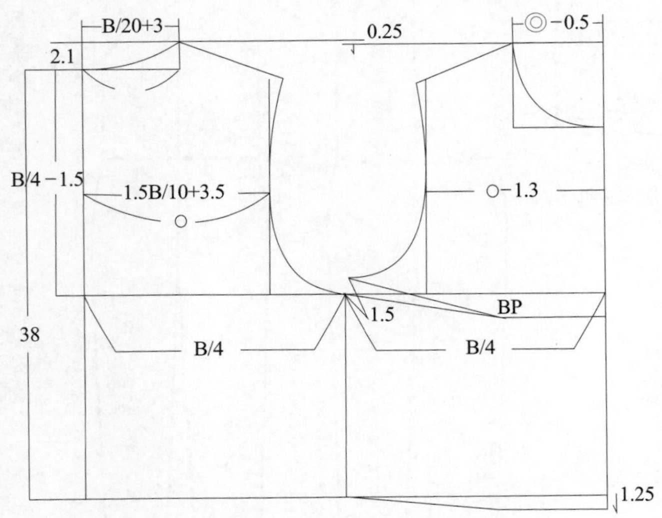

图13-3-3　合体连体裤上装结构设计步骤一

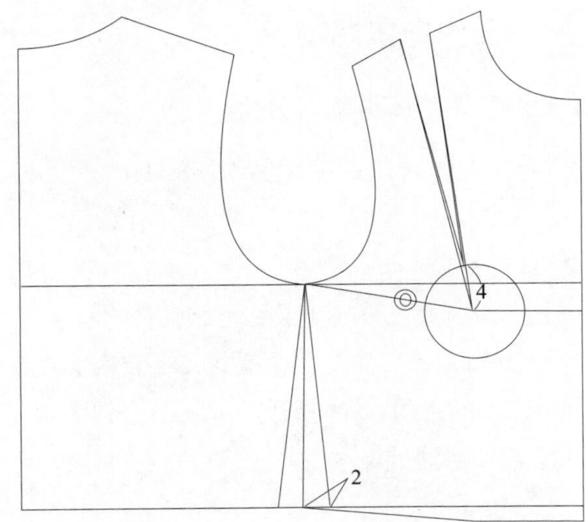

图13-3-4　合体连体裤上装结构设计步骤二

（2）在设计时，根据款式转移胸省量。这里将胸省转移到肩线处。上装侧缝收量根据款式设计，较合体侧缝在腰处收2 cm。见图13-3-4。

2. 合体连体裤结构设计

（1）下装设计时，将腰省融入腰围，增加连体裤的活动量。见图13-3-5。

（2）沿下装后裤片起翘作腰口水平直线，差量为"◎"。"○"是前衣片起翘量。在连体裤设计中，要保持侧缝等长，因此前裤片抬高量等于◎-○，以前裤片抬高量作腰口水平线。见图13-3-6。

（3）将衣片在腰口直线处和裤片拼合，圆顺侧缝线。校对连体裤的侧缝长，保证前、后侧缝长相等。前、后两侧余量为腰部活动量。连体裤的开口一般设计在前中或后中，方便穿脱。见图13-3-7。

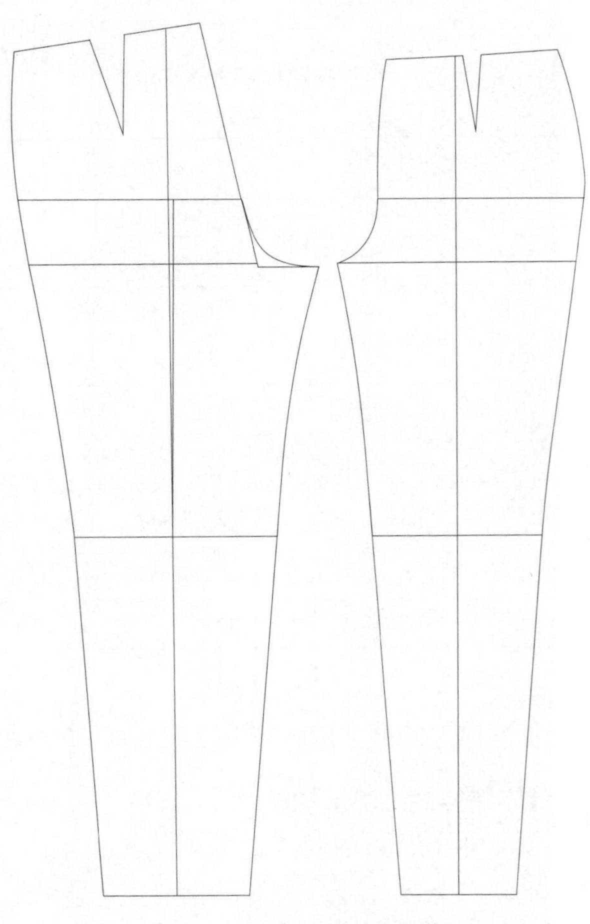

图13-3-5　合体连体裤框架图步骤一

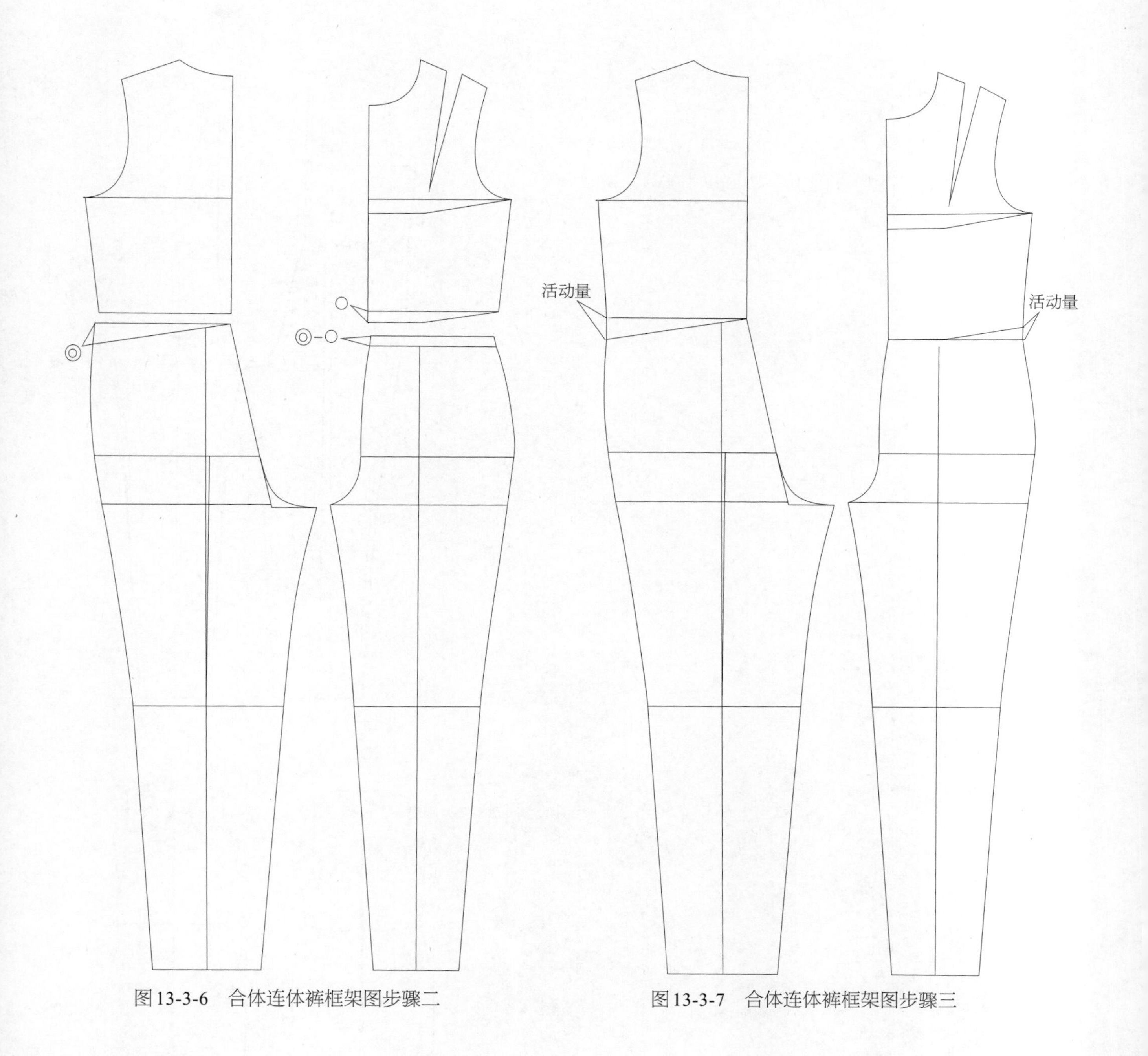

图13-3-6　合体连体裤框架图步骤二

图13-3-7　合体连体裤框架图步骤三

（四）合体连体裤试衣效果

1. 合体连体裤样版放缝

脚口一般放缝3 ～ 4 cm，其余部位均放缝1 cm。见图13-3-8。

2. 合体连体裤3D试衣

根据合体连体裤样版进行工艺缝制试样，从不同角度看成衣效果。从正面看，连体裤较合体；从侧面看，前、后衣身平衡；从背面看，腰部松量适宜，满足人体基本活动功能需求。见图13-3-9。

（五）实践题

根据穿着者的人体尺寸，设计合体连体裤的规格尺寸。在此基础上，按照图13-3-10所示款式图进行结构设计。

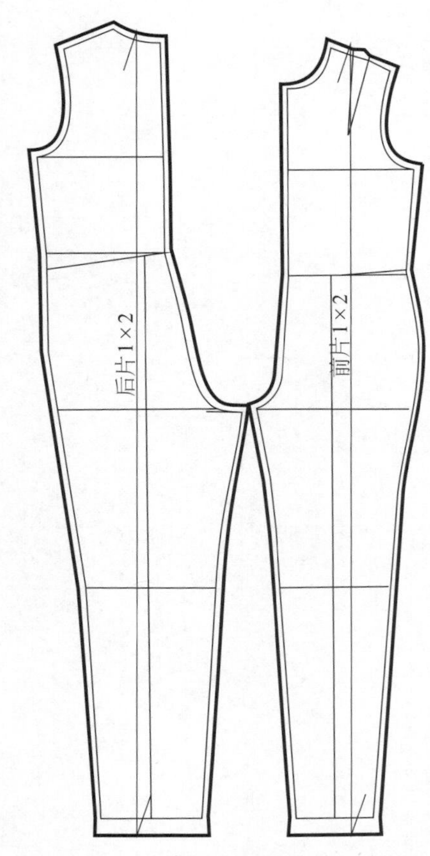

图13-3-8　合体连体裤放缝示意图

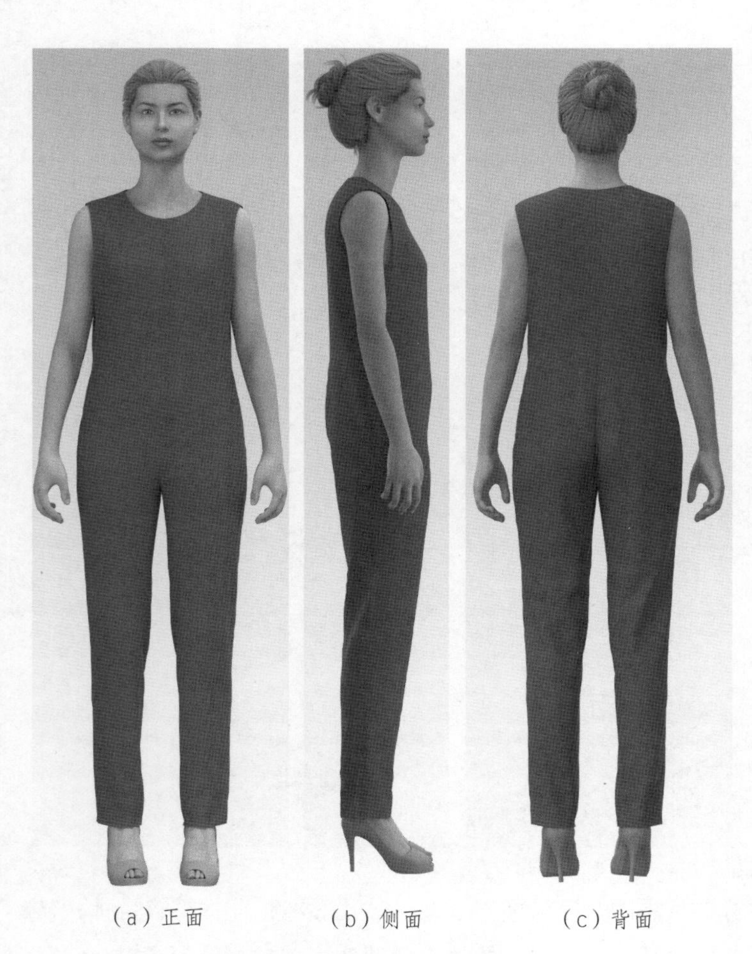

（a）正面　（b）侧面　（c）背面

图13-3-9　合体连体裤试衣效果

（a）正面　（b）背面

图13-3-10　合体连体裤实践题款式图

单元十四　紧身裤型制版

一、紧身裤子基本型制版

视频 14–1
紧身裤子基本型制版

（一）紧身裤子基本型款式分析

1. 紧身裤子基本型款式图（图 14–1–1）

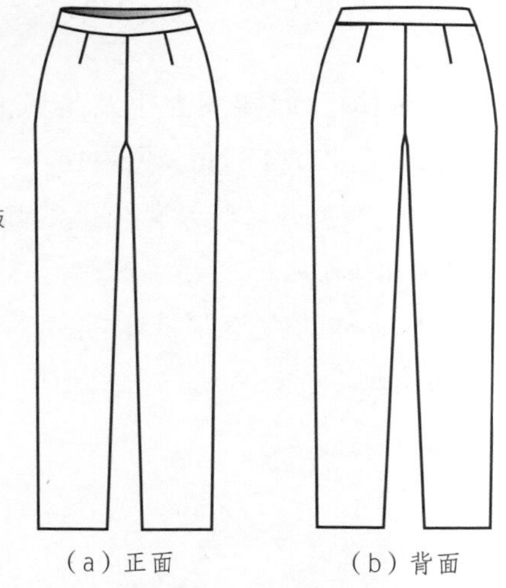
（a）正面　　（b）背面

图 14-1-1　紧身裤子基本型款式图

2. 款式特点

紧身裤子基本型属于紧身直筒裤造型，裤子装有腰头，前、后裤左、右片均设有一个腰省。因展示基本型结构设计，所以不设穿脱方式。

（二）紧身裤子基本型规格尺寸设计

根据165/70A规格设计紧身裤子基本型的长度尺寸及围度尺寸（表14-1-1）。

表 14–1–1　紧身裤子基本型规格尺寸表

单位：cm

长度尺寸		围度尺寸	
腰围线至横裆线	（号＋型）/10	腰围	72
腰围线至臀围线	号 /20	臀围	94
腰围线至中裆线	号 /5	前后差	1
裤长	0.4 号＋（10 ～ 12）	内缝点	1.5
后裆低落	0.5	横裆宽	0.16H
—	—	中裆	H/2−6

（三）紧身裤子基本型结构设计

1. 紧身裤子基本型框架图

（1）根据规格表尺寸，绘制裤子的长度及围度尺寸框架。见图14-1-2。

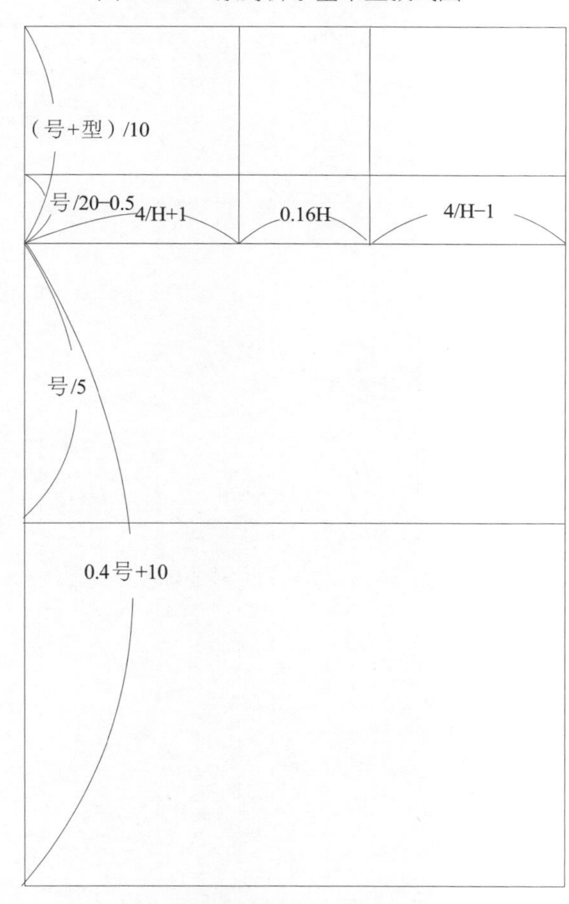

图 14-1-2　紧身裤子基本型框架图步骤一

（2）在横裆宽的基础上，取裆宽的前后差及内缝点。见图14-1-3。

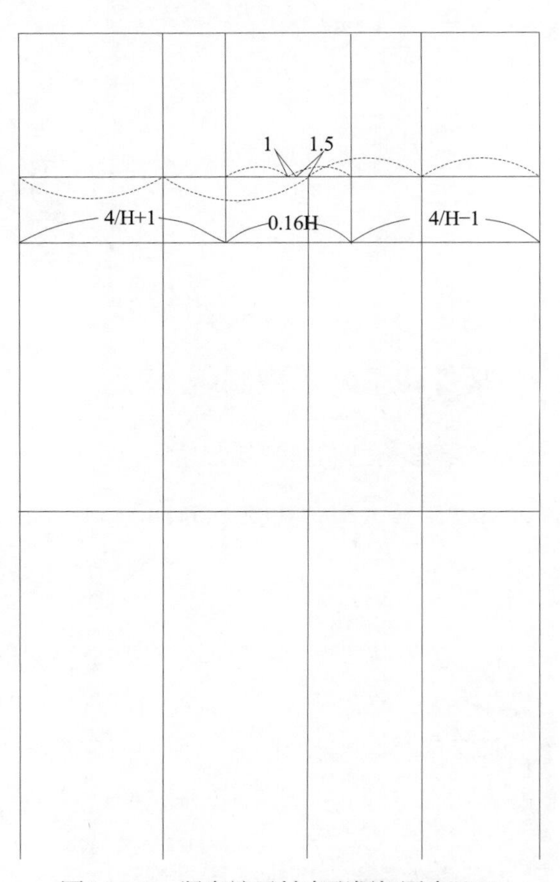

图14-1-3　紧身裤子基本型框架图步骤二

2. 紧身裤子基本型结构设计

（1）在裤子烫迹线的基础上，确定中裆尺寸，绘制内裤缝线及外裤缝线。取后裤片的大腿围中点，确定中裆以上部分的后烫迹线。见图14-1-4。

（2）绘制前、后腰围大小及省量的大小，前省取1 cm，后省取2.5 cm。见图14-1-5。

（3）作裆弯、内裤缝及外侧缝线弧线的辅助线。见图14-1-6。

（4）根据辅助线绘制裤子的外轮廓弧线（图14-1-7），得到紧身裤子基本型结构（图14-1-8）。

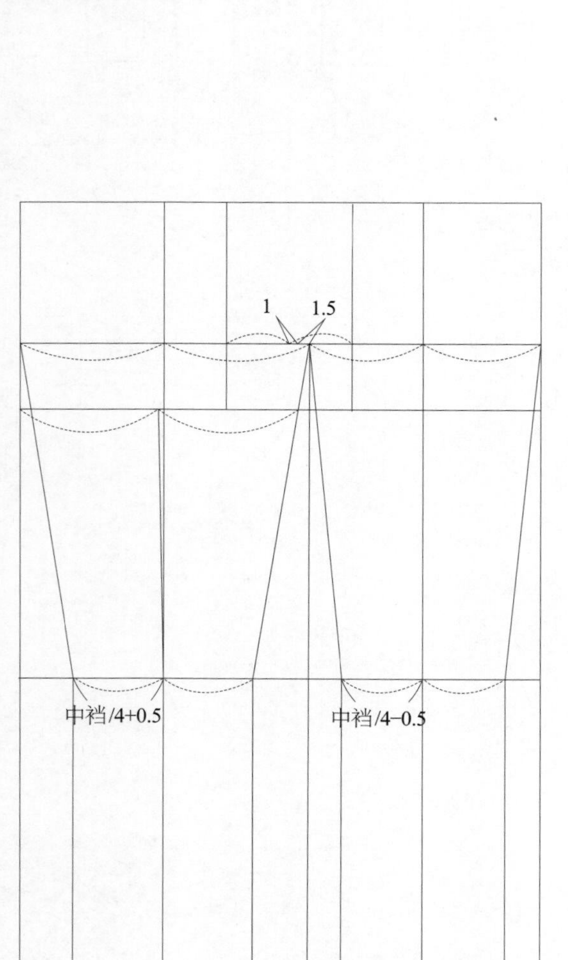

图14-1-4　紧身裤子基本型结构设计步骤一

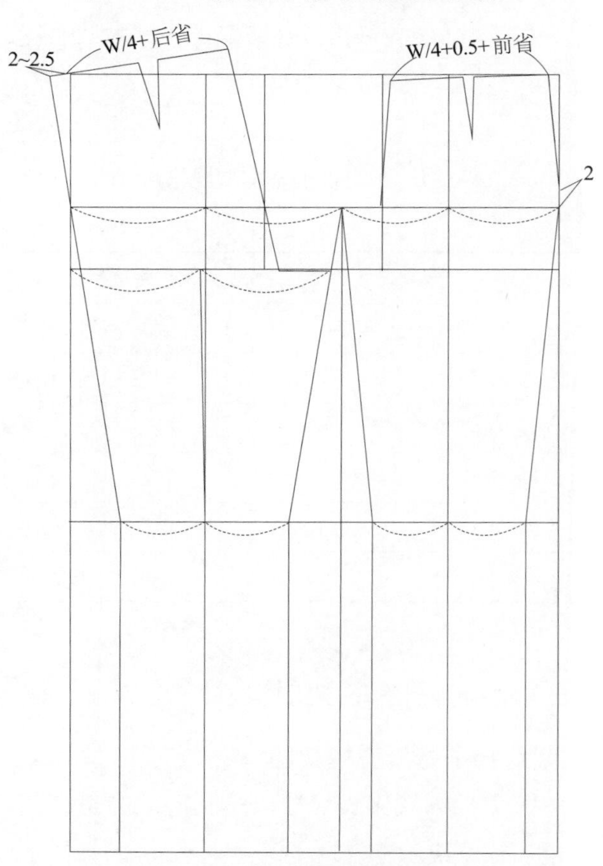

图14-1-5　紧身裤子基本型结构设计步骤二

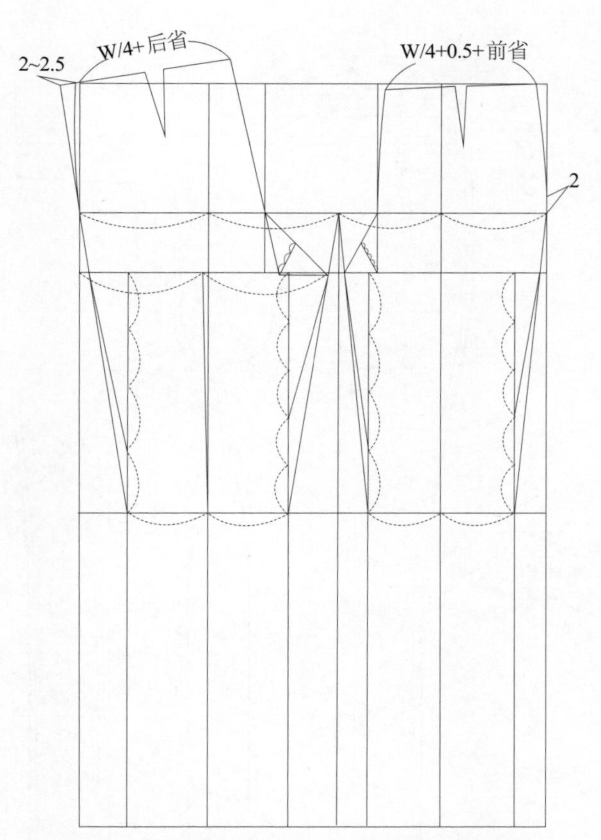

图14-1-6　紧身裤子基本型结构设计步骤三

图14-1-7　紧身裤子基本型结构设计步骤四

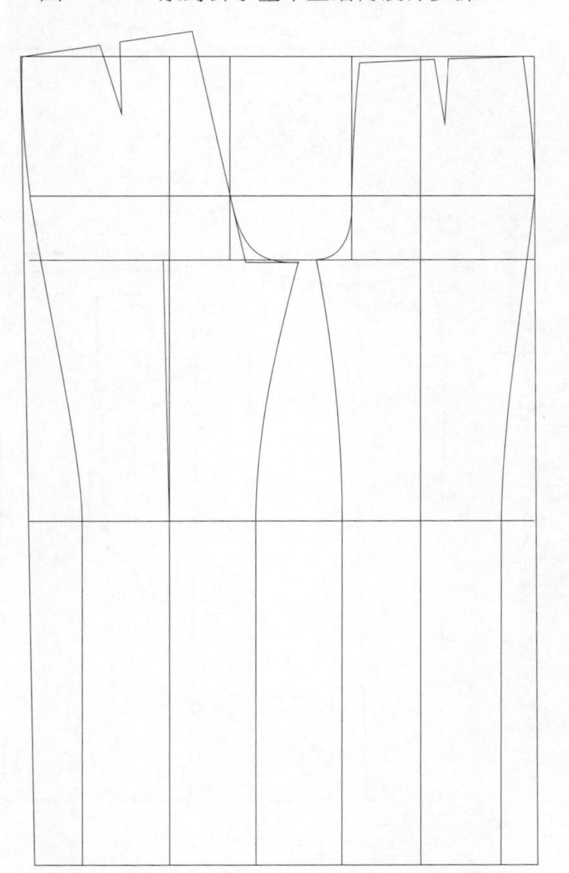
图14-1-8　紧身裤子基本型结构设计步骤五

（四）紧身裤子基本型试衣效果

1. 紧身裤子基本型样版放缝

脚口一般放缝3 ~ 4 cm，其余部位均放缝1 cm。见图14-1-9。

2. 紧身裤子基本型3D试衣

根据紧身裤子基本型样版进行工艺缝制试样，从不同角度看成衣效果。从正面看，裤子紧身贴体；从侧面看，前、后裤片平衡；从背面看，裤子腰臀贴体。见图14-1-10。

（五）实践题

根据穿着者的人体尺寸，设计紧身裤子基本型的规格尺寸。在此基础上，按照图14-1-11所示款式图进行结构设计。

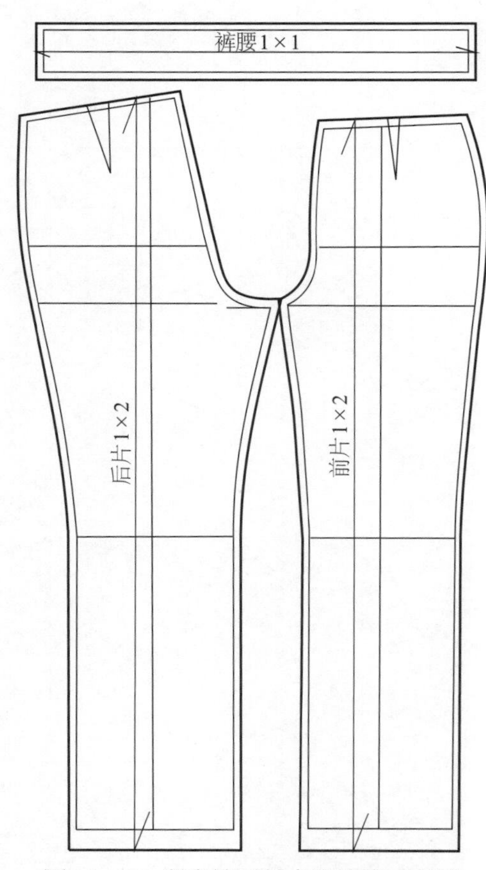

图14-1-9　紧身裤子基本型放缝示意图

（a）正面　（b）侧面　（c）背面

图14-1-10　紧身裤子基本型试衣效果

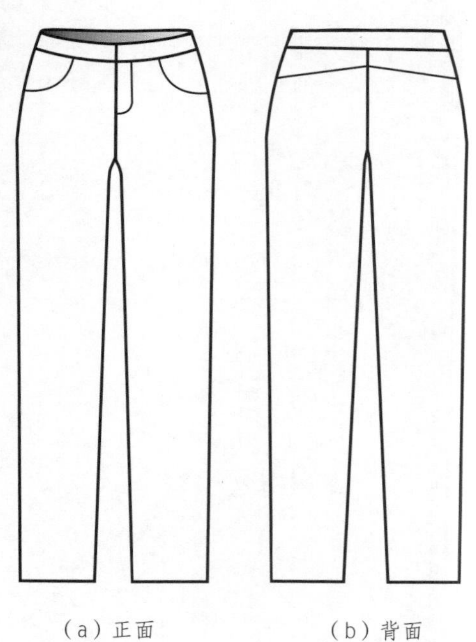
（a）正面　（b）背面

图14-1-11　紧身裤子基本型实践题款式图

二、紧身低腰裤制版

视频14-2
紧身低腰裤制版

（一）紧身低腰裤款式分析

1. 紧身低腰裤款式图（图14-2-1）

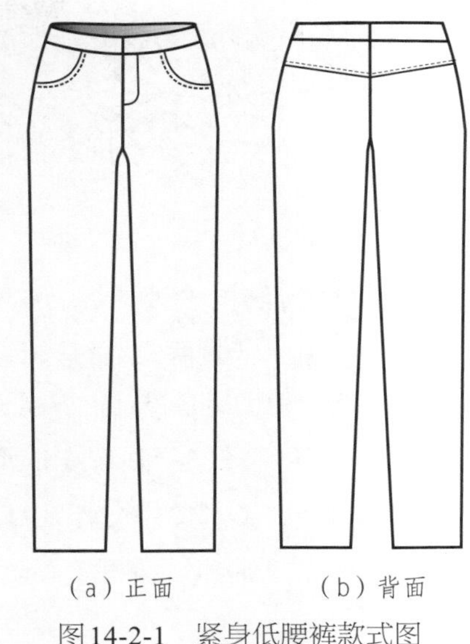

（a）正面 （b）背面

图14-2-1 紧身低腰裤款式图

2. 款式特点

紧身低腰裤腰口线低于正常腰线，腰头是弧线造型。前片设有月亮袋及拉链门襟，后片设有育克。

（二）紧身低腰裤结构设计

1. 紧身低腰裤框架图

（1）在紧身裤子基本型结构图基础上进行紧身低腰裤结构设计。缩短裤长2 cm，然后在此基础上，脚口左右各向里量取2.5 cm，改变脚口的大小，形成紧身低腰裤的脚口状态。见图14-2-2。

（2）低腰裤腰线部分结构设计。在正常腰线基础上降低腰线3 cm，使得腰围线处于距离腹围线三分之一处。低腰设计的位置在腰围线与腹围线之间，根据款式取值。见图14-2-3。

图14-2-2 紧身低腰裤框架图步骤一

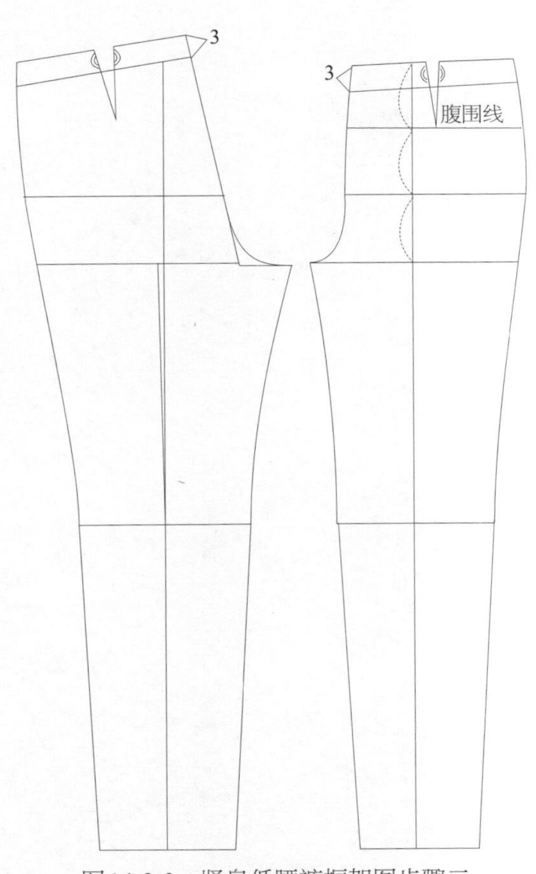

图14-2-3 紧身低腰裤框架图步骤二

（3）将下降的腰省合并，形成前、后弧腰造型设计。见图14-2-4。

（4）以后中为基准，拼合前、后弧腰。见图14-2-5。

2. 紧身低腰裤结构设计

（1）在紧身低腰裤框架的基础上，前片设计月亮袋，后片根据后省设计育克。见图14-2-6。

（2）合并后省，绘制育克造型，在月亮袋分割线基础上，绘制垫袋布。见图14-2-7。

（3）勾勒低腰紧身裤的前、后片轮廓线。见图14-2-8。

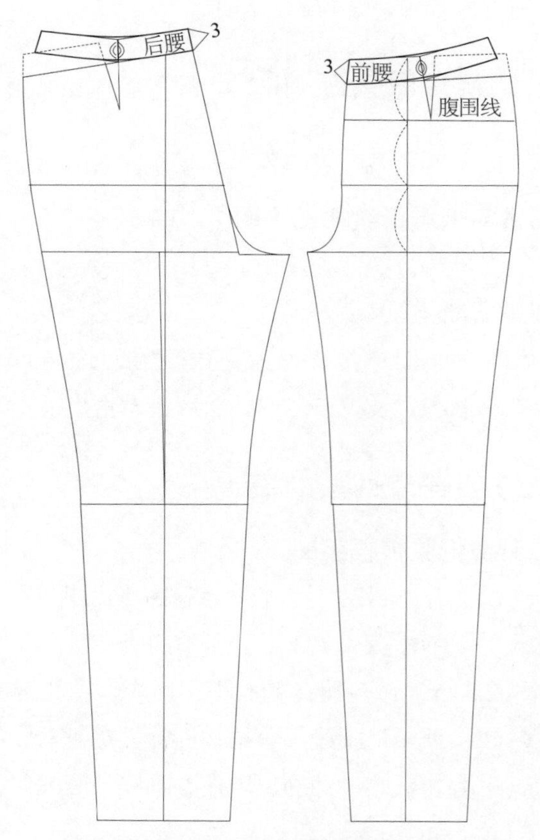

图14-2-4　紧身低腰裤框架图步骤三

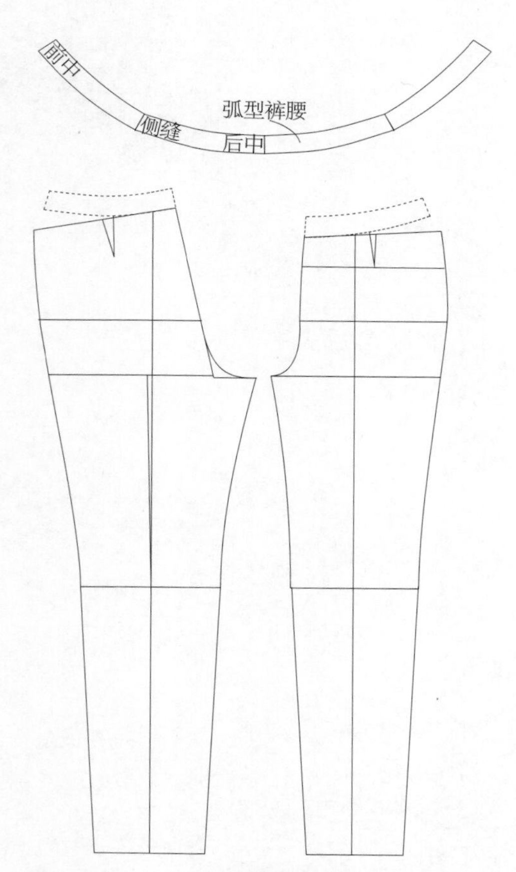

图14-2-5　紧身低腰裤框架图步骤四

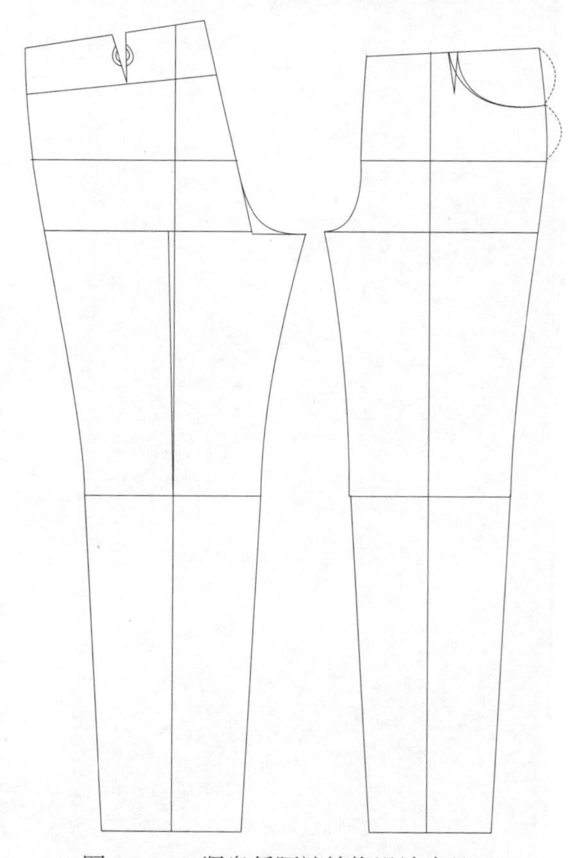

图14-2-6　紧身低腰裤结构设计步骤一

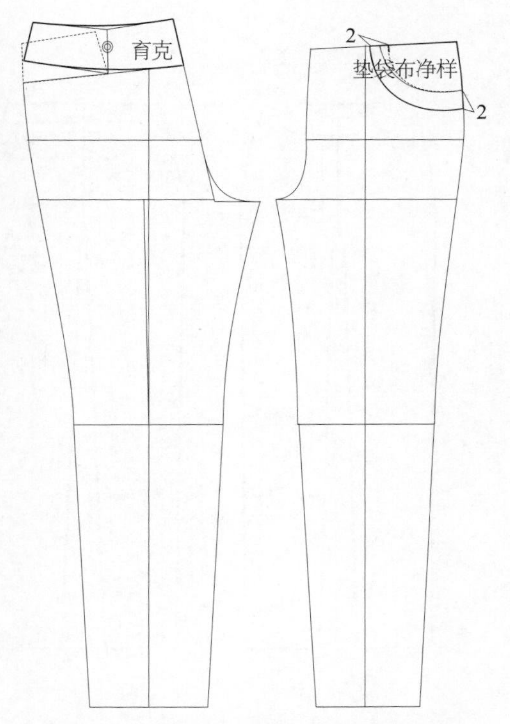

图14-2-7　紧身低腰裤结构设计步骤二

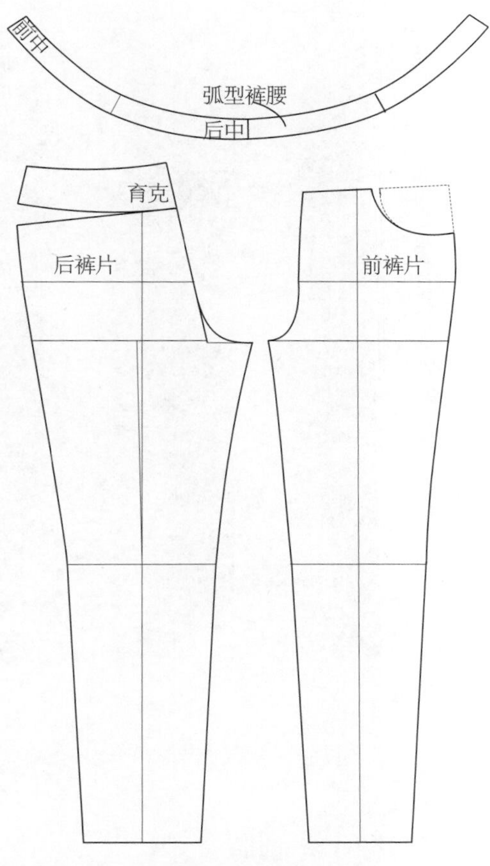

图14-2-8　紧身低腰裤结构设计步骤三

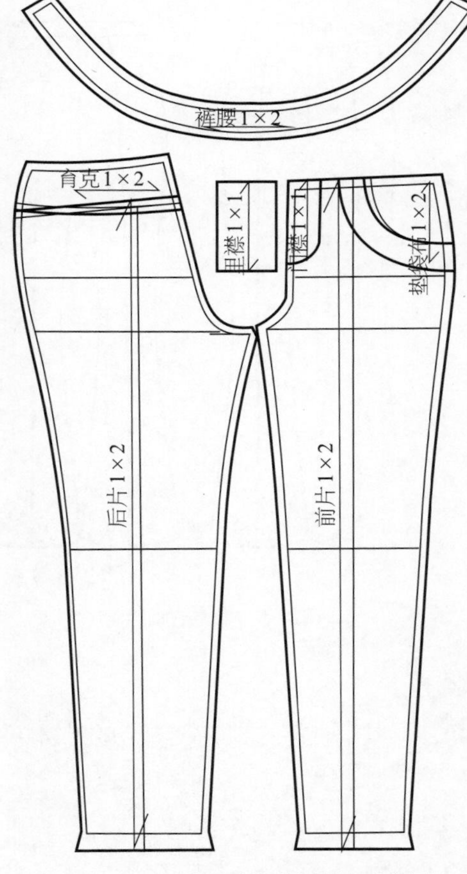

图14-2-9　紧身低腰裤放缝示意图

（三）紧身低腰裤试衣效果

1. 紧身低腰裤基本型样版放缝

脚口一般放缝3 ~ 4 cm，其余部位均放缝1 cm。见图14-2-9。

2. 紧身低腰裤3D试衣

根据紧身裤子基本型样版进行工艺缝制试样，从不同角度看成衣效果。正面，前裤腰口低落；侧面，裤型较贴体；背面，后腰处设有育克，脚口收紧。见图14-2-10。

（四）实践题

根据穿着者的人体尺寸，设计紧身低腰裤的规格尺寸。在此基础上，按照图14-2-11所示款式图进行结构设计。

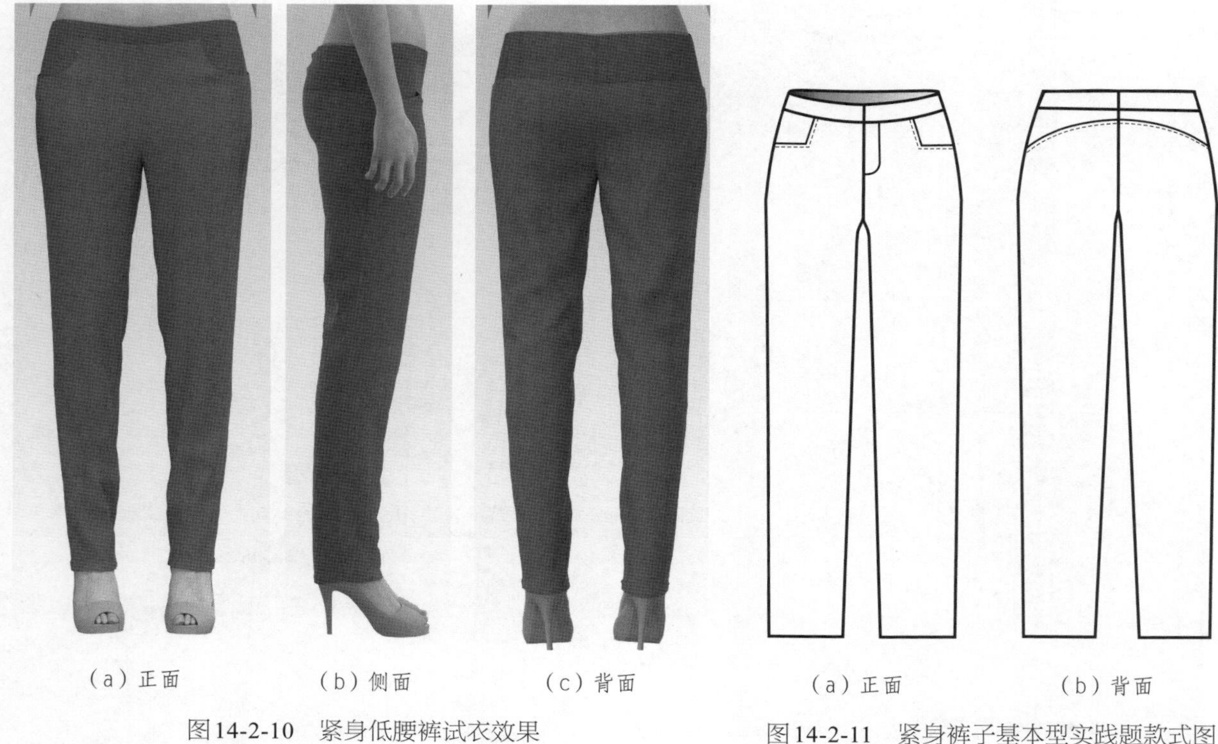

（a）正面　（b）侧面　（c）背面

图14-2-10　紧身低腰裤试衣效果

（a）正面　（b）背面

图14-2-11　紧身裤子基本型实践题款式图

三、紧身喇叭裤制版

视频14-3
紧身喇叭裤制版

（一）紧身喇叭裤款式分析

1. 紧身喇叭裤款式图（图14-3-1）

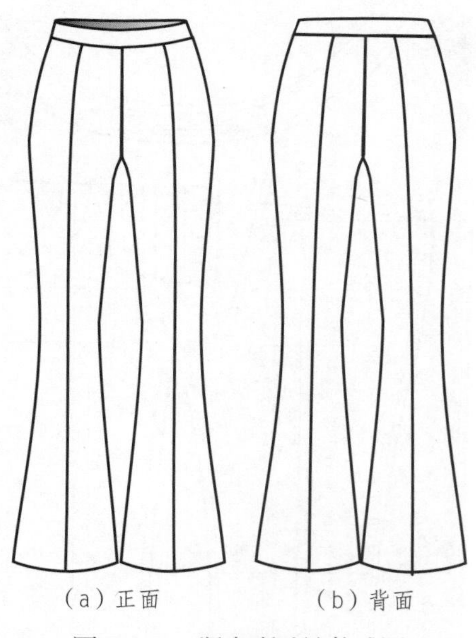

（a）正面　（b）背面

图14-3-1　紧身喇叭裤款式图

2. 款式特点

紧身喇叭裤前、后裤片在烫迹线处设计了纵向分割线，脚口处展开呈喇叭状形态。因展示结构设计，所以不设穿脱方式。

（二）紧身喇叭裤结构设计

1. 紧身喇叭裤脚口设计

（1）在紧身裤子基本型结构图基础上进行紧身喇叭裤的设计。缩减中裆线0.5 cm，加长裤长3 cm，左右各加大脚口3 cm。见图14-3-2。

（2）圆顺内裤缝线和外裤缝线。使脚口线与侧缝线呈直角，形成喇叭裤的脚口状态。见图14-3-3。

2. 紧身喇叭裤分割线设计

（1）沿烫迹线作纵向分割线，将省道融入分割线中。见图14-3-4。

（2）沿分割线将裁片分开，保证分割线长度一致。见图14-3-5。

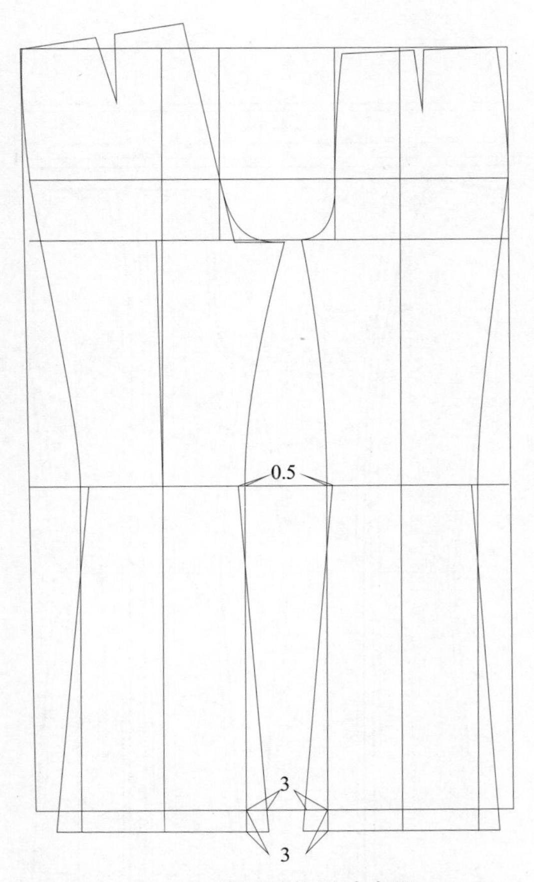

图14-3-2　脚口结构设计步骤一

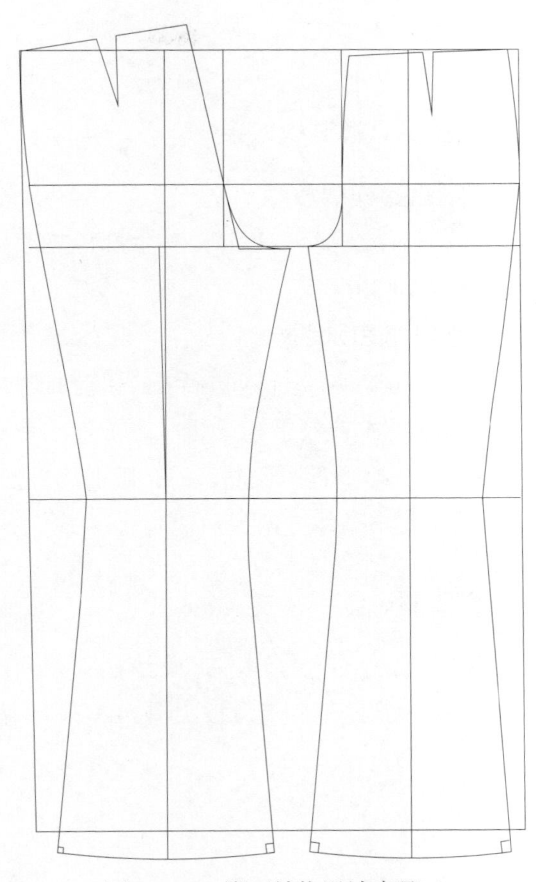

图14-3-3　脚口结构设计步骤二

图14-3-4　分割线设计步骤一

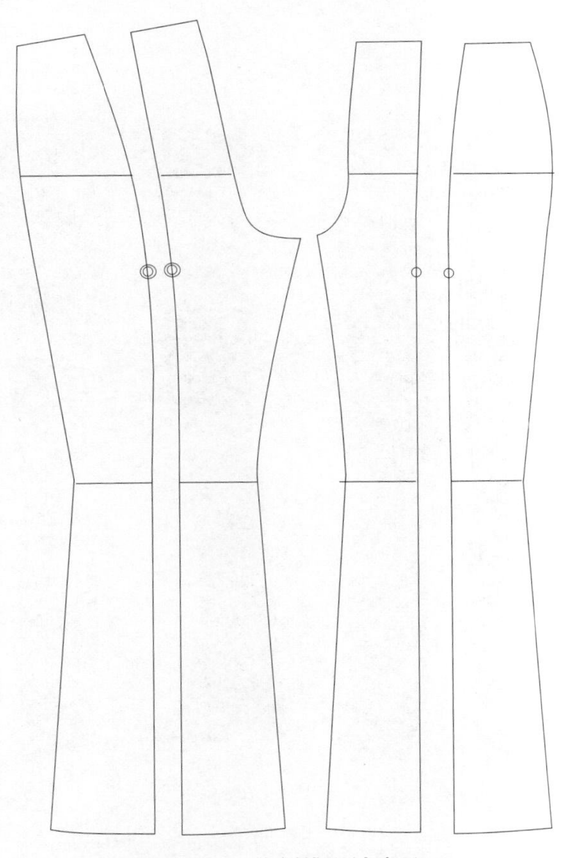

图14-3-5　分割线设计步骤二

（三）紧身喇叭裤试衣效果

1. 紧身喇叭裤样版放缝

脚口一般放缝3 ～ 4 cm，其余部位均放缝1 cm。见图14-3-6。

2. 紧身喇叭裤3D试衣

根据紧身喇叭裤样版进行工艺缝制试样，从不同角度看成衣效果。正面，裤子上部紧身贴体，脚口宽松下垂；侧面，前、后裤片平衡；背面，裤子腰臀贴体。见图14-3-7。

（四）实践题

根据穿着者的人体尺寸，设计紧身喇叭裤的规格尺寸。在此基础上，按照图14-3-8所示款式图进行结构设计。

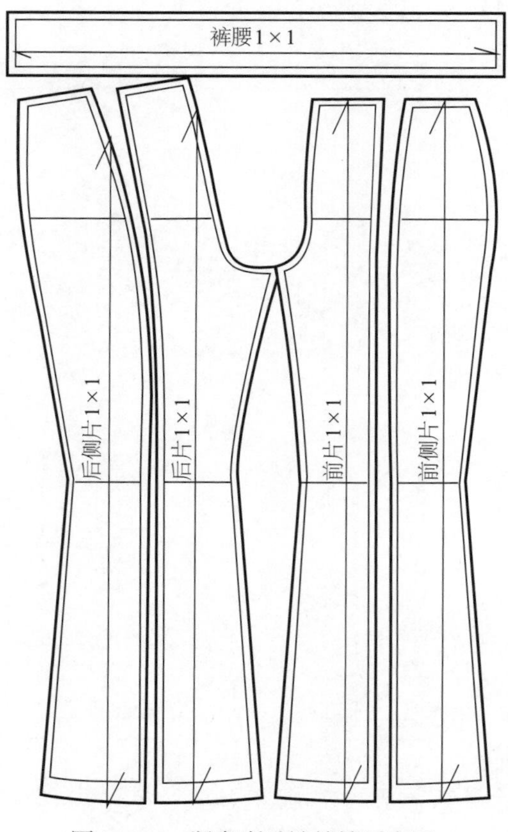

图14-3-6　紧身喇叭裤放缝示意图

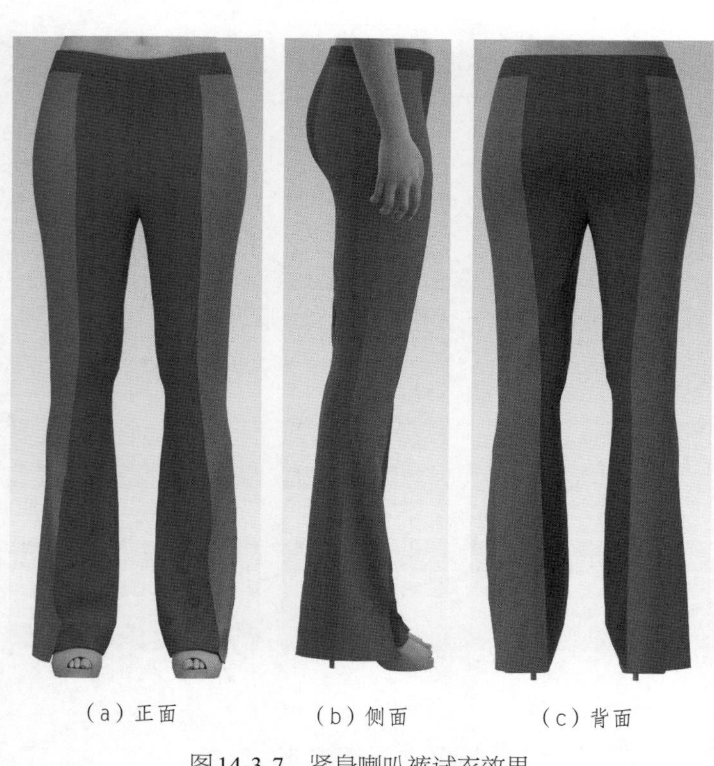

（a）正面　（b）侧面　（c）背面

图14-3-7　紧身喇叭裤试衣效果

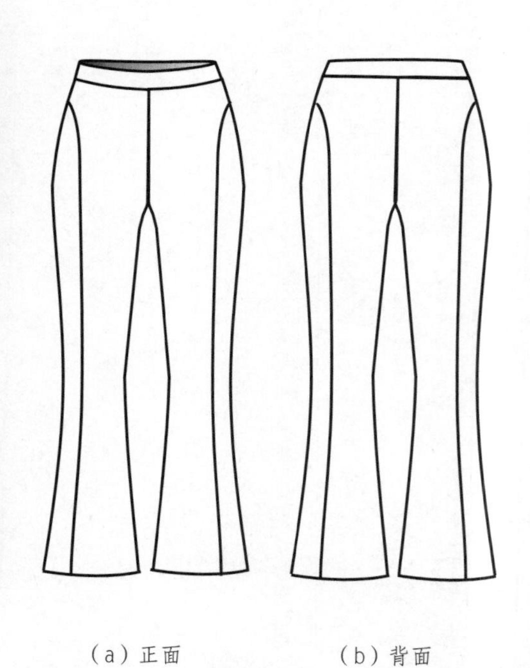

（a）正面　（b）背面

图14-3-8　紧身喇叭裤实践题款式图

单元十五　宽松裤型制版

一、宽松裤子基本型制版

（一）宽松裤子基本型款式分析

1. 宽松裤子基本型款式图（图15-1-1）

视频15-1
宽松裤子基本型制版

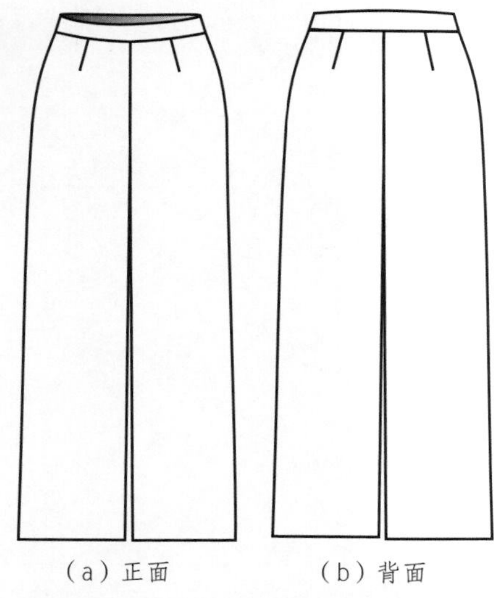

图15-1-1　宽松裤子基本型款式图

2. 款式特点

宽松裤子基本型属于阔腿裤造型，裤子装有腰头，前、后裤左、右片均设有一个腰省。因展示结构设计，所以不设穿脱方式。

（二）宽松裤子基本型规格尺寸设计

根据165/70A规格设计宽松裤子基本型的长度尺寸及围度尺寸（表15-1-1）。

表15-1-1　宽松裤子基本型规格尺寸表

单位：cm

长度尺寸		围度尺寸	
腰围线至横裆线	（号+型）/10	腰围	72
腰围线至臀围线	号/20	臀围	104
腰围线至中裆线	号/5	前后差	1
裤长	0.4号+（10～12）	内缝点	2.5
后裆低落	0.5	横裆宽	0.17H
—	—	中裆	H/2+4

（三）宽松裤子基本型结构设计

1. 宽松裤子基本型框架图

（1）根据规格表尺寸，绘制裤子的长度及围度尺寸框架。见图15-1-2。

（2）在横裆宽的基础上，取裆宽的前后差及内缝点。见图15-1-3。

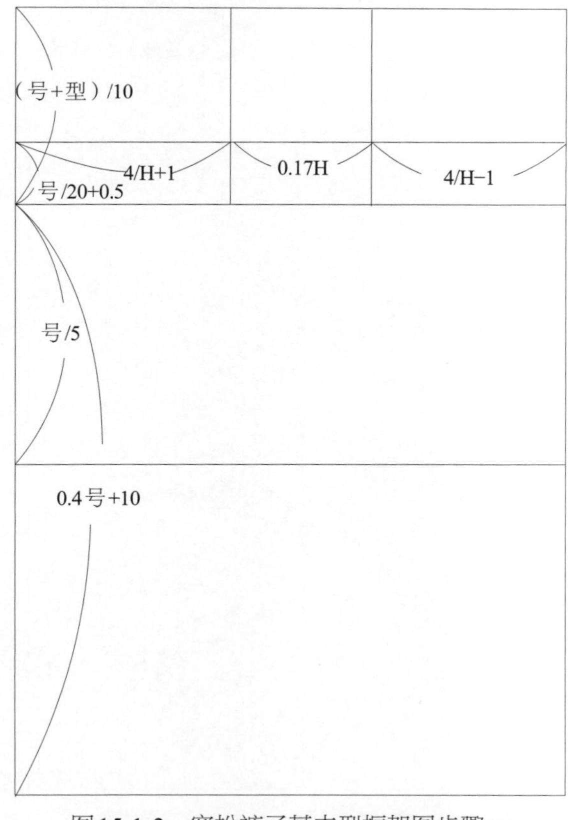

图15-1-2　宽松裤子基本型框架图步骤一

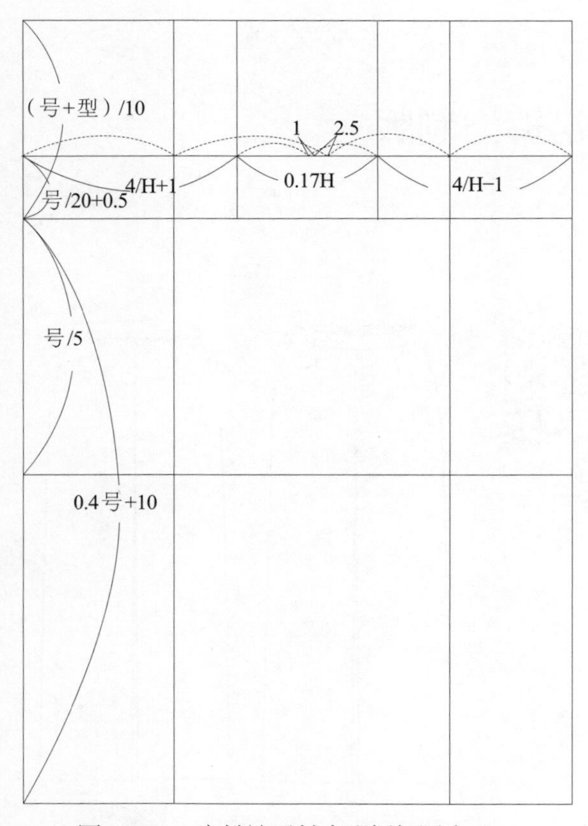

图15-1-3　宽松裤子基本型框架图步骤二

2. 宽松裤子基本型结构设计

（1）在裤子烫迹线的基础上，确定中裆尺寸，绘制内裤缝线及外裤缝线；绘制前、后腰围大小及省量的大小；绘制前、后裆弯弧线。见图15-1-4。

（2）作后裤片内侧缝及外侧缝的辅助线，绘制外轮廓弧线。因是宽松式裤腿结构设计，所以前片不设有内侧缝及外侧缝的弧线结构。见图15-1-5。

（3）绘制宽松裤子基本型结构的轮廓线及裤腰。见图15-1-6。

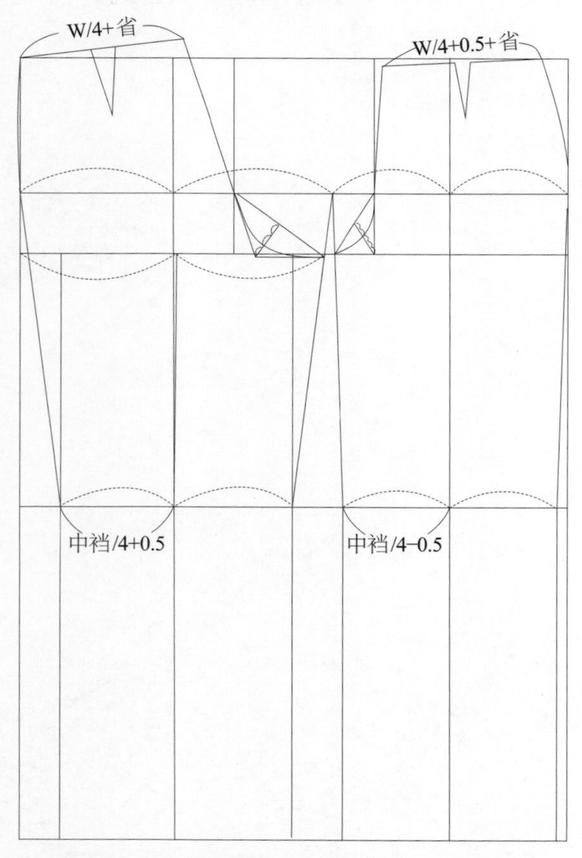

图15-1-4　宽松裤子基本型结构设计步骤一

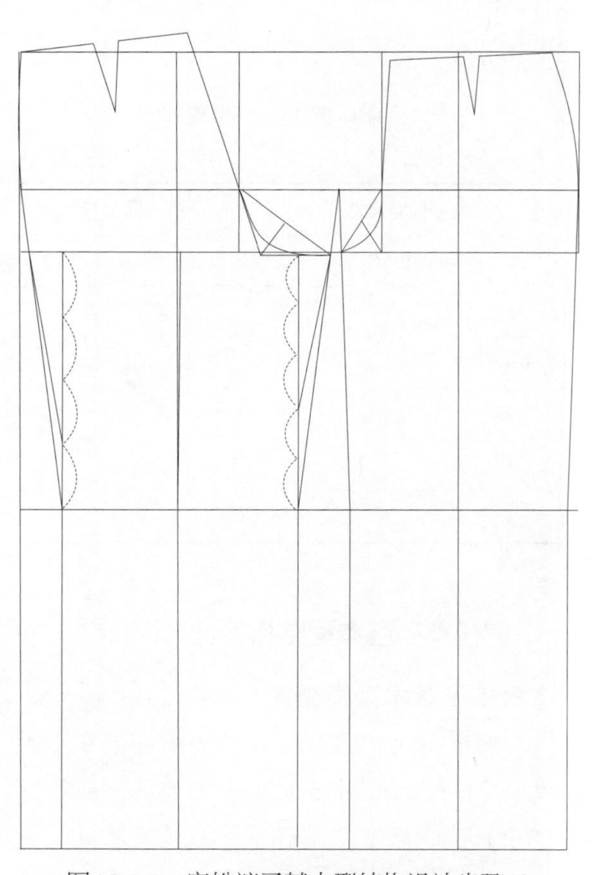

图15-1-5　宽松裤子基本型结构设计步骤二

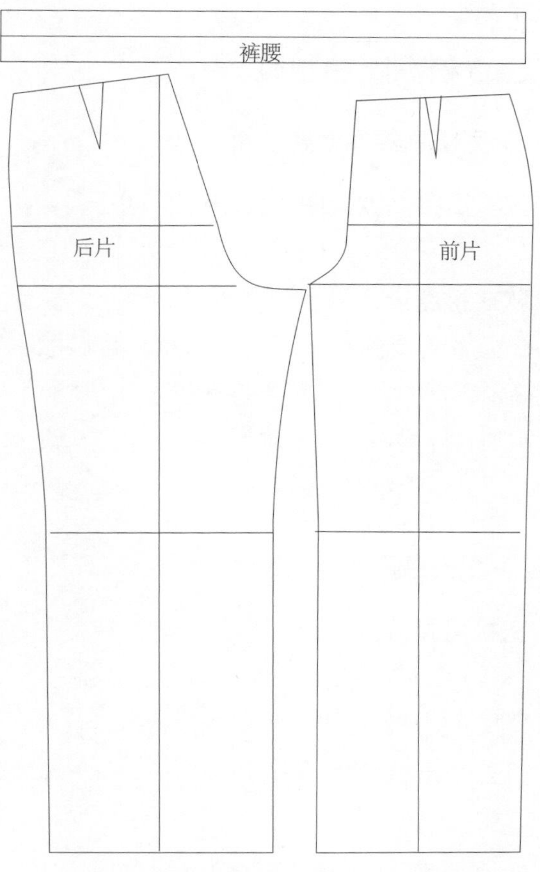

图15-1-6　宽松裤子基本型结构设计步骤三

（四）宽松裤子基本型试衣效果

1. 宽松裤子基本型样版放缝

脚口一般放缝3 ～ 4 cm，其余部位均放缝1 cm。见图15-1-7。

2. 宽松裤子基本型3D试衣

根据宽松裤子基本型样版进行工艺缝制试样，从不同角度看成衣效果。从正面看，裤子裤腿比较宽松；从侧面看，侧缝处有吊起；从背面看，腰臀处伏贴，裤腿比较宽松。见图15-1-8。

（五）实践题

根据穿着者的人体尺寸，设计宽松裤子基本型的规格尺寸。在此基础上，按照图15-1-9所示款式图进行结构设计。

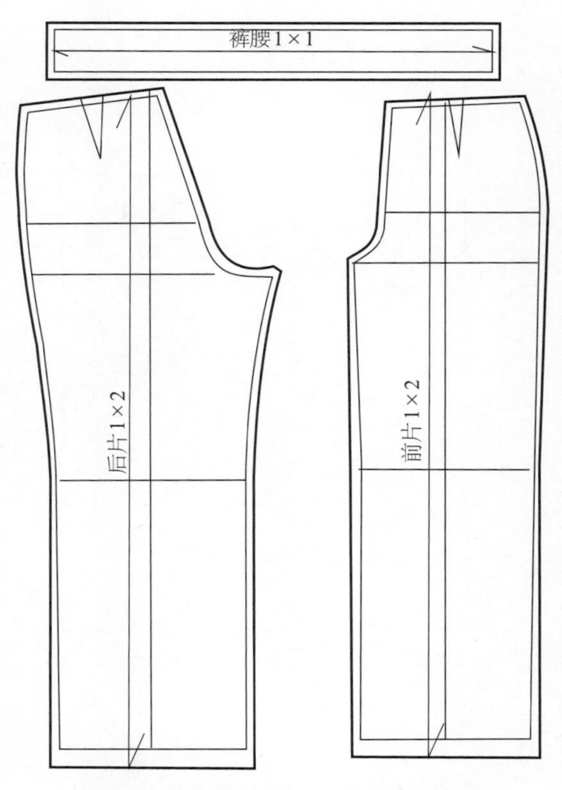

图15-1-7　宽松裤子基本型放缝示意图

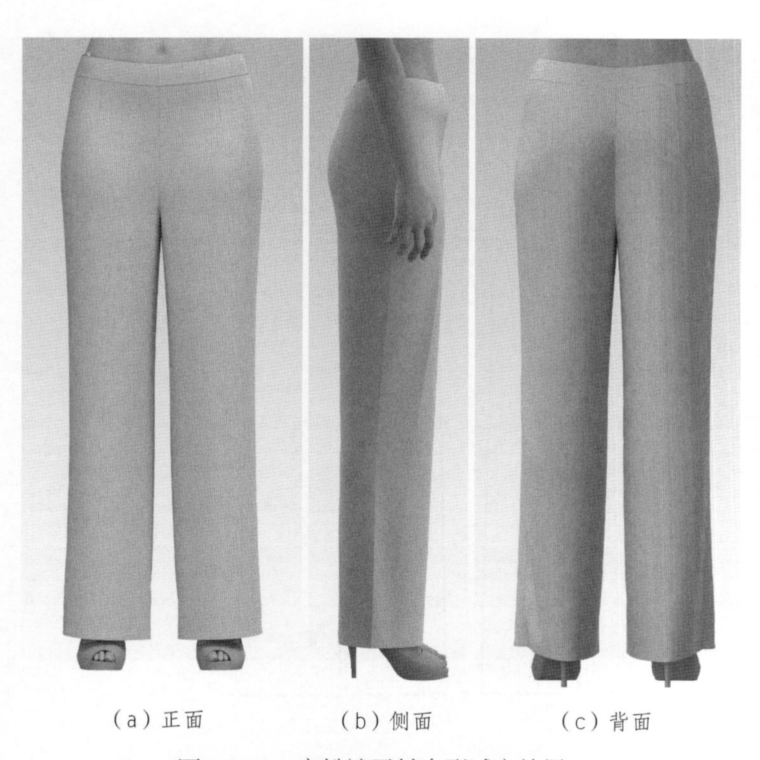

（a）正面　（b）侧面　（c）背面

图15-1-8　宽松裤子基本型试衣效果

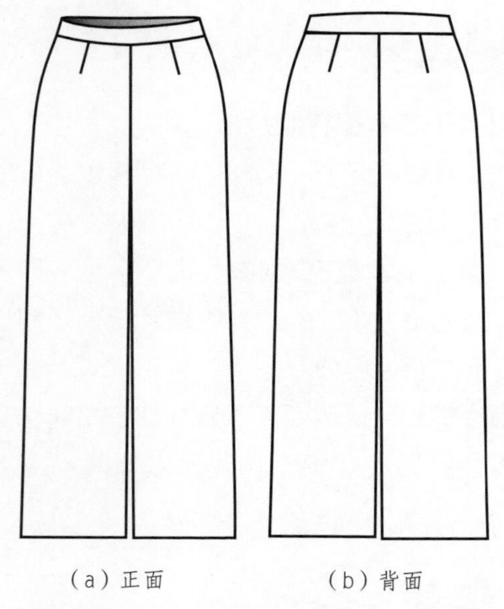

（a）正面　　（b）背面

图15-1-9　宽松裤子基本型实践题款式图

二、宽松高腰裤制版

（一）宽松高腰裤款式分析

1. 宽松高腰裤款式图（图15–2–1）

2. 款式特点

宽松高腰裤属于阔腿裤造型，裤腰腰线高于正常的腰线，裤腰装有贴边，前、后裤左、右片均设有一个腰省。因展示结构设计，所以不设穿脱方式。

（二）宽松高腰裤结构设计

1. 宽松高腰裤框架图

（1）在宽松裤子基本型基础上，绘制宽松高腰裤框架。通过缩短后裆缝斜线，改善基本型起吊的现象。见图15-2-2。

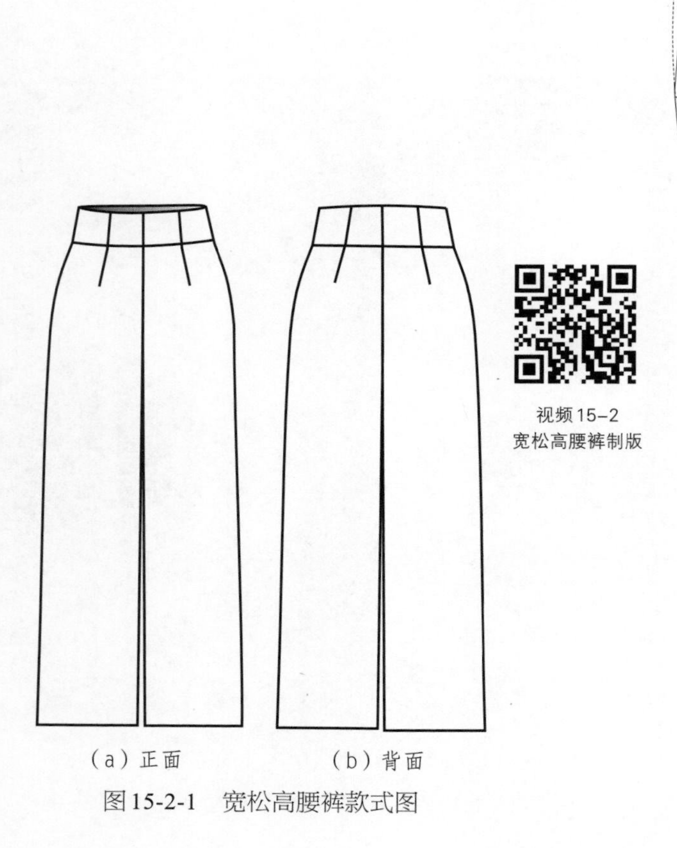

（a）正面　　（b）背面

图15-2-1　宽松高腰裤款式图

后片　前片　2

图15-2-2　宽松高腰裤框架图步骤一

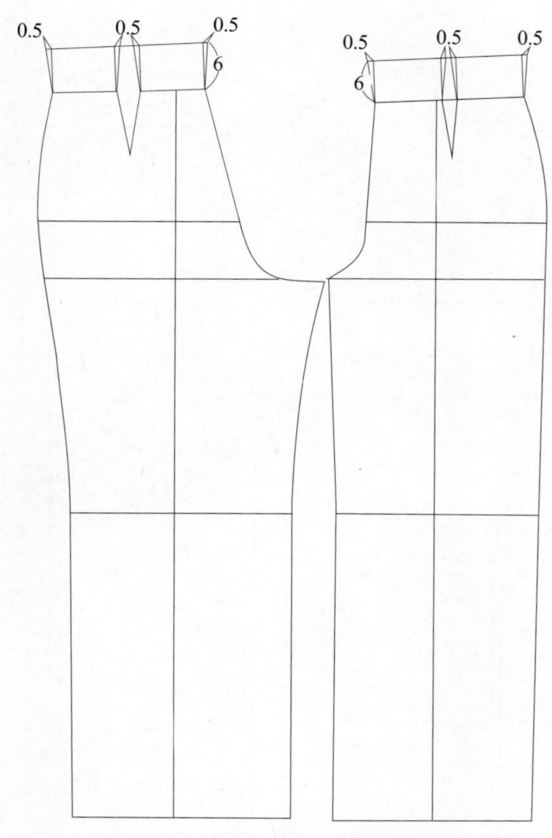

图 15-2-3　宽松高腰裤框架图步骤二

（2）在正常腰线基础上，提高腰线设计，根据款式需求进行设计，一般在人体胸围线与腰围线之间取值，常规取值为 5 ~ 7 cm。参考图示绘制高腰省。见图 15-2-3。

2. 宽松高腰裤结构设计

（1）高腰结构一般采用腰贴设计，合并腰省设计腰贴结构。见图 15-2-4。

（2）在腰部基础上，提取腰贴裁片。见图 15-2-5。

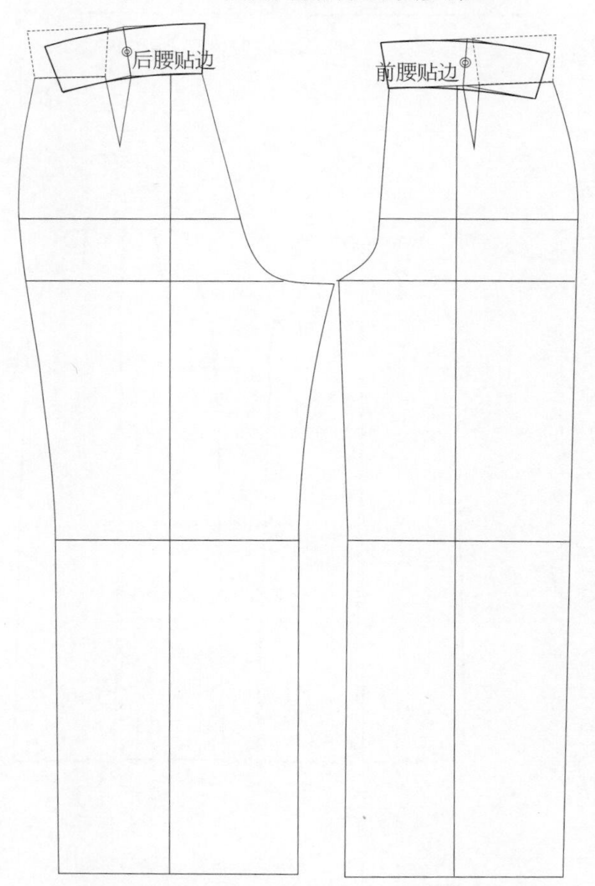

图 15-2-4　宽松高腰裤结构设计步骤一

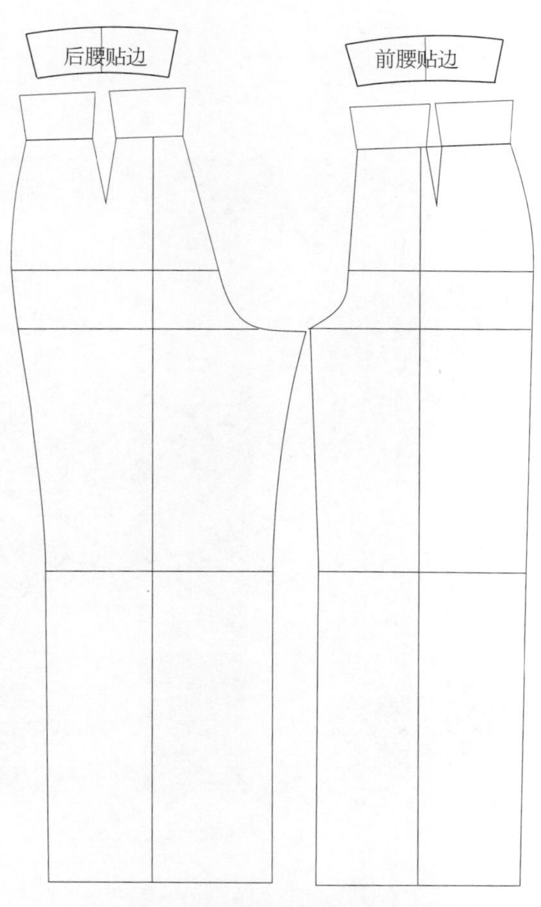

图 15-2-5　宽松高腰裤结构设计步骤二

（三）宽松高腰裤试衣效果

1. 宽松高腰裤样版放缝

脚口一般放缝3 ～ 4 cm，其余部位均放缝1 cm。见图15-2-6。

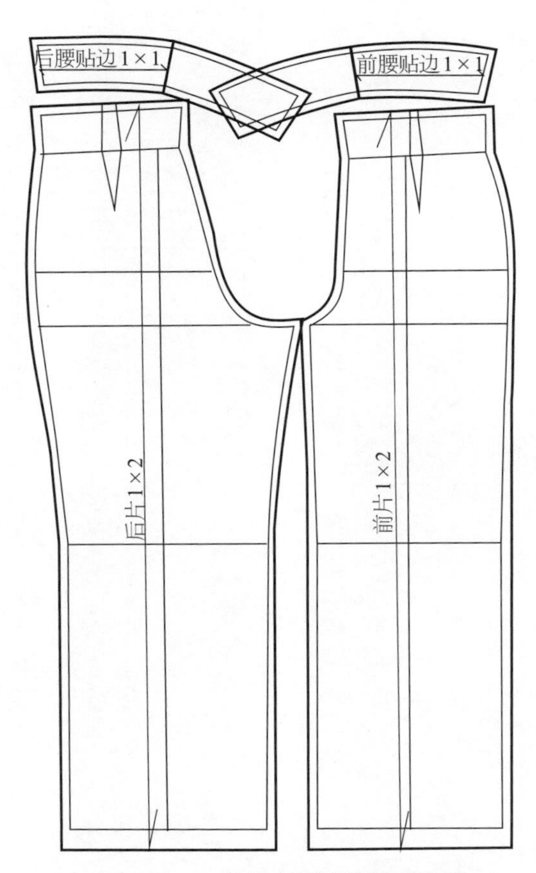

图15-2-6　宽松高腰裤放缝示意图

2. 宽松高腰裤3D试衣

根据宽松高腰裤样版进行工艺缝制试样，从不同角度看成衣效果。从正面看，裤腰比较贴体，裤腿比较宽松；从侧面看，前、后裤片平衡；从背面看，腰臀处伏贴，裤腿比较宽松。见图15-2-7。

（四）实践题

根据穿着者的人体尺寸，设计宽松高腰裤的规格尺寸。在此基础上，按照图15-2-8所示款式图进行结构设计。

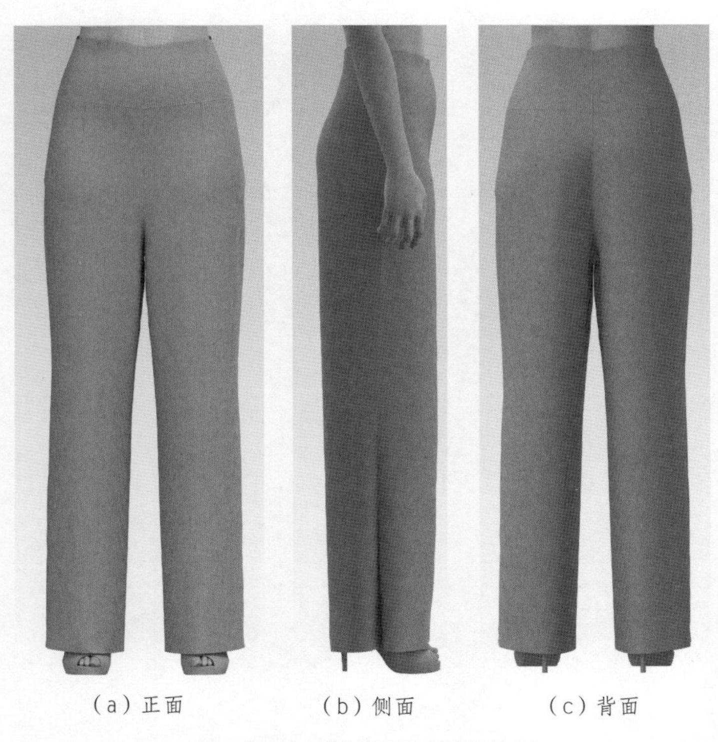

（a）正面　（b）侧面　（c）背面

图15-2-7　宽松高腰裤试衣效果

（a）正面　（b）背面

图15-2-8　宽松高腰裤实践题款式图

三、宽松工装裤制版

视频15-3
宽松工装裤制版

（一）宽松工装裤款式分析

1. 宽松工装裤款式图（图15-3-1）

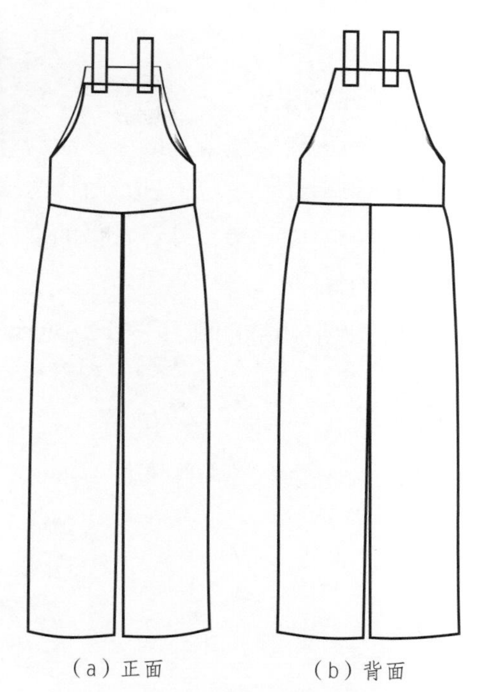

图15-3-1　宽松工装裤款式图

2. 款式特点

宽松工装裤属于背带裤造型，裤子前后设有背带。因展示结构设计，所以不设穿脱方式。

（二）宽松工装裤结构设计

1. 宽松工装裤框架图

（1）在宽松裤子基本型基础上，绘制宽松工装裤框架。通过缩短后裆缝斜线，改善基本型起吊的现象。见图15-3-2。

（2）在调整好宽松裤基本型基础上，绘制裤子背带框架结构。见图15-3-3。

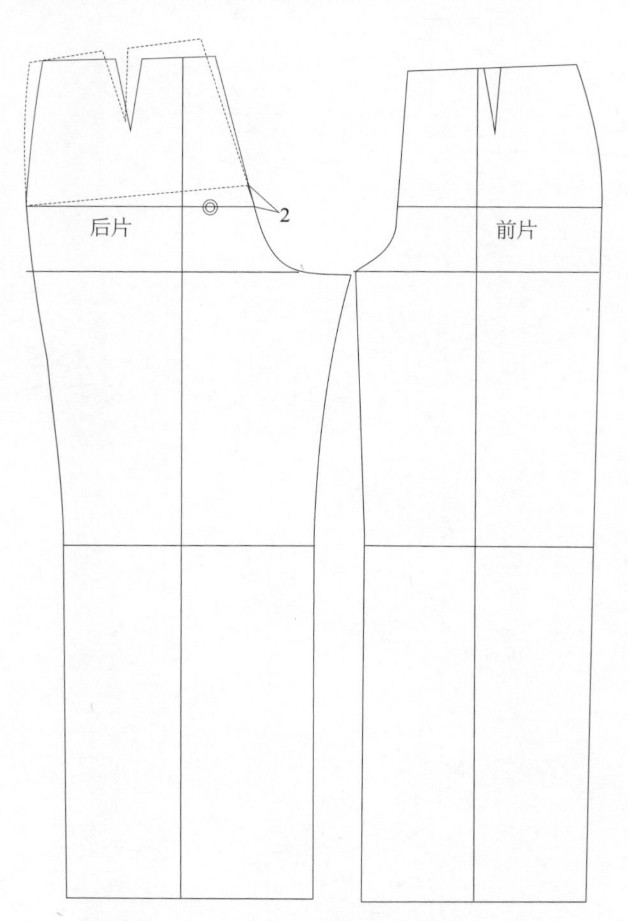

图15-3-2　宽松工装裤框架图步骤一

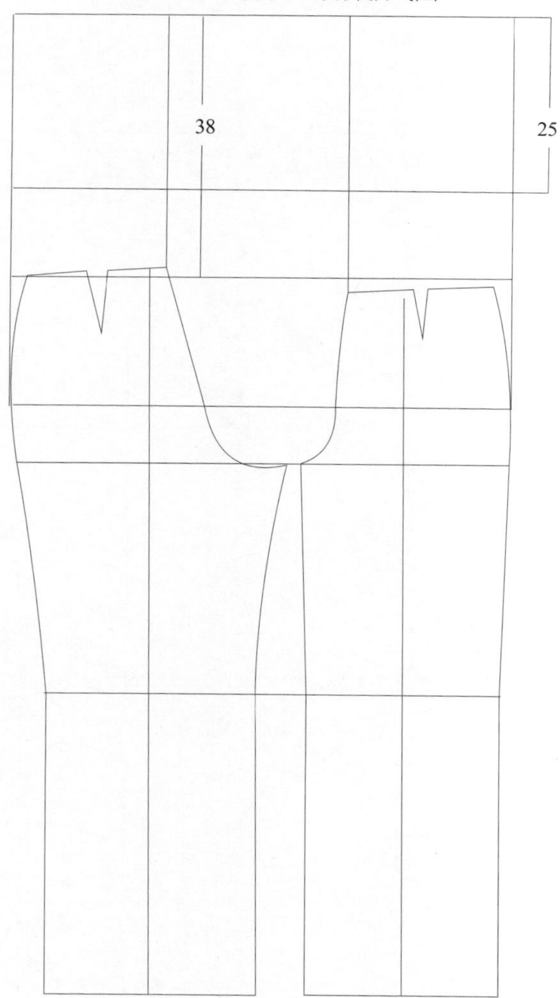

图15-3-3　宽松工装裤框架图步骤二

2. 宽松工装裤结构设计

（1）在宽松工装裤框架基础上，绘制背带的造型结构，根据款式自行设计。前片参考胸围线，后片参考肩胛骨线，设计背带的高低及大小。见图15-3-4。

（2）设计背带侧缝的弧线造型。见图15-3-5。

（3）设置背带的长度。因为是宽松裤型，所以将省道融入裤子腰线结构中。见图15-3-6。

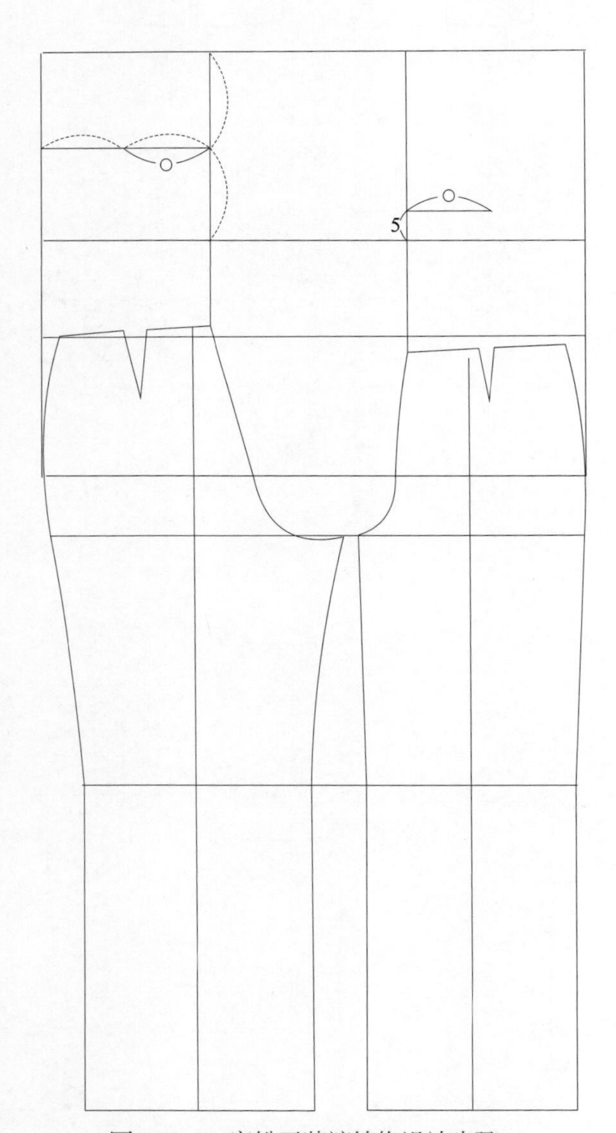

图15-3-4　宽松工装裤结构设计步骤一

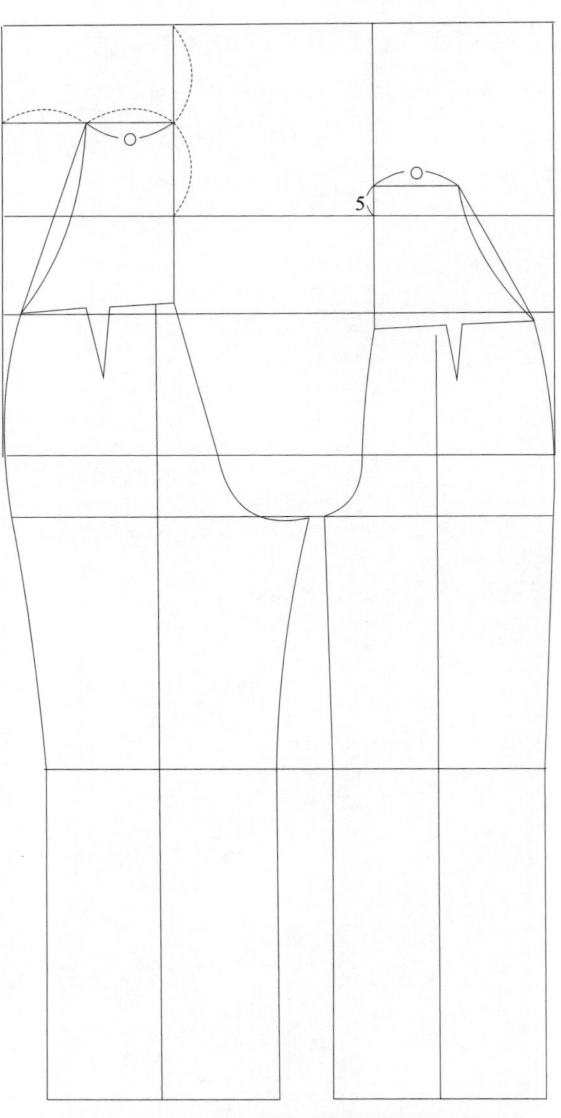

图15-3-5　宽松工装裤结构设计步骤二

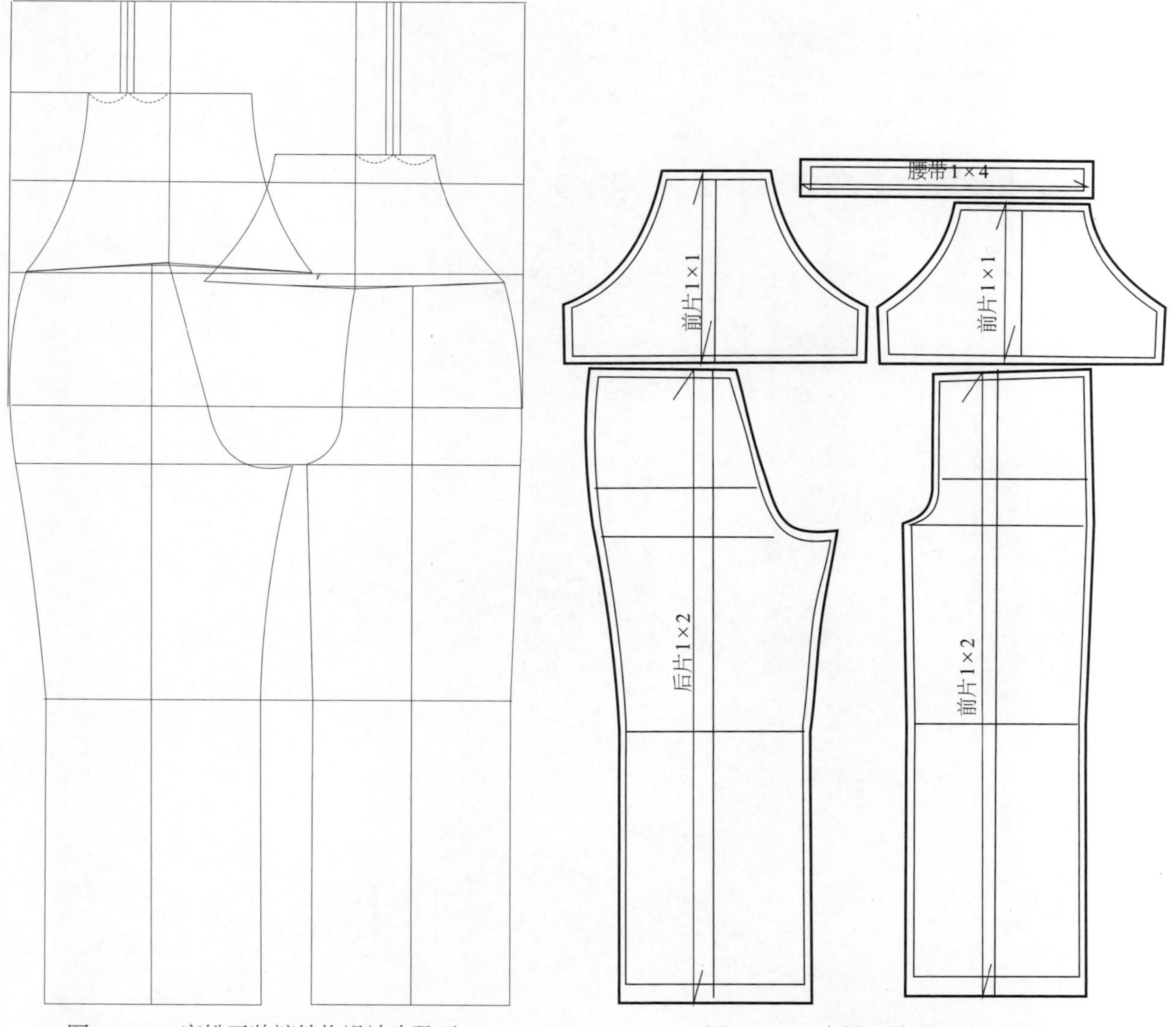

图15-3-6　宽松工装裤结构设计步骤三

图15-3-7　宽松工装裤放缝示意图

（三）宽松工装裤试衣效果

1. 宽松工装裤样版放缝

脚口一般放缝3 ～ 4 cm，其余部位均放缝1 cm。见图15-3-7。

2. 宽松工装裤3D试衣

根据宽松工装裤样版进行工艺缝制试样，从不同角度看成衣效果。从正面看，裤子背带松紧适宜；从侧面看，前、后裤片平衡；从背面看，裆缝松紧适宜。见图15-3-8。

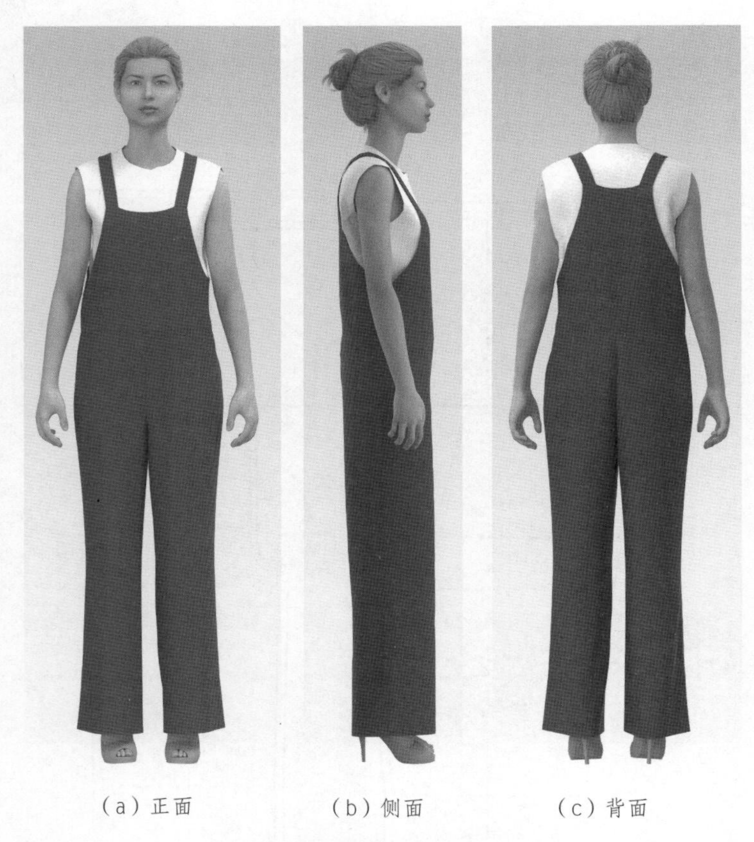

（a）正面　　（b）侧面　　（c）背面

图15-3-8　宽松工装裤试衣效果

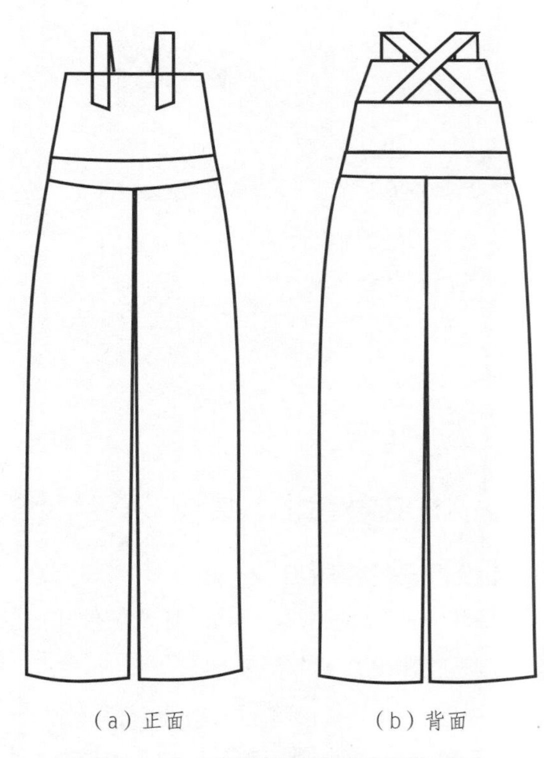

（a）正面　　（b）背面

图15-3-9　宽松工装裤实践题款式图

（四）实践题

根据穿着者的人体尺寸，设计宽松工装裤的规格尺寸。在此基础上，按照图15-3-9所示款式图进行结构设计。